AF568261

# Modellbahn-Anlagen mit Flair

*24 geniale Vorschläge für anspruchsvolle Vorhaben von*

**Ivo Cordes**

Nachdem er ein paar Schippen Kohlen in die Feuerbüchse einer Dampflok schaufeln durfte, hat der Autor schon in jungen Jahren den Traum vom Beruf des Lokführers rasch begraben. Zeitlebens aber hat er sich ein Faible für die Eisenbahn im Großen wie im Modell bewahrt. Insbesondere hat ihn interessiert, das Wesen und die Abläufe des Großbetriebs in die Verhältnisse der kleinen Bahn zu übertragen. Mit der bereits in den Achtziger Jahren beim Eisenbahn Magazin erschienenen Artikelserie „Spielen mit Sinn" konnte er schon viele Modellbahnfreunde zu einer näher am Vorbild orientierten Betriebsführung animieren. Nicht umsonst bieten alle seine Anlagen-Vorschläge praxisnahe betriebliche Möglichkeiten in breitem, aber immer auch handhabbaren Umfang. Dass sie darüber hinaus mit besonders anregender Gestaltung aufwarten können, dafür sollte die hier vorgelegte Sammlung genügend Beweis liefern.

*Foto: Detlev Rebehn*

# Einige Worte vorab

Nachfolgend auf den Band „Modellbahn-Anlagen mit Pfiff“ erscheint hier nun eine weitere Zusammenstellung von Planungsprojekten aus meiner Feder. Mit der früheren Veröffentlichung habe ich Ideen vorgestellt, die sich – meiner Meinung nach – günstig zum Nachbau eignen. In der Mehrzahl zeigten sie sich mit überschaubaren Ansprüchen an Material und Stellraum. Die größeren Vorhaben hätten wohl auch noch keinen außerhalb üblicher Möglichkeiten liegenden Aufwand gefordert. Die Entwürfe kamen stets mit betrieblichen Angeboten daher, die den Freund vorbildnahen und abwechslungsreichen Modellverkehrs zufriedenstellen sollten.

In dieser neuen Veröffentlichung geht es vermehrt um Vorhaben, die sich mitunter anspruchsvoller in der konstruktiven Durchbildung, häufig auch in der Thematik enger umrissen darstellen. Zum tatsächlichen Nachbau wäre dann doch öfters schon eine gewisse Entschlossenheit gefordert.

In so manchem Entwurf stehen die besondere Szenerie und das spezielle „Flair“ eines Vorbilds im Vordergrund. Allerdings wird man in meinen Vorschlägen nur selten auf besonders weit gestreckte Paradestrecken und ausufernde Stationsgelände treffen. In der Regel wollten die Dimensionen einer „üblichen Heimanlage“ im Blick behalten werden. Das braucht nun niemanden davon abzuhalten, eine hier gezeigte „Grundidee“ mit eigenen „Zutaten“ zu ergänzen, wenn der Raum dazu gegeben ist. Mein Rat wäre nur, kritisch abzuschätzen, wie das Ganze in Betrieb gesetzt und auch „genossen“ werden kann, wenn man doch nur als Einzelner zu Werke gehen will.

Bei den bis heute so überreichlich in Bild und Text vorgestellten realisierten und projektierten Anlagen trifft man doch häufig auf einander recht ähnliche Ideen und Konzepte. Mit der Orientierung an Bewährtem darf sich ein Planer eben auf halbwegs sicherer Seite wähnen. Das Experimentieren mit abseits des Üblichen gelegenen Methoden geht schließlich auch mit allerlei Unwägbarkeiten einher – finanzielle Risiken eingeschlossen. Bei der aufs Zeichnerische beschränkten Planung drohen zunächst keine derartigen Gefahren. Auf diese Weise will ich deshalb bevorzugt solche Aspekte näher beleuchten, die nicht gerade zum gängigen Repertoire der Anlagengestaltung gehören. Ob das dann zu einem tatsächlichen Nachbau animieren kann, ist nicht das vordergründige Anliegen. Manche Illustration will zunächst der Anschauung und auch nur zum möglichen Gefallen dienen. Wenn sie dazu anregen kann, ausgetretene Pfade zu verlassen, sollte mich das freuen. Vielleicht lässt sich für das eigene Projekt doch einmal ein nicht unmittelbar auf der Hand liegendes Motiv, eine spezielle Konstruktion ins Kalkül ziehen?

Nicht zu einer vernünftig konzipierten Modellbahn gehören für mich vorbildferne Streckenfiguren, wie sie einem mitunter in Form von offen einsehbaren Ovalen, Achten, Kehrschleifen oder „Hundeknochen“ angeboten werden. Solche Formationen kommen bestenfalls für die Nachstellung einer Straßen-, Industrie-, Feld- oder Vergnügungsbahn in Betracht. Eine vollwertig in Betrieb zu setzende Anlage verlangt dann immer auch hinreichende Stellkapazitäten für einen nach „Außerhalb“ laufenden Verkehr. Sei es in der Form von verdeckten Schattenbahnhöfen, frei zugänglichen „Fiddle Yards“ oder austauschbaren Speicherkassetten.

Meine im Laufe der Jahre entstandenen Entwürfe konnten bereits mehrmals zu Nachbauten oder zumindest Nachempfindungen anregen. Erstaunt bemerke ich, dass es sich dabei nicht ausschließlich um klassischen Anlagenbau mit maßstäblichem Material handeln musste. Versierte Freunde haben es verstanden, so manches Projekt als virtuelles 3D-Modell im Computer nachzubilden und auch „in Betrieb zu setzen“. Dabei muss nicht mit reduzierten und gestutzten Radien und Nutzlängen operiert werden, wie es innerhalb der heimischen vier Wände nahezu zwingend erforderlich ist. Vielmehr kann im Rechner ein beliebig weites Areal vorgegeben werden. Darin eröffnen sich alle erdenklichen Möglichkeiten für eine großzügige Streckenführung und opulente landschaftliche Gestaltung. Wenn dabei auch weiterhin für ein anregendes Erleben gesorgt wird, ist mir das dann eine schöne Bestätigung für die Brauchbarkeit der ersonnenen Konzeptionen.

Mit diesem Buch möchte ich meine langjährige Beschäftigung mit, und zeichnerische Entwicklung von Anlagenvorschlägen abschließen. Insgeheim hoffe ich natürlich, dass vieles davon Gefallen finden konnte und manches noch immer als Inspiration willkommen ist. Der Leserschaft wünsche ich weiterhin frohes und erfolgreiches Schaffen in diesem schönen Hobby.

*Ivo Cordes*

# Inhalt

**Vorbild im Großformat,** für weitläufigere Räumlichkeiten – mit betrieblicher Abwechslung bei entspannter szenischer Durchbildung



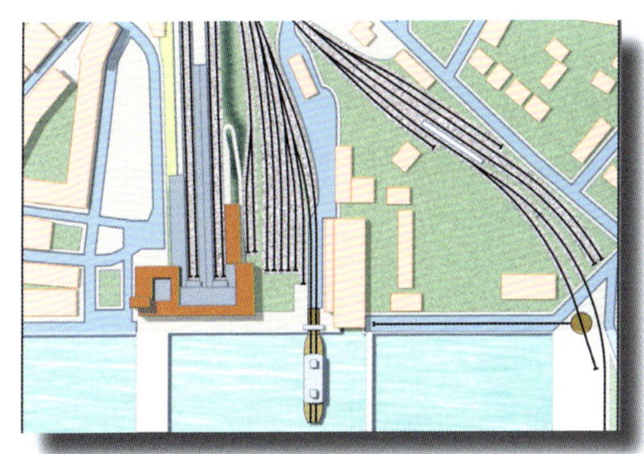

**„Die vierte Dimension"** eröffnet sich für den Modellbahner bei einer „Multideck"-Anlage mit übereinander gestaffelten Schauebenen



**Spezial-Grundrisse,** die in erster Linie für individuell durchgebildete Projekte infrage kamen, aber dennoch als Anregung dienen könnten

In einige der vorgestellten Entwürfe möchte man sich vielleicht noch näher vertiefen. Die Angaben in Klammern verweisen auf frühere Veröffentlichungen in Zeitschriften mit Angabe der Nummer der Ausgabe:

em = Eisenbahn Magazin
MS = Miba-Spezial
Miba = Miniaturbahnen
NBM = N-Bahn Magazin

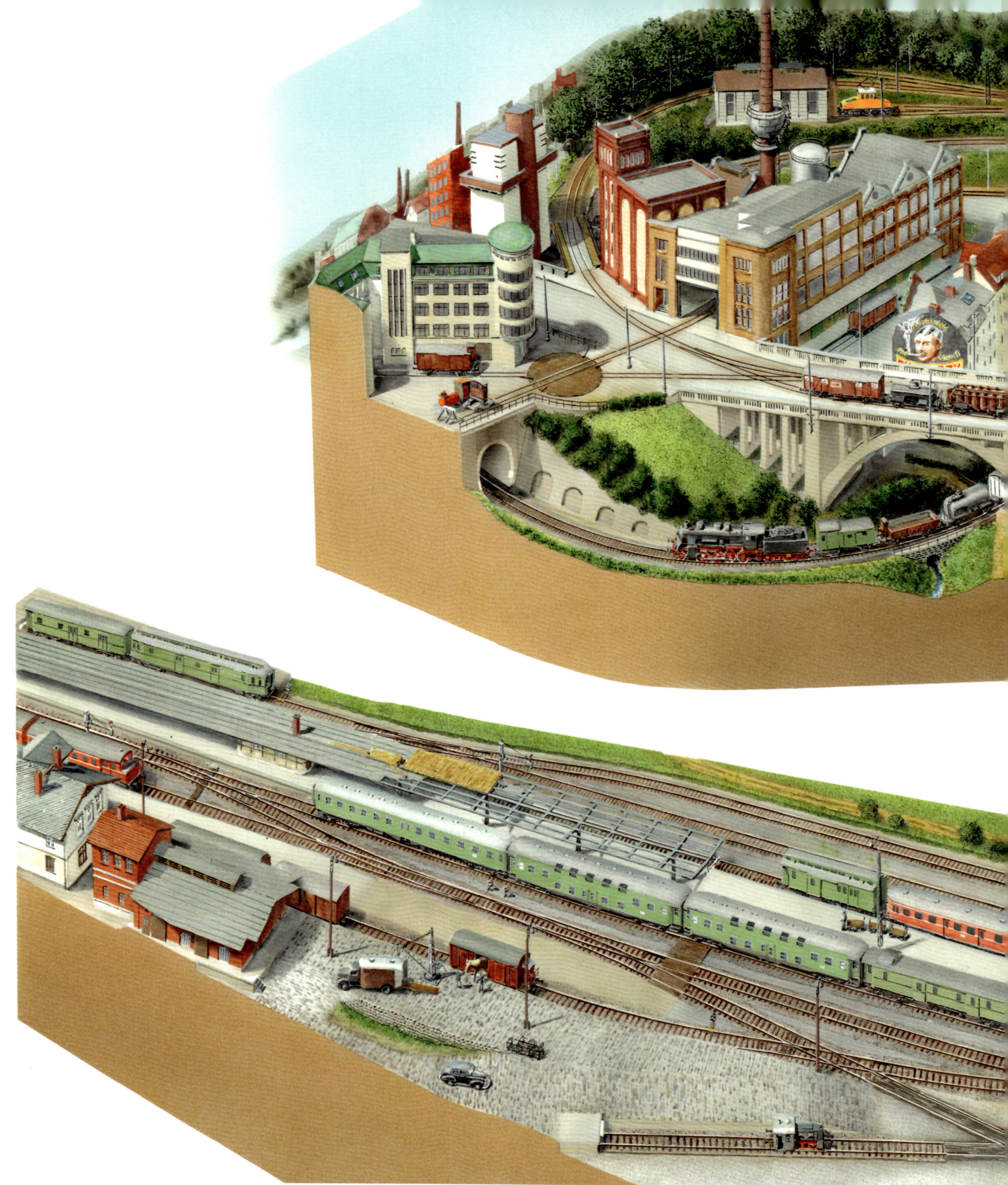

# Stol(l)-berg

Es wurde sich hier nicht eindeutig für eine Schreibweise des Namens entschieden, weil gleich mehrere ähnlich lautende Örtlichkeiten Pate für die Eigenschaften dieses H0-Anlagen-Entwurfs standen.

Da wären zu nennen: Stollberg in Sachsen, Stolberg im Rheinland, der Endbahnhof Stolberg im Harz. Abgesehen hiervon spielten aber noch die Eigenschaften anderer mittelgroßer Ortschaften aus unterschiedlichen Ge-

Die Modell-Landschaft wird von einer mittelstädtischen Umgebung bestimmt, die mit vielgestaltiger Industrie durchsetzt ist. Der angenommene Zeitrahmen der mittleren Fünfziger Jahre begründet eine anregende Vielfalt im Fahrzeugeinsatz. Gerade in dieser Periode findet auch die elektrifizierte Industrie-Anschlussbahn noch ihre volle Daseinsberechtigung.

genden in die Gestaltung dieses Vorschlags herein.

Vorzeiten zeichneten sich diese allesamt noch durch einen starken industriellen Besatz aus, der mittlerweile aber meistens schmaler geraten ist. So wurde sich an Motiven aus den Orten Pößneck in Thüringen, Zeitz in Sachsen-Anhalt und Döbeln in Sachsen angelehnt. Ohne sich auf eine bestimmte Lokalität festzulegen, ergibt sich so eine interessante Mischung verkehrlicher Elemente, was fürs Modell abwechslungsreiche und anregende Betriebsabläufe verspricht. Die maßgebende Station stellt sich als Endbahnhof an einer eingleisigen Stichstrecke dar.

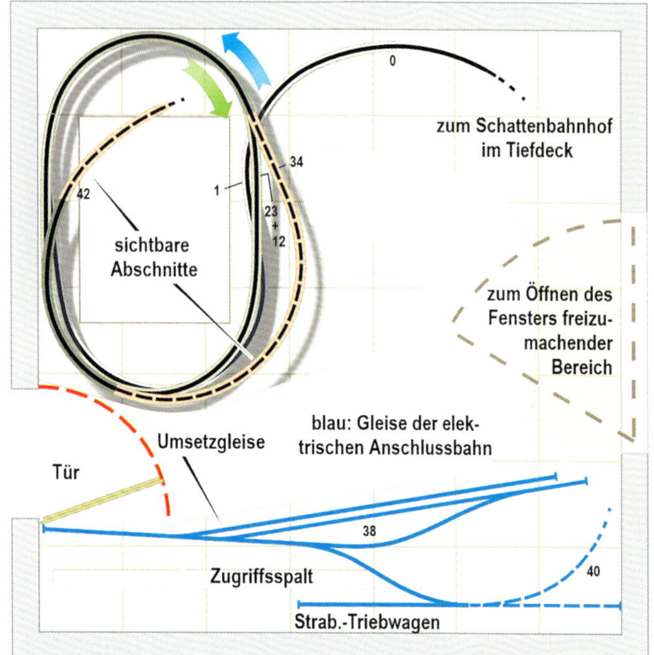


Die Abstiegswendel der Vollbahn (schwarze Linien). Die im Zwischendeck angeordneten Abstell- und Umsetzgleise der Industriebahn (blau) sollten seitlich zugänglich belassen sein.

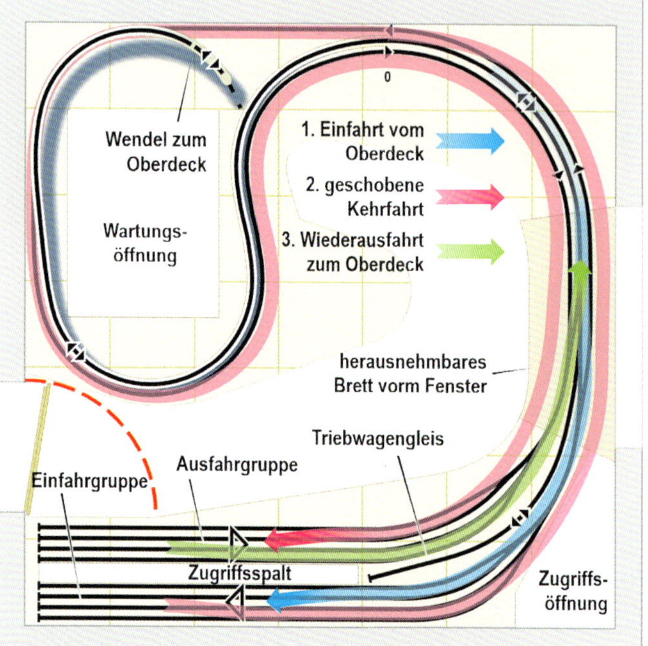


Die Schattengleise im Tiefdeck. Hier ist zwischen Ankunft und Abfahrt bei lokbespannten Zügen eine geschobene Kehrfahrt vonnöten. Der Maßstab für diese Darstellungen ist 1:43,75.

Dort lässt sich bereits ein lebhaftes Verkehrsgeschehen inszenieren, in dem zumindest Eilzug-Einsätze und auch Postwagen-Kurse durchaus gerechtfertigt sind. Der Güterverkehr kommt ebenfalls nicht zu kurz. Das liegt nicht zuletzt daran, dass hier ein privates Schienenverkehrsunternehmen angeschlossen ist, das in erster Linie als Versorger der örtlichen Industrie dient. Darüber hinaus genügt es aber auch Aufgaben im öffentlichen Personennahverkehr.

Der Übergang von Güterwagen zwischen der „Staatsbahn" und den entlang der „Privatbahn" angesiedelten Ladestellen bedingt regelmäßig eine abwechslungsreiche Folge von Fahrzeugbewegungen:

Dessen Strecken sind mit Oberleitung ausgestattet und so kommen dort kleine Elektroloks und Straßenbahn-ähnliche Triebwagen zum Einsatz. Ein Zwischendeck für verdeckte Gleise sorgt dafür, dass hier angelieferte Wagenmengen noch weiter verteilt werden können und nicht ausschließlich auf die Abfuhr zu den sichtbaren Anschlussgleisen angewiesen sind.

Als räumliche Vorgabe für diesen H0-Entwurf wird ein 3,5 x 3,5 m großes Zimmer angenommen, wie es in seinen Abmessungen noch häufig in üblichen Wohnsituationen angetroffen werden kann. Allerdings gestaltet sich hier die Einpassung geeigneter Schattengleis-Formationen schon nicht mehr ganz einfach, zumal für den Einsatz etwas anspruchsvollerer Fahrzeugmodelle auch die verdeckten Radien nicht weniger als 60 cm betragen sollten. Für die erwünschte Fahrtrichtungsumkehr der auf die Stumpf-Abstellgleise im Untergrund gelangten Garnituren soll, wie es obenstehend aufgezeigt wird, eine geschobene Kehrfahrt sorgen.

Auf den sichtbaren Gleisbereichen sorgt schließlich der gegenseitige Austausch und die Verteilung von Güterwagen-Verbänden zwischen DB und der privaten Anschlussbahn für ein reges betriebliches Geschehen. Darüber hinaus stellen sich auch noch etliche Aufgaben zur Um- und Neubildung von Personenzug-Garnituren. Nicht zu vergessen ist auch die Behandlung von Postwagen-Verbänden.

Ein Nahgüterzug kommt mit den angelieferten Waggons aus dem Schattenbahnhof und endet zunächst im DB-Bahnhof

Die für die Industriebahn bestimmten Wagengruppen werden in Sägefahrt in die Übergabe-Gleisgruppe verbracht

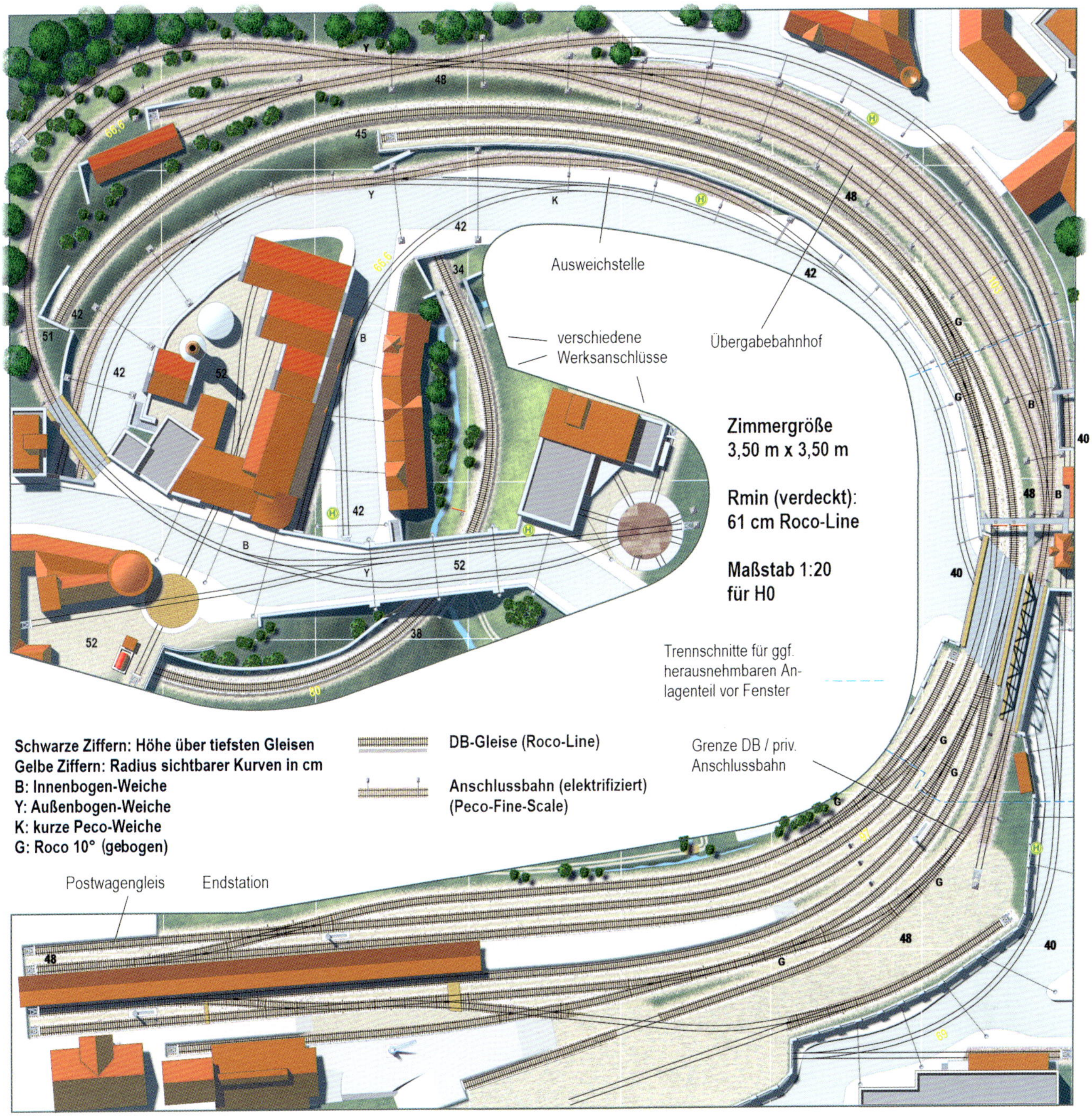

Ausweichstelle

verschiedene Werksanschlüsse

Übergabebahnhof

**Zimmergröße**
**3,50 m x 3,50 m**

**Rmin (verdeckt):**
**61 cm Roco-Line**

**Maßstab 1:20**
**für H0**

Trennschnitte für ggf. herausnehmbaren Anlagenteil vor Fenster

Grenze DB / priv. Anschlussbahn

Postwagengleis

Endstation

**Schwarze Ziffern: Höhe über tiefsten Gleisen**
**Gelbe Ziffern: Radius sichtbarer Kurven in cm**
**B: Innenbogen-Weiche**
**Y: Außenbogen-Weiche**
**K: kurze Peco-Weiche**
**G: Roco 10° (gebogen)**

DB-Gleise (Roco-Line)

Anschlussbahn (elektrifiziert)
(Peco-Fine-Scale)

Durch die Privatbahn-Loks erfolgt sodann die Sortierung für die höher- und tieferliegenden Anschlüsse.

Nun machen sich verschiedene Abteilungen auf den Weg zu den Kunden.

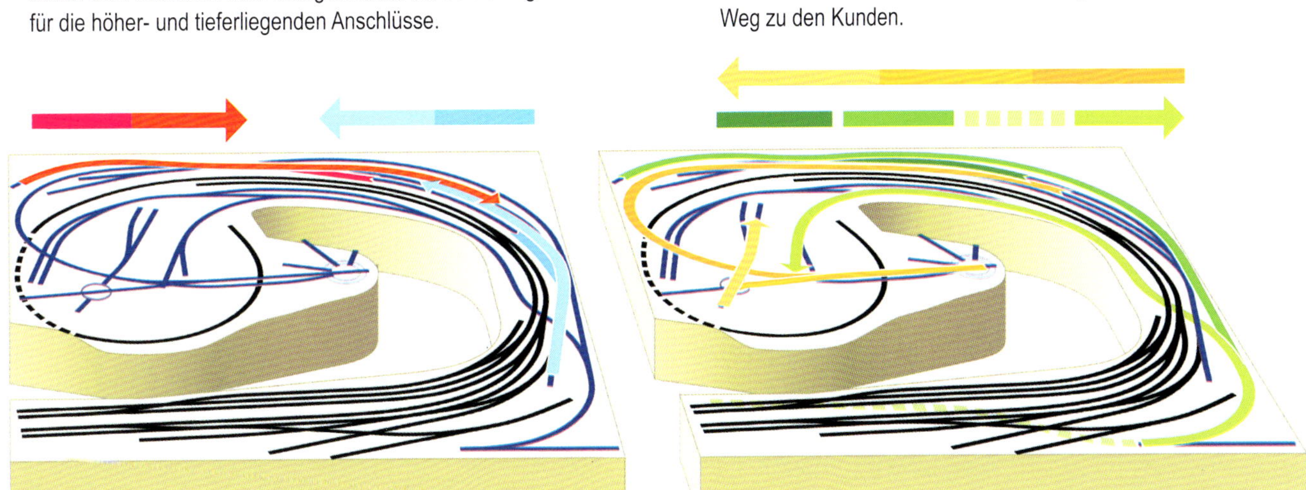

# Rundum im Raum

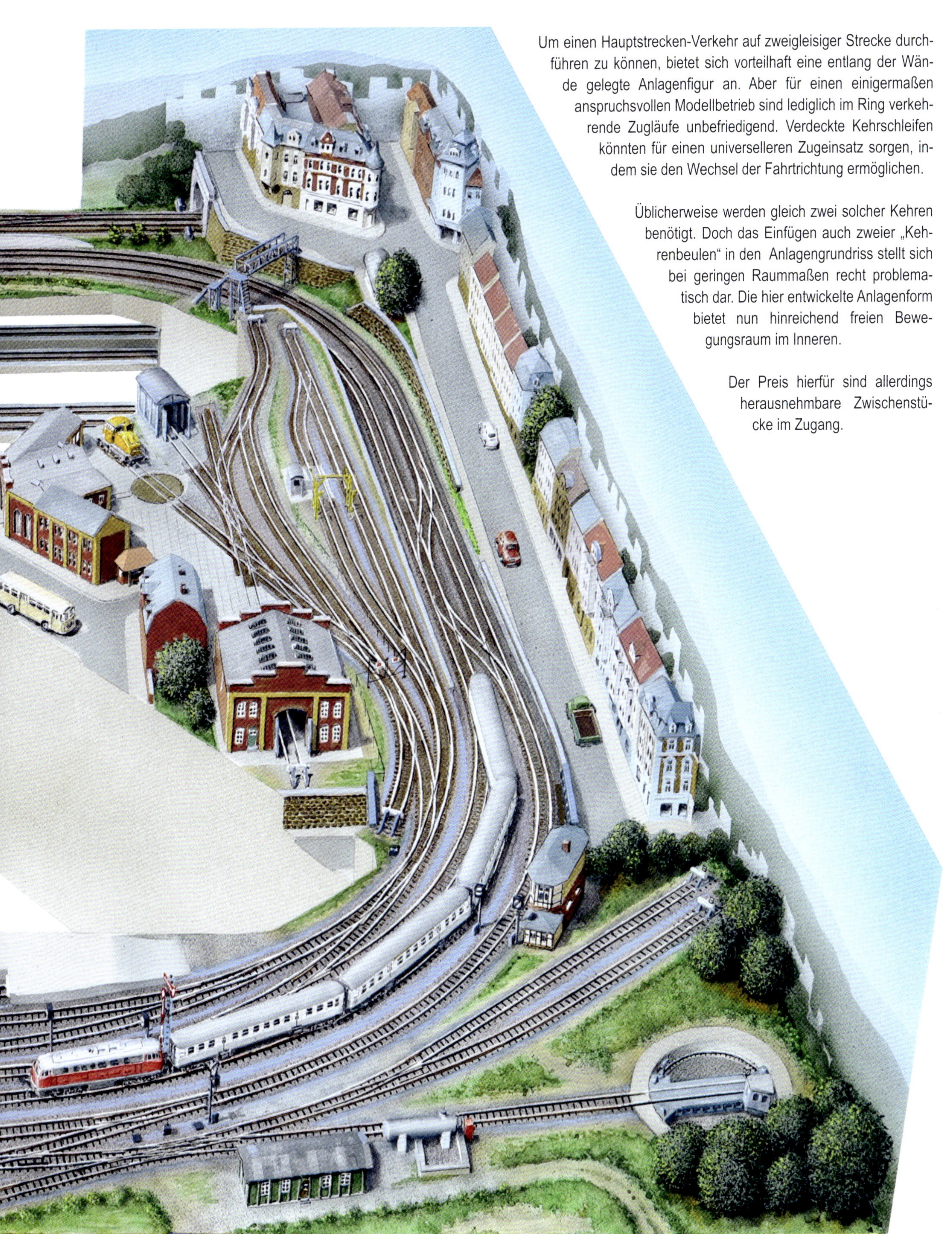

Um einen Hauptstrecken-Verkehr auf zweigleisiger Strecke durchführen zu können, bietet sich vorteilhaft eine entlang der Wände gelegte Anlagenfigur an. Aber für einen einigermaßen anspruchsvollen Modellbetrieb sind lediglich im Ring verkehrende Zugläufe unbefriedigend. Verdeckte Kehrschleifen könnten für einen universelleren Zugeinsatz sorgen, indem sie den Wechsel der Fahrtrichtung ermöglichen.

Üblicherweise werden gleich zwei solcher Kehren benötigt. Doch das Einfügen auch zweier „Kehrenbeulen" in den Anlagengrundriss stellt sich bei geringen Raummaßen recht problematisch dar. Die hier entwickelte Anlagenform bietet nun hinreichend freien Bewegungsraum im Inneren.

Der Preis hierfür sind allerdings herausnehmbare Zwischenstücke im Zugang.

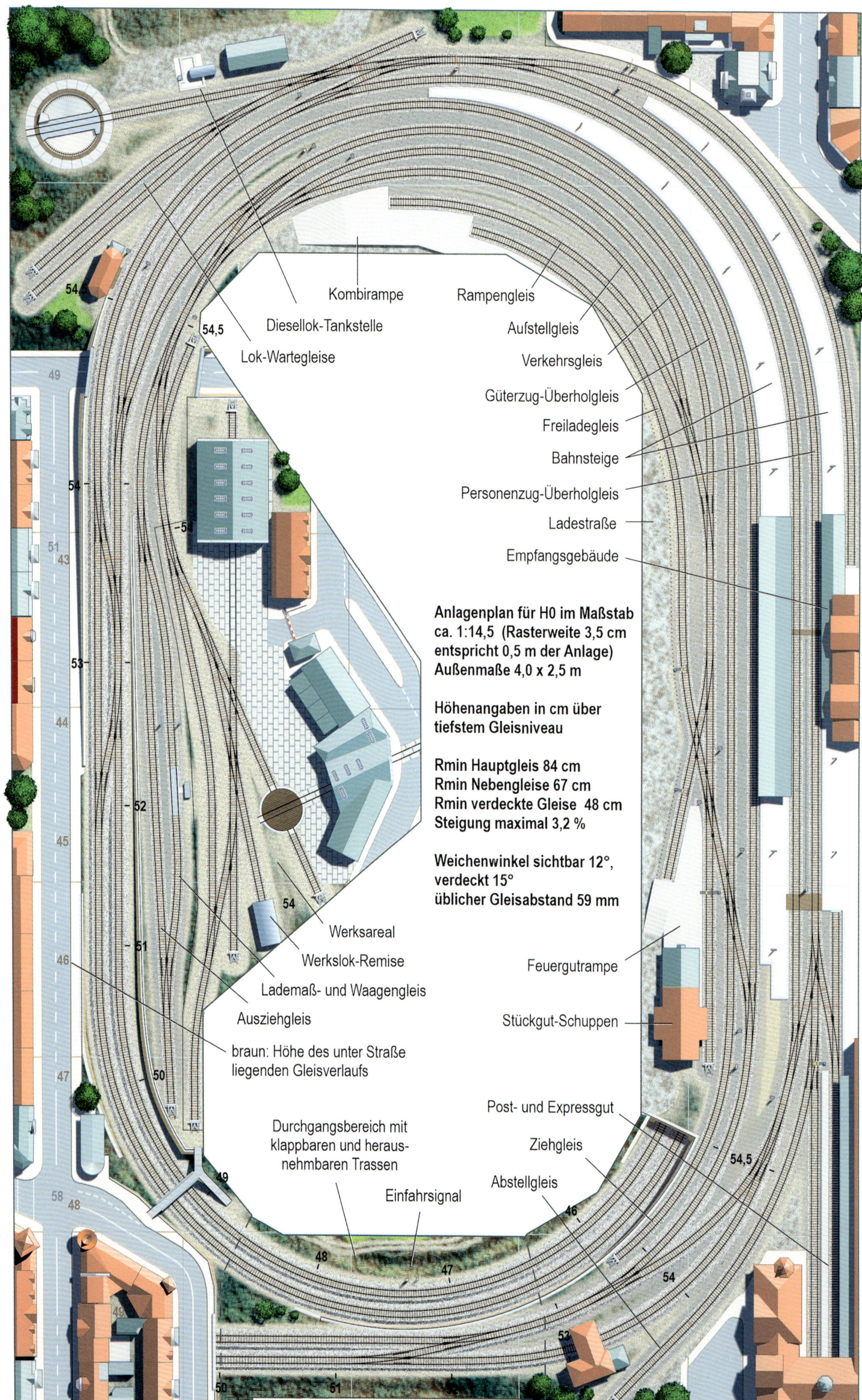
Kombirampe
Rampengleis
Diesellok-Tankstelle
Aufstellgleis
Lok-Wartegleise
Verkehrsgleis
Güterzug-Überholgleis
Freiladegleis
Bahnsteige
Personenzug-Überholgleis
Ladestraße
Empfangsgebäude
Anlagenplan für H0 im Maßstab ca. 1:14,5 (Rasterweite 3,5 cm entspricht 0,5 m der Anlage) Außenmaße 4,0 x 2,5 m
Höhenangaben in cm über tiefstem Gleisniveau
Rmin Hauptgleis 84 cm
Rmin Nebengleise 67 cm
Rmin verdeckte Gleise 48 cm
Steigung maximal 3,2 %
Weichenwinkel sichtbar 12°, verdeckt 15°
üblicher Gleisabstand 59 mm
Werksareal
Werkslok-Remise
Lademaß- und Waagengleis
Ausziehgleis
Feuergutrampe
Stückgut-Schuppen
braun: Höhe des unter Straße liegenden Gleisverlaufs
Post- und Expressgut
Durchgangsbereich mit klappbaren und heraus-nehmbaren Trassen
Ziehgleis
Abstellgleis
Einfahrsignal
54,5
54
53
52
51
50
49
48
47
46
45
44
43
58

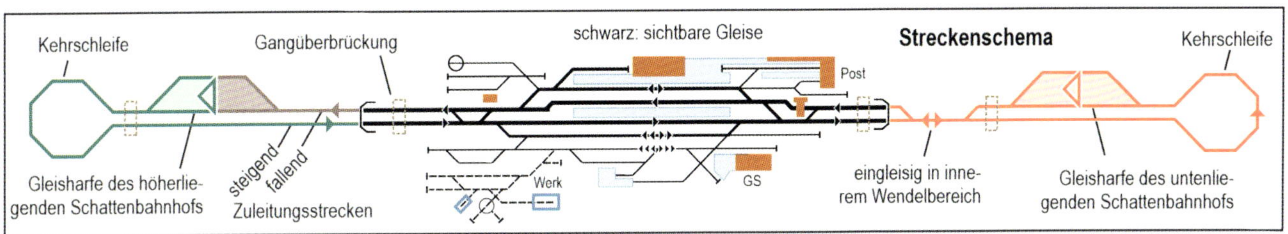


Die Zusammengehörigkeit der Strecken wird in den Skizzen dieser Seite durch eine gleichartige Farbgebung aufgezeigt.

unten: Verdeckte Gleisentwicklungen auf den von oben nach unten folgenden Höhenstufen:

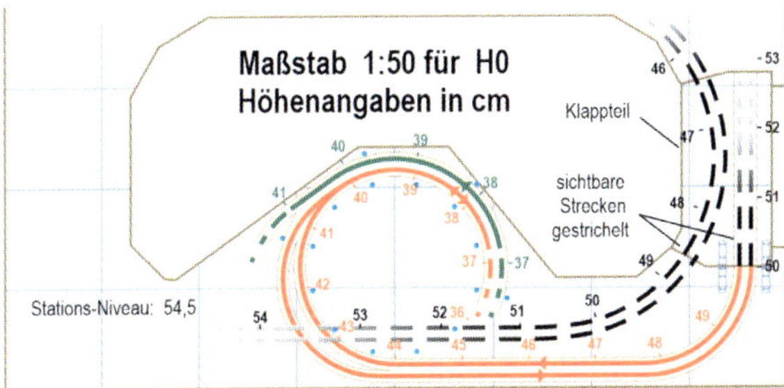


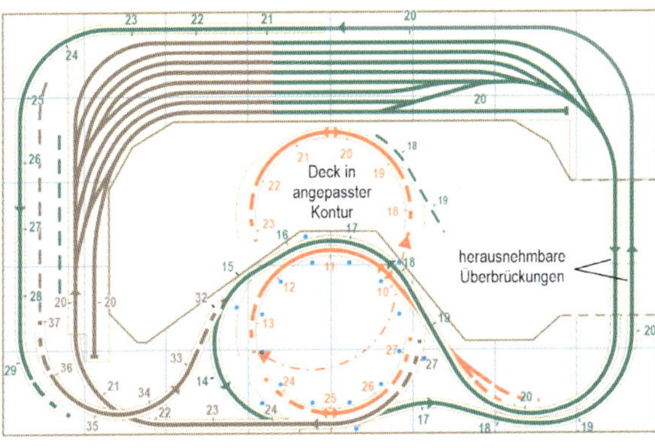


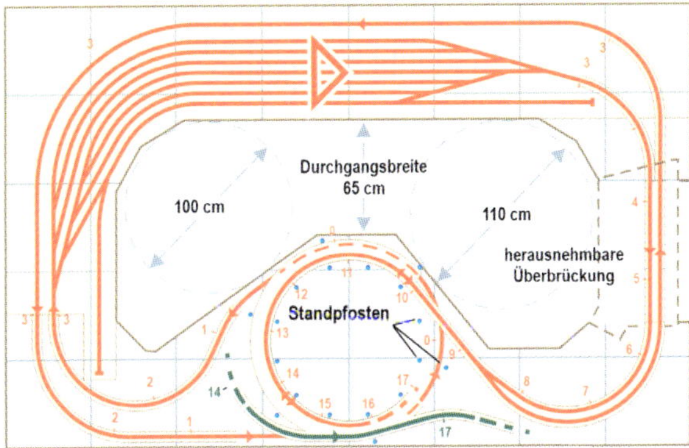


Obwohl die Anlage als ringförmige Figur erscheint, ist die Streckenführung im Konzept „von-Kehrschleife-zu-Kehrschleife" vorgesehen.

Diese Anlage wurde für einen Hauptstrecken-gemäßen Verkehr entworfen, der über relativ weite Strecken verfolgt werden kann. Den nicht allzu großen Zimmermaßen zum Trotz kommen im sichtbaren Bereich recht weite Radien zum Einsatz. Die dargestellte Station will für eine ganze Reihe betrieblich anregender Momente sorgen. Zusätzliche Aufgaben für den Rangierer finden sich bei einem umfänglich gegliederten industriellen Anschluss.

Hinreichende Kapazitäten im Schatten gewährleisten einen abwechslungsreichen Zugeinsatz. Die Durchleitung des Verkehrs für abwechselnde Richtungen verlangte eine recht aufwendige Streckenführung im Untergrund. Es wird aber mit nur einer Anlagenverdickung für die Kehrbögen und Wendelabschnitte ausgekommen. Ausreichend Bewegungsfreiheit im Innenraum und eine hinlängliche Zugänglichkeit aller Anlagenpartien ist gegeben. Allerdings wurde ein zu öffnender Zugang erforderlich.

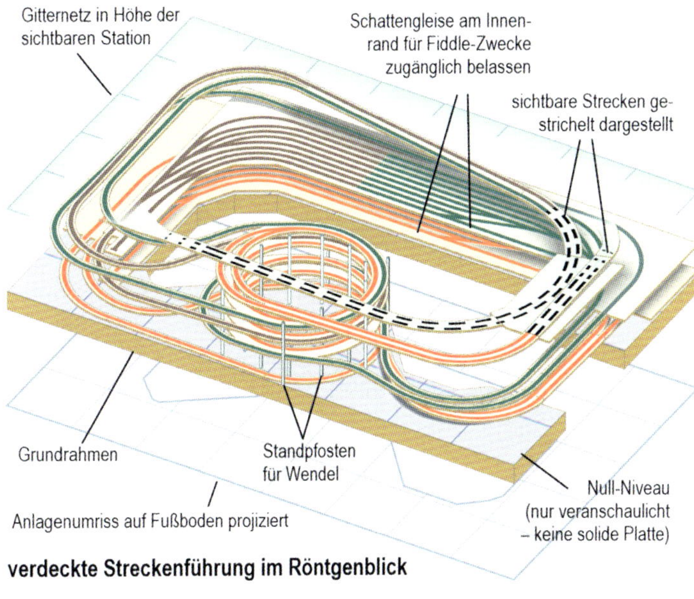


verdeckte Streckenführung im Röntgenblick

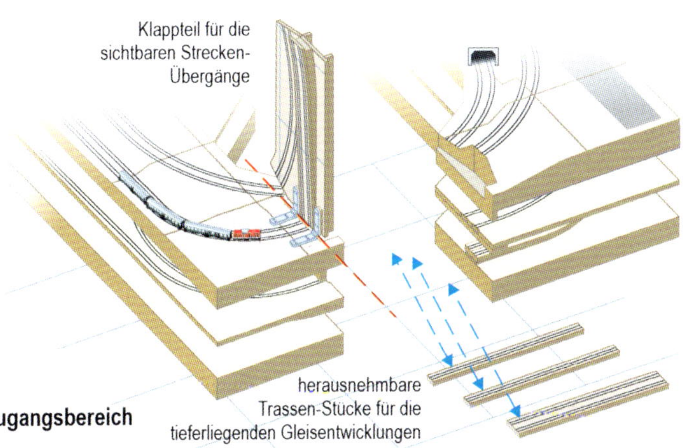


Zugangsbereich

# Der Dresdener Bahnhof in Breslau

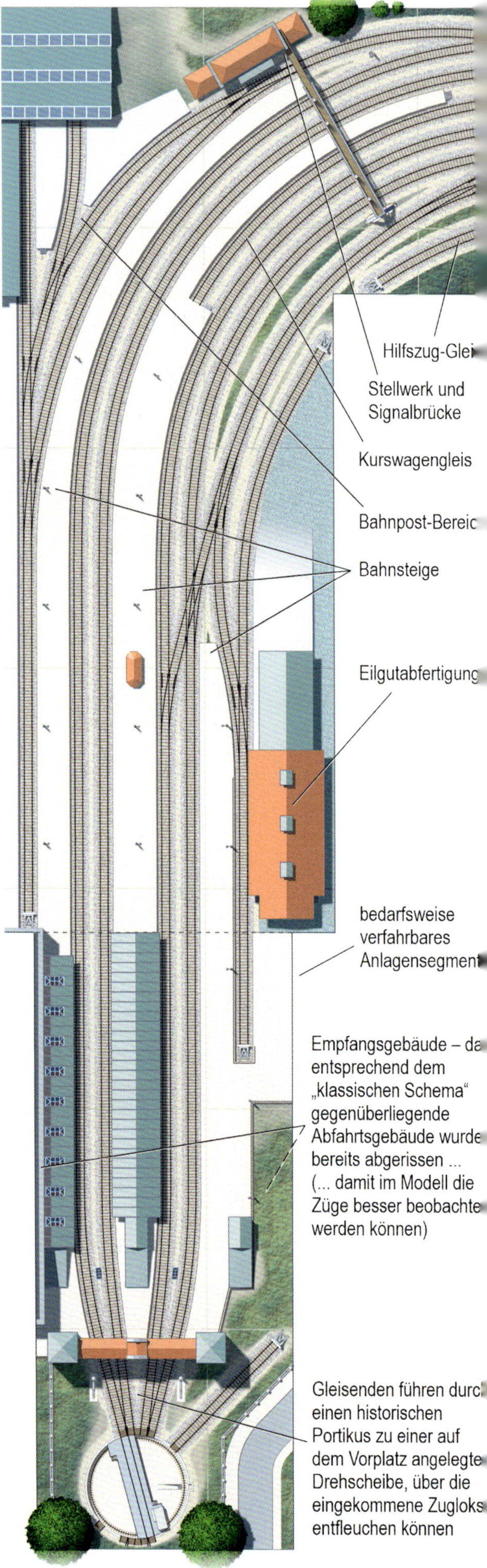


Auch in mittlerweile historischen Stationsverzeichnissen braucht man nicht nach diesem Bahnhofsnamen zu suchen, denn so hat es ihn nie gegeben. Dennoch ist mancherlei aus der realen Bahnwelt – sowohl bei der einstigen niederschlesischen Hauptstadt wie auch von anderen prominenten Orten – hier eingeflossen.

In der Frühzeit der Eisenbahn konnte so manche Stadt mit gleich mehreren Kopfbahnhöfen von der hier gezeigten bescheidenen Größe aufwarten, die allerdings im Laufe der Zeit allesamt durch umfangreichere Anlagen ergänzt oder aber abgerissen wurden. So auch in Breslau, dem heute polnischen Wrocław, woher die Inspiration für einen, dem Namen nach allerdings fiktiven, „Dresdener Bahnhof“ genommen wurde.

Die angenommene Situation soll für uns eine typische Bahn-Szenerie der vor-WW2-Epoche rechtfertigen, in der sowohl der Einsatz von sächsischem und reichhaltigem preußischen als auch hochwertigem neueren Reichsbahn-Material gerechtfertigt ist. Und das in einem glaubhaft kompakt gehaltenen Umfeld.

Die Baulichkeiten am Kopfende rühren noch aus der Gründungszeit des gegen Mitte des 19. Jahrhunderts eingerichteten Personenbahnhofs. Mittlerweile hat aber ein gewisser Verfall eingesetzt. So fehlen bereits wesentliche Teile, unter anderem das Abfahrtsgebäude und insbesondere die ursprünglich dazugehörige hölzerne Bahnsteighalle. Für das Modellgeschehen ist das schließlich nicht unwillkommen, denn so besitzt man eine günstigere Einsicht auf die eingefahrenen Zugverbände. Seitlich der Einfahrt haben sich dann auch einige jüngere Bauten angesiedelt, so ein Bahnpostamt und ein für seine Zeit modernes Stellwerk. Die gegenüberliegend hier noch angetroffene kleine Güterabfertigung dient lediglich dem Eilgut-Verkehr.

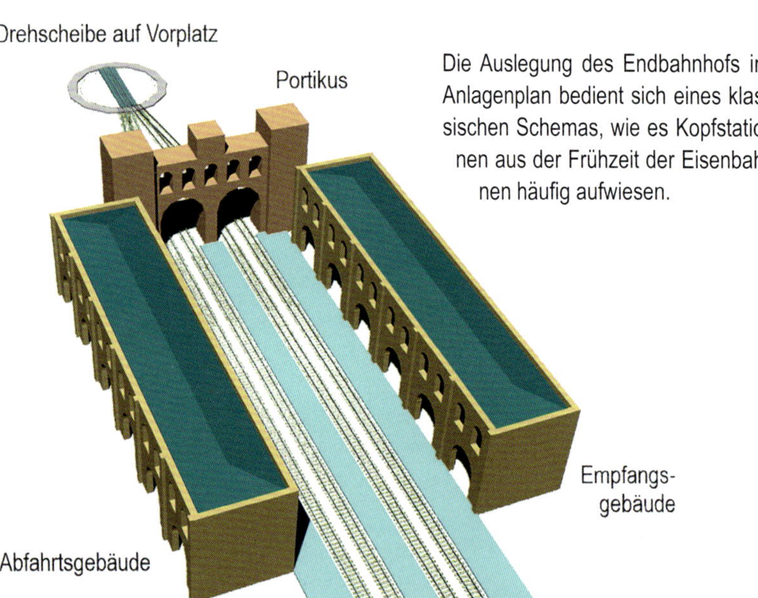


Die Auslegung des Endbahnhofs im Anlagenplan bedient sich eines klassischen Schemas, wie es Kopfstationen aus der Frühzeit der Eisenbahnen häufig aufwiesen.

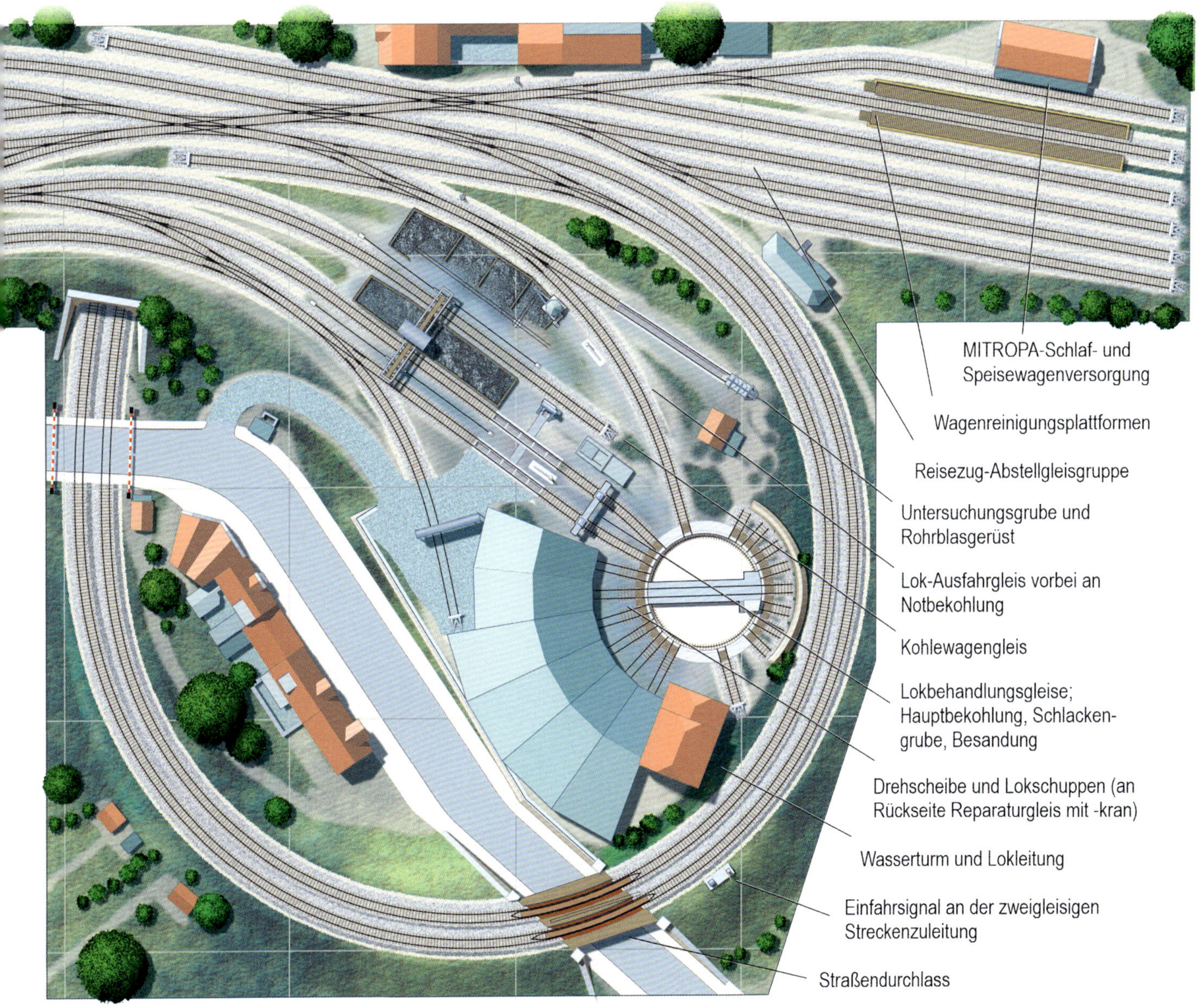

MITROPA-Schlaf- und Speisewagenversorgung
Wagenreinigungsplattformen
Reisezug-Abstellgleisgruppe
Untersuchungsgrube und Rohrblasgerüst
Lok-Ausfahrgleis vorbei an Notbekohlung
Kohlewagengleis
Lokbehandlungsgleise; Hauptbekohlung, Schlacken-grube, Besandung
Drehscheibe und Lokschuppen (an Rückseite Reparaturgleis mit -kran)
Wasserturm und Lokleitung
Einfahrsignal an der zweigleisigen Streckenzuleitung
Straßendurchlass


Anlagenplan im Maßstab 1:13,6 für H0. Zimmergröße 4,0 x 3,5 m. Rasternetz 50 cm. Rmin sichtbar: 80 cm, verdeckt: 48 cm. Gefälle max. 1:34 / 2,95 %: Steigungen geringer. Weichen 15° und 12° (Tillig-Sortiment); einige 12°-Weichen auf minimal 90 cm Innenradius gebogen.

Die Dimensionen des Anlagenentwurfs wurden auf die Grundmaße eines „typischen Schlafzimmers“ im Wohnungsbau abgestimmt. Die gezeigten Türöffnungen müssen sich nicht exakt in der gezeigten Position befinden, aber es wäre natürlich vorteilhaft, wenn der vom verfahrbaren Anlagensegment verstellte Durchgang nur selten benutzt werden muss. Wenn sich dort keine Tür befindet – umso besser! Die Anordnung der Anlagen-Bestandteile trägt zu einer noch günstigen Erreichbarkeit aller Gleisbereiche bei und es bleibt hinreichend Bewegungsspielraum; auch ein angemessen dimensionierter Arbeitsplatz findet Berücksichtigung.
Skizze im Maßstab 1:40

in Parkstellung verschobenes Anlagensegment bei Nichtbetrieb
Fensterflügel-Schwingbereich
Werkbank und Arbeitsplatz

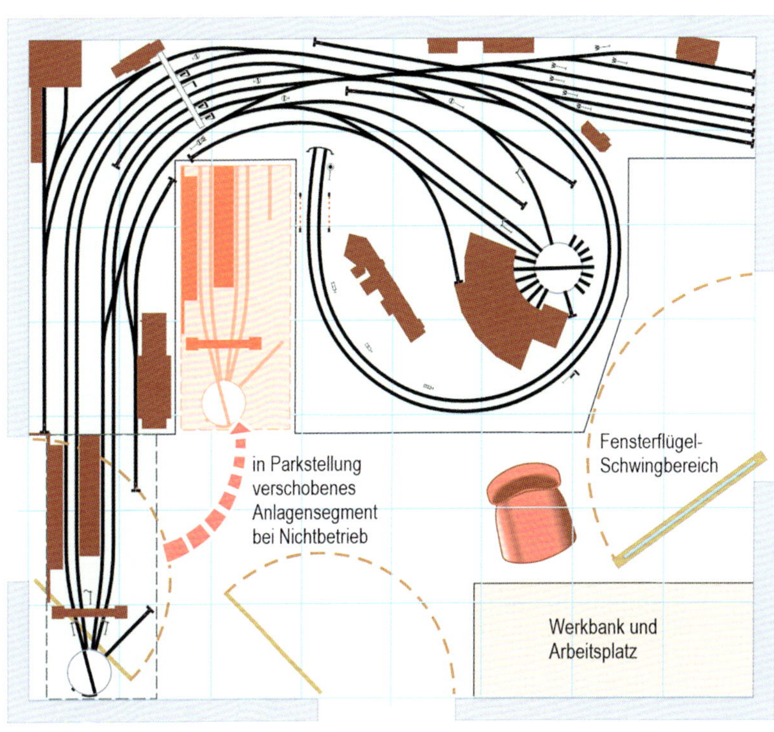

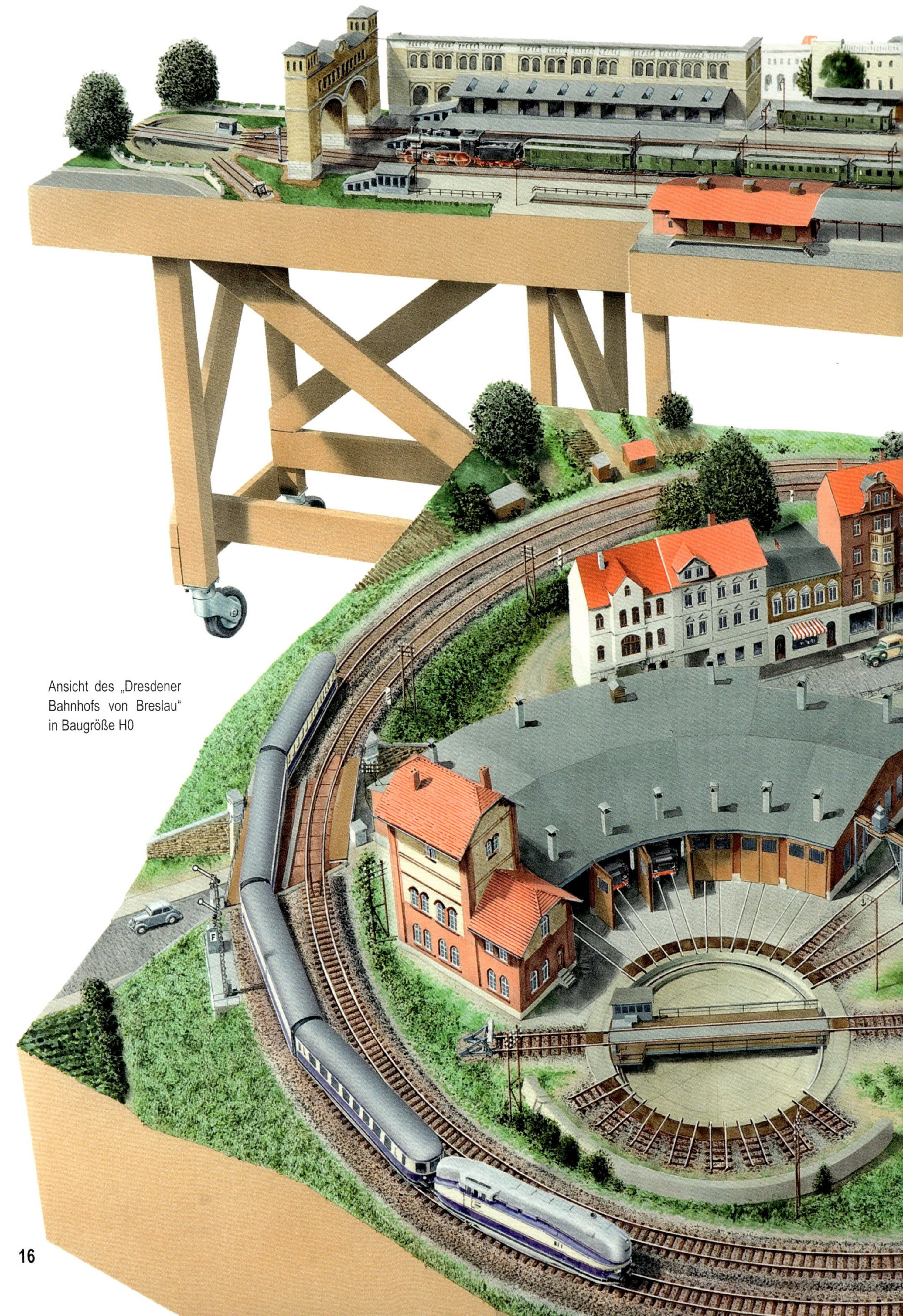

Ansicht des „Dresdener Bahnhofs von Breslau“ in Baugröße H0

Textil
Tierpräparate
Jagdtrophäen
Carl JENTSCHOW
A. REMMLER
BELEIHUNGEN
PFANDHAUS

Weitgehend ausgeblendet wurde jedoch der übliche Frachtgut-Güterumschlag, dessen Anlagen man sich außerhalb der dargestellten Streckenentwicklung und des sichtbaren Terrains denken muss.

Allerdings wird man bei der gewählten Thematik ungern auf ausreichende Abstellbereiche für Personenwagen verzichten wollen. Und natürlich gehört auch ein angemessen dimensioniertes Lok-Bw für die Behandlung der einlaufenden Dampfrösser hierher.

Nicht zuletzt so wie gezeigt wurde die Anordnung der Anlagen-„Flügel" getroffen, um eine recht spezielle Konfiguration von Schattengleis-Harfe und Kehrschleife im Zentrum des Zimmers unterbringen zu können. Sie erlaubt es, auf kompakter Grundfläche lange Zuggarnituren zu speichern und außerdem die Möglichkeit zur Umkehr der Fahrtrichtung zu erhalten. Dank einer seitlich zusätzlich vorhandenen Stumpf-Abstellgruppe lässt sich das Spektrum der eingesetzten Fahrzeugverbände noch etwas reichhaltiger gestalten.

Besondere Erwähnung verdient noch die hier vorgesehene Verfahrbarkeit eines Szenenabschnitts auf einem gesonderten Rollgestell. Damit soll der Zugang eines Nebeneingangs möglich bleiben. Für ein ähnlich gelagertes Projekt muss aber solche Einrichtung keinen unabdingbaren Bestandteil darstellen.

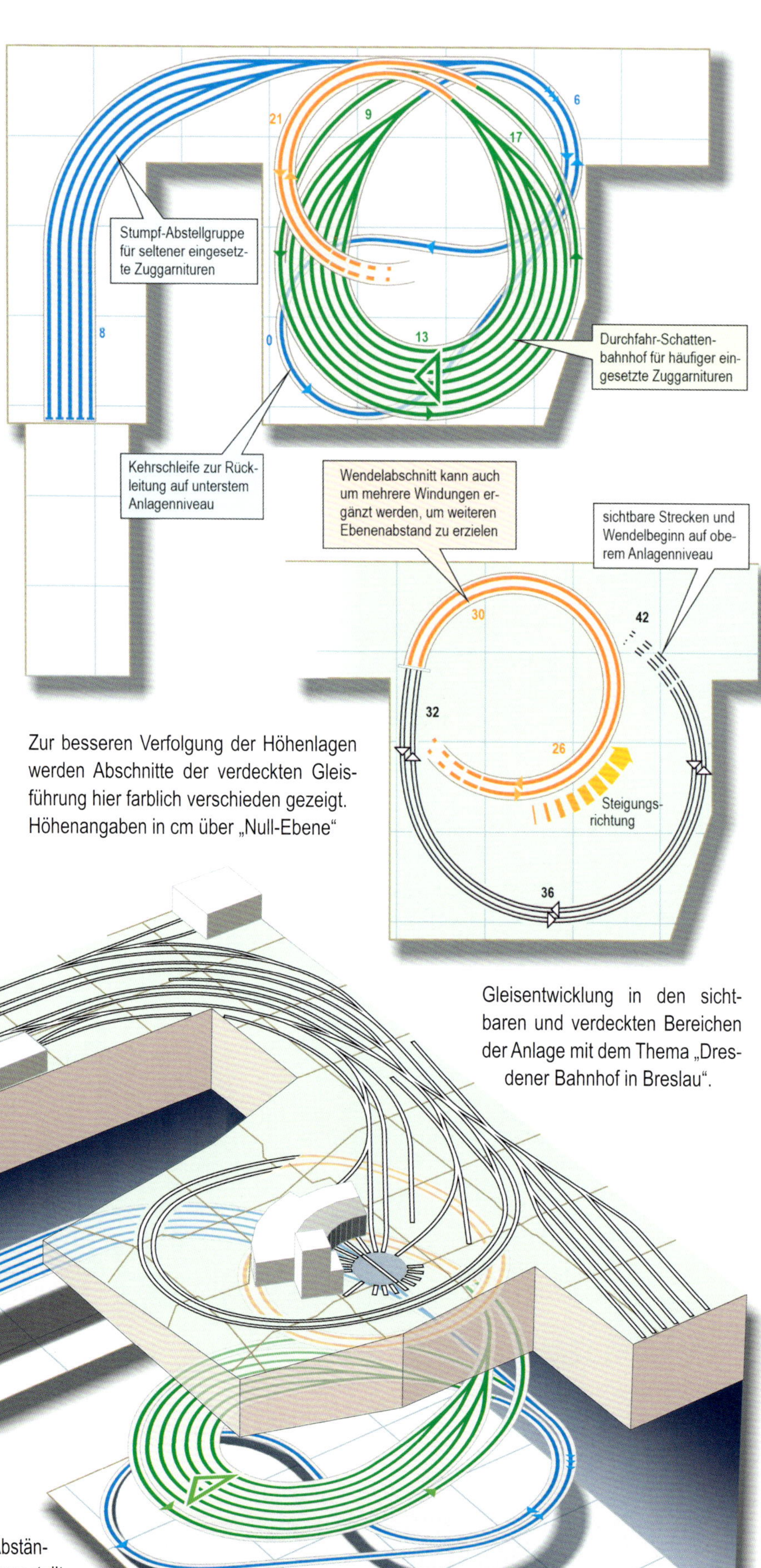


Zur besseren Verfolgung der Höhenlagen werden Abschnitte der verdeckten Gleisführung hier farblich verschieden gezeigt. Höhenangaben in cm über „Null-Ebene"

Gleisentwicklung in den sichtbaren und verdeckten Bereichen der Anlage mit dem Thema „Dresdener Bahnhof in Breslau".

In dieser perspektivischen Ansicht sind die tatsächlichen Abstände der verdeckten Gleisführung zirka vierfach überhöht dargestellt worden. Die untere Fläche dient lediglich zur Veranschaulichung des „Null-Niveaus" und braucht nicht als solide Platte ausgeführt zu werden.

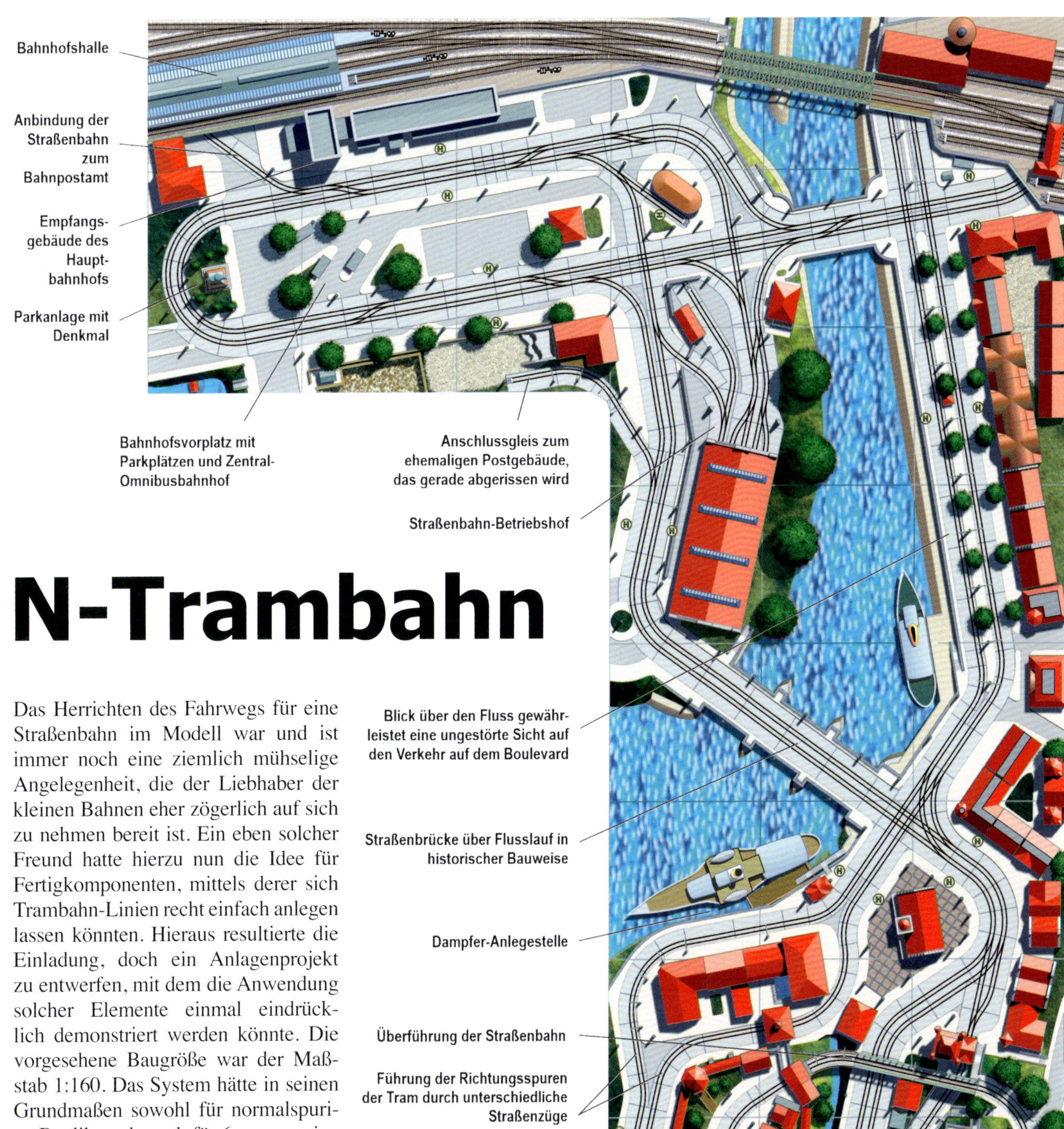


# N-Trambahn

Das Herrichten des Fahrwegs für eine Straßenbahn im Modell war und ist immer noch eine ziemlich mühselige Angelegenheit, die der Liebhaber der kleinen Bahnen eher zögerlich auf sich zu nehmen bereit ist. Ein eben solcher Freund hatte hierzu nun die Idee für Fertigkomponenten, mittels derer sich Trambahn-Linien recht einfach anlegen lassen könnten. Hieraus resultierte die Einladung, doch ein Anlagenprojekt zu entwerfen, mit dem die Anwendung solcher Elemente einmal eindrücklich demonstriert werden könnte. Die vorgesehene Baugröße war der Maßstab 1:160. Das System hätte in seinen Grundmaßen sowohl für normalspurige Repliken als auch für 6 mm-spurige Nm-Modelle Anwendung finden können. Das Prinzip ließe sich natürlich auch in andere Modell-Maßstäbe übertragen, wo aber bereits mitunter ein Angebot an vergleichbaren Streckenkomponenten angetroffen wird.

Plan für eine Stadtverkehrs-Anlage unter weitgehender Verwendung eines Straßenbahn-Rillenschienen-Plattensystems (Spur N oder Nm).
Die Abmessungen der Außenkanten betragen 3,0 x 2,0 m. Rasterliniennetz 33,3 cm. Abbildungsmaßstab 1:12,5 (für Baugröße N 1:160)

Für das Demonstrativ-Vorhaben wurde eine Stadtlandschaft vorgesehen, wie sie sich dem Betrachter in deutlich verschiedenartige Quartiere unterteilt darbietet.

Hierin wurde ein mit den beschriebenen Teilstücken gebildetes Trambahn-Netz eingefügt. Dieses bietet die Grundlage für unterschiedliche Linien, die sich fallweise auch auf verschiedenen Gleisabschnitten vereinigen können. Möglich sind sowohl ringförmig verkehrende Kurse von (Einrichtungs-) Triebzügen als auch Pendelverkehre herkömmlicher Triebwagen, gegebenenfalls mit Beiwagen. Ein größerer Strab-Betriebshof dient der gewünschten Menge von Fahrzeugen zur gelegentlichen Wartung und Abstellung. Zudem nutzt die Post die Transportmöglichkeit über die Schiene mittels bei ihren Dienststellen an das Trambahn-Netz angeschlossenen Gleisstutzen.

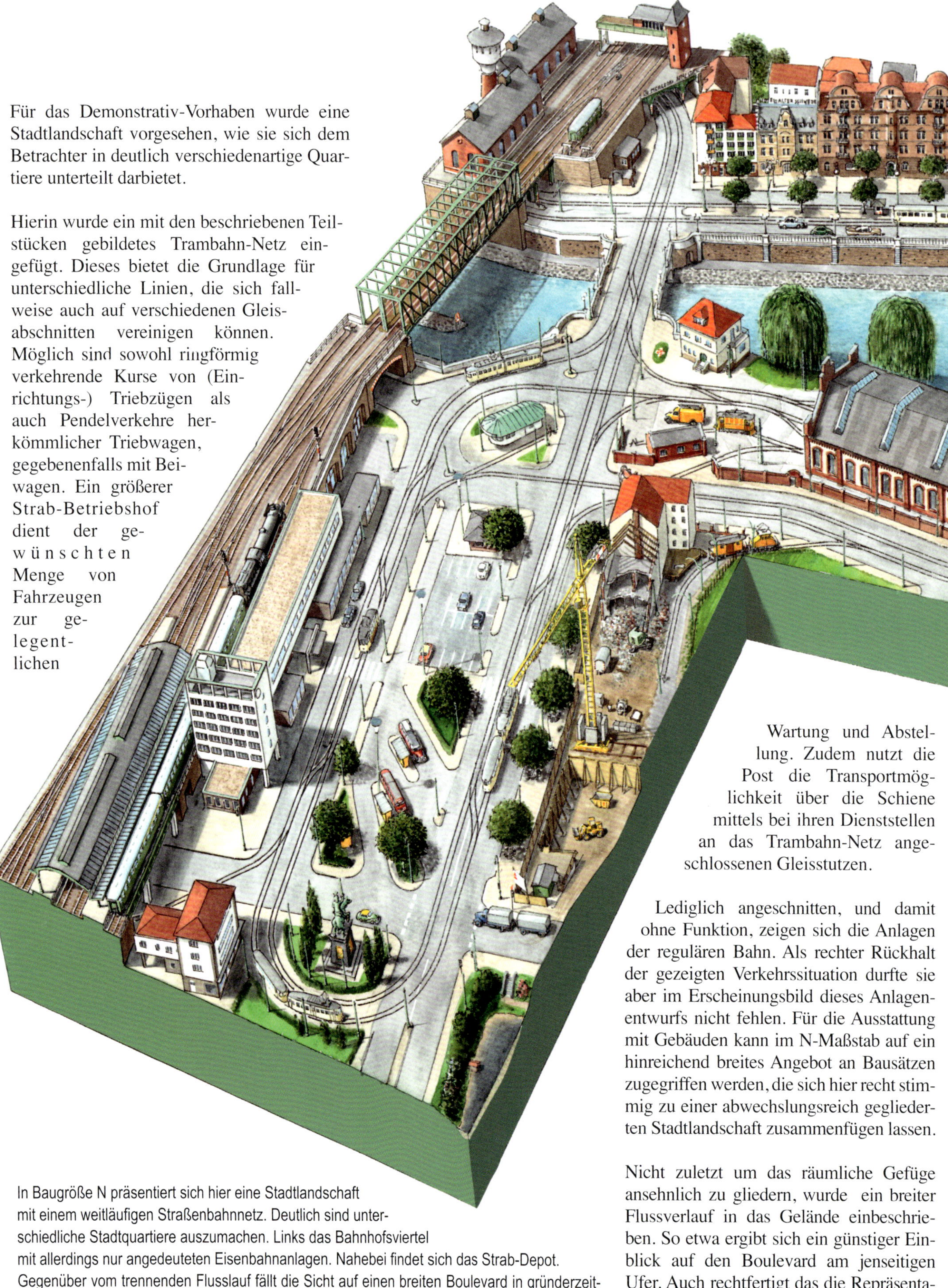

Lediglich angeschnitten, und damit ohne Funktion, zeigen sich die Anlagen der regulären Bahn. Als rechter Rückhalt der gezeigten Verkehrssituation durfte sie aber im Erscheinungsbild dieses Anlagenentwurfs nicht fehlen. Für die Ausstattung mit Gebäuden kann im N-Maßstab auf ein hinreichend breites Angebot an Bausätzen zugegriffen werden, die sich hier recht stimmig zu einer abwechslungsreich gegliederten Stadtlandschaft zusammenfügen lassen.

Nicht zuletzt um das räumliche Gefüge ansehnlich zu gliedern, wurde ein breiter Flussverlauf in das Gelände einbeschrieben. So etwa ergibt sich ein günstiger Einblick auf den Boulevard am jenseitigen Ufer. Auch rechtfertigt das die Repräsentation markanter Brücken und den Schiffsverkehr als ein weiteres belebendes Moment.

In Baugröße N präsentiert sich hier eine Stadtlandschaft mit einem weitläufigen Straßenbahnnetz. Deutlich sind unterschiedliche Stadtquartiere auszumachen. Links das Bahnhofsviertel mit allerdings nur angedeuteten Eisenbahnanlagen. Nahebei findet sich das Strab-Depot. Gegenüber vom trennenden Flusslauf fällt die Sicht auf einen breiten Boulevard in gründerzeitlicher Umgebung. Weiter rechts schließt sich die Altstadt an, die sogar noch mit Resten der Stadtmauer und einer Burganlage aufwarten kann.

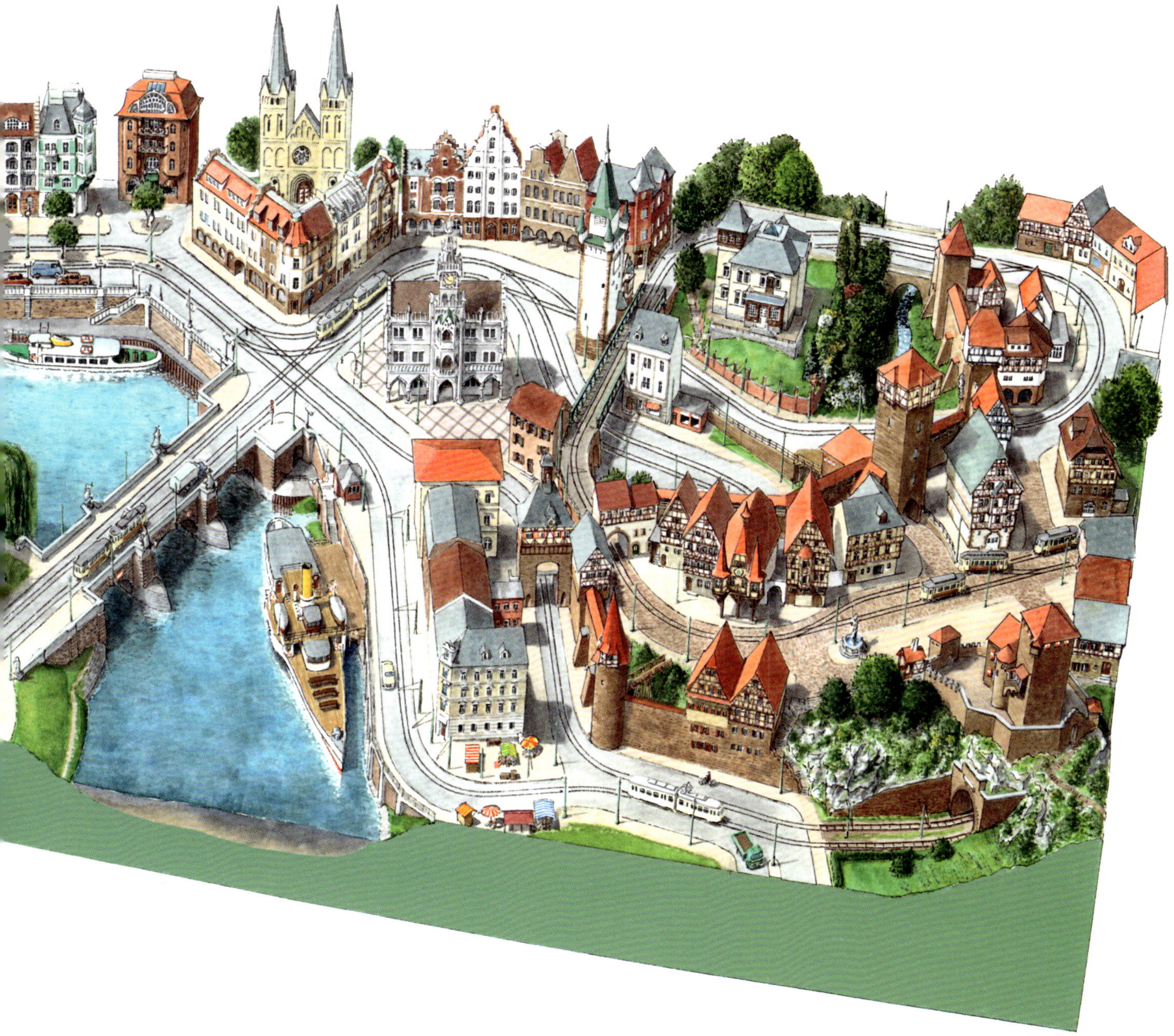

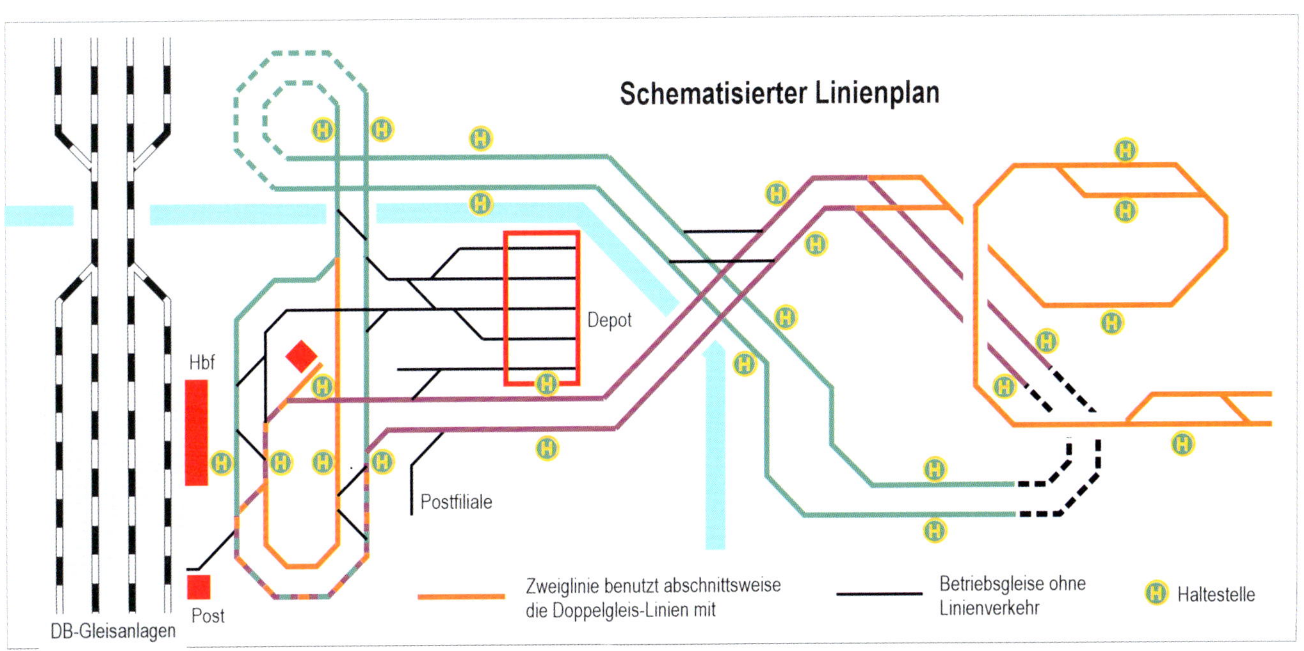
Schematisierter Linienplan
Depot
Hbf
Postfiliale
Post
DB-Gleisanlagen
Zweiglinie benutzt abschnittsweise
die Doppelgleis-Linien mit
Betriebsgleise ohne
Linienverkehr
Haltestelle

Panoramaschwenk über die Anlage mit dem Betrachter-Standpunkt im Türrahmen.

# Wuppertal-Barmen

Kommt die Rede auf Wuppertal, fällt einem da natürlich sogleich die berühmte Schwebebahn als außergewöhnliches Transportmittel ein. Doch traf man entlang der in engem Tal gelegenen Großstadt und auf den umgebenden Bergrü-

Unten: die Situation des Vorbilds in großräumiger Übersicht. Insbesondere der verschlungene Laufweg der Kohlentransporte vom Bahnhof Wuppertal-Loh zum Kraftwerk am Clef wird hieraus ersichtlich.

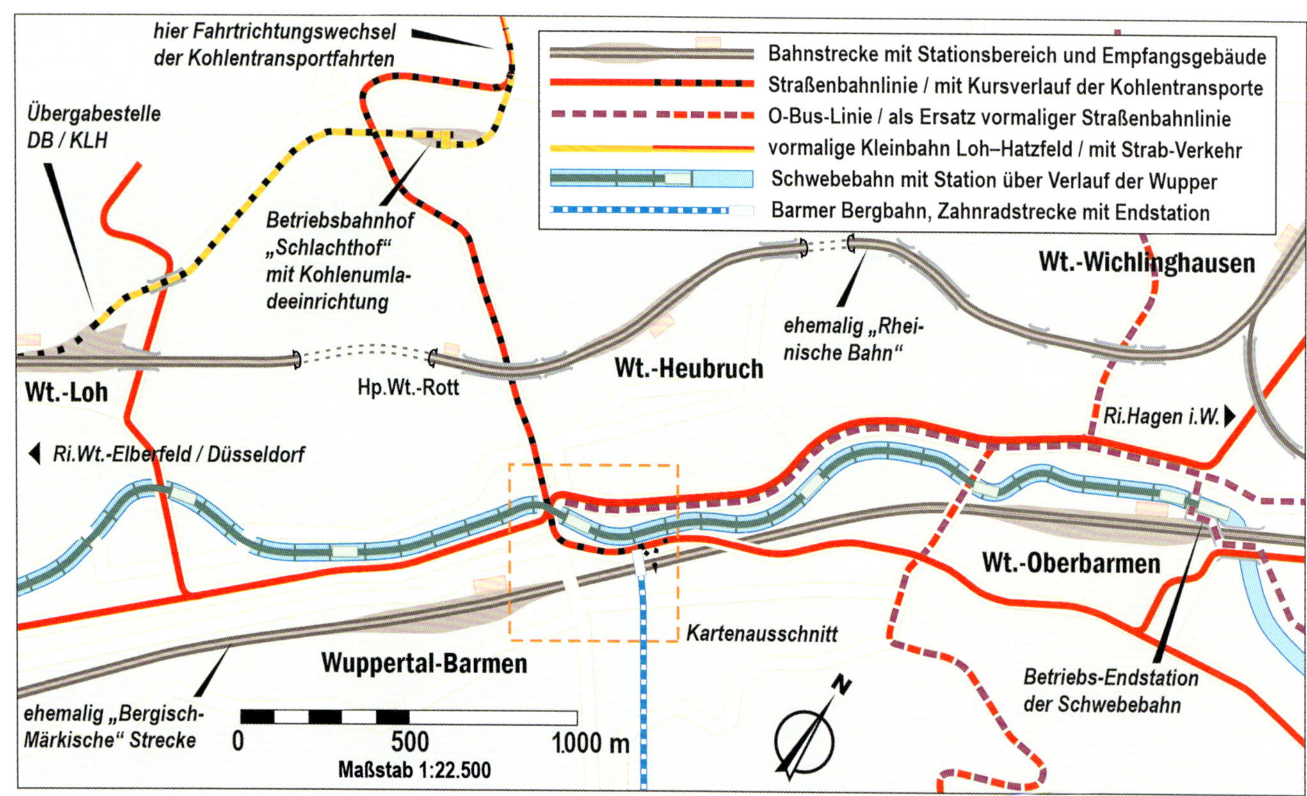

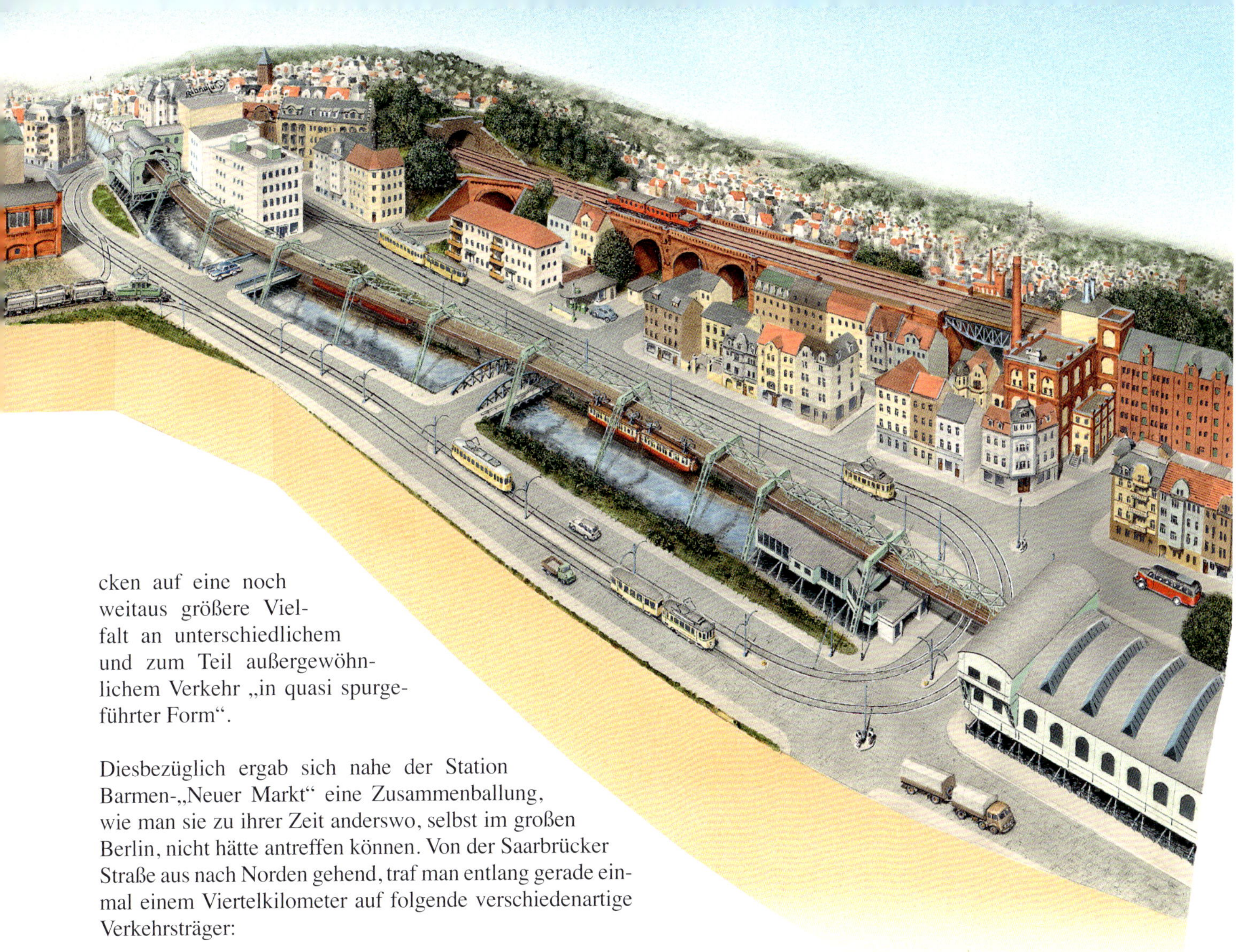

cken auf eine noch weitaus größere Vielfalt an unterschiedlichem und zum Teil außergewöhnlichem Verkehr „in quasi spurgeführter Form“.

Diesbezüglich ergab sich nahe der Station Barmen-„Neuer Markt“ eine Zusammenballung, wie man sie zu ihrer Zeit anderswo, selbst im großen Berlin, nicht hätte antreffen können. Von der Saarbrücker Straße aus nach Norden gehend, traf man entlang gerade einmal einem Viertelkilometer auf folgende verschiedenartige Verkehrsträger:

- unmittelbar nebenan die steile mittels Zahnstange in die Höhe führende „Barmer Bergbahn“, auf der sich meterspurige Straßenbahn-ähnliche Triebwagen bewegten.
- sodann wird die DB-Strecke überquert, die hier mit vier Gleisen durchführt. Angelegt wurde sie einst als Teil der „Bergisch-Märkischen Bahn“, die den günstigen Verlauf im Tal nutzte.
- unmittelbar dahinter, noch eine Etage tiefer, kurvt ein Anschlussgleis heran, über das die Bunker des Kraftwerks „Am Clef“ mit Kohle versorgt werden, welche in speziellen Selbstentladewaggons über das Straßenbahnnetz herangeführt wird – gezogen von einer kleinen Gleichstrom-Lok der „Kleinbahn Loh–Hatzfeld“.
- auf den weiterführenden regelspurigen Straßenbahngleisen hat ansonsten natürlich die reguläre Tram Vorrang.
- sogleich im Blick liegt nun auch das Traggerüst der berühmten Schwebebahn über dem Bett der Wupper.
- man nähert sich dann dem Straßenzug „Höhne“, in dessen dichtem Verkehr auch wieder die Straßenbahn mitmischt. Diese Linie wurde übrigens von einer anderen Gesellschaft begründet als jene am anderen Wupperufer.
- auf der Höhne wurde zeitweilig noch eine O-Bus-Linie eingerichtet, damit also ein gewissermaßen ebenfalls spurgebundenes Verkehrsmittel.

unten: Ausschnitt aus dem Stadtplan von Wuppertal-Barmen, der als Grundlage zur Umsetzung in eine Zimmeranlage herangezogen wurde.

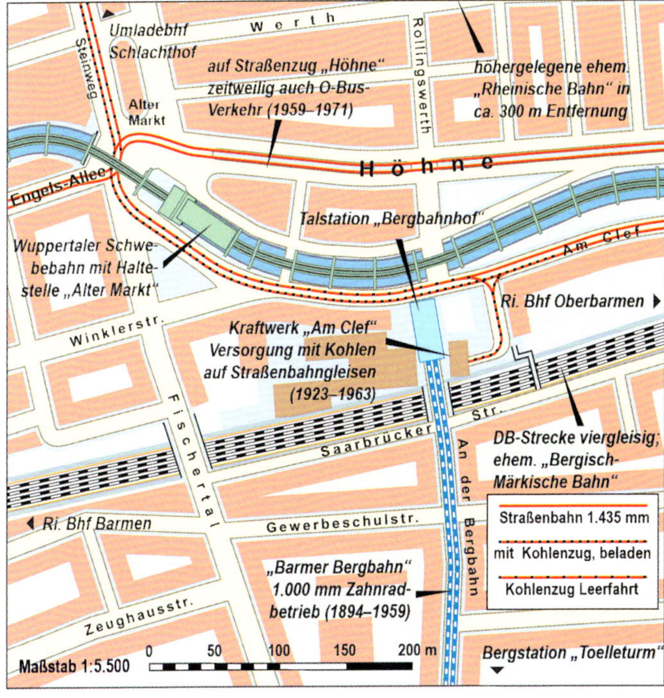

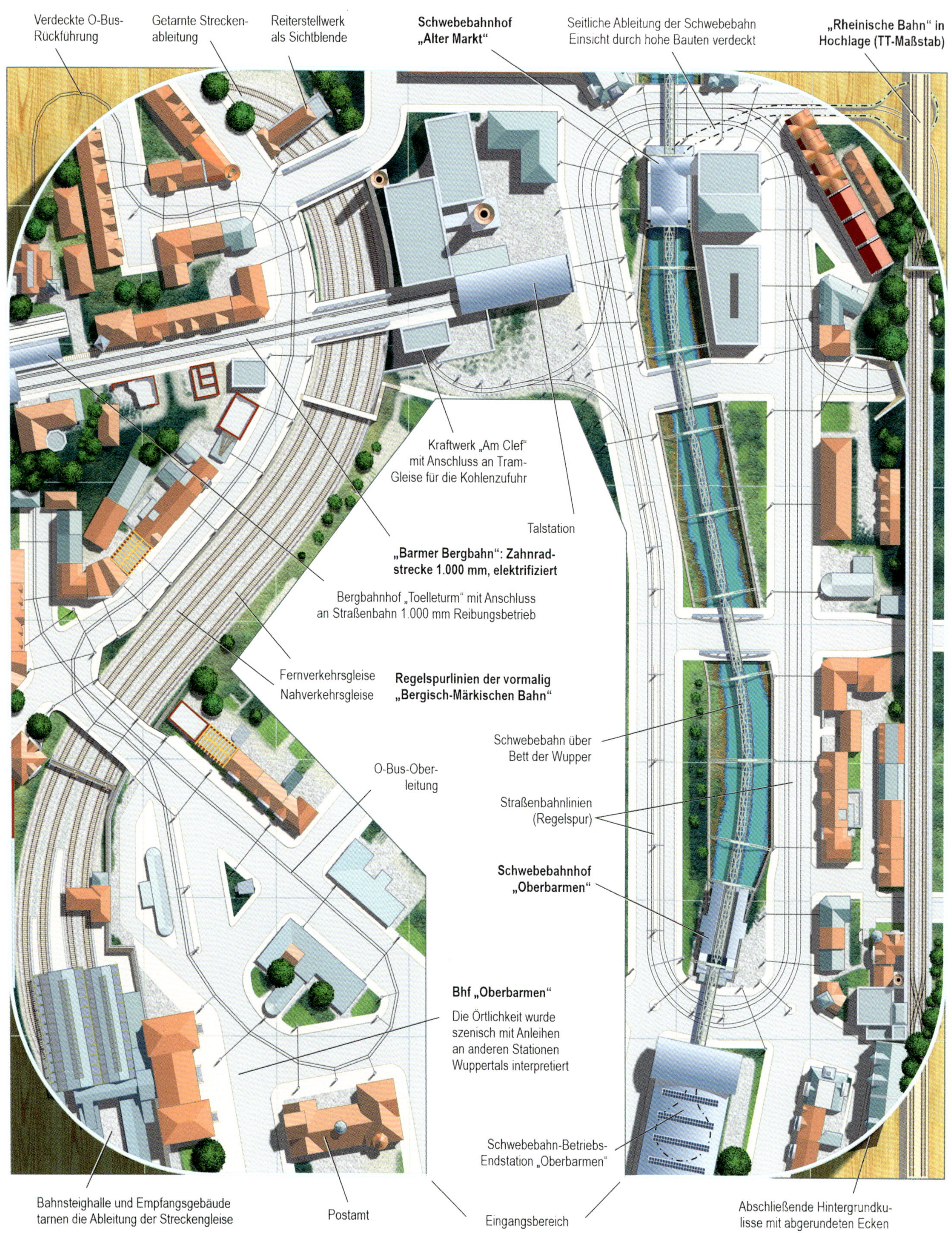


Das Motiv vom Verkehr in Wuppertal-Barmen gegen Ende der 1950er-Jahre eingepasst in ein Zimmer von 4,0 m x 3,5 m. Szenischer Plan für Baugröße H0 im Maßstab ca. 1:18,5

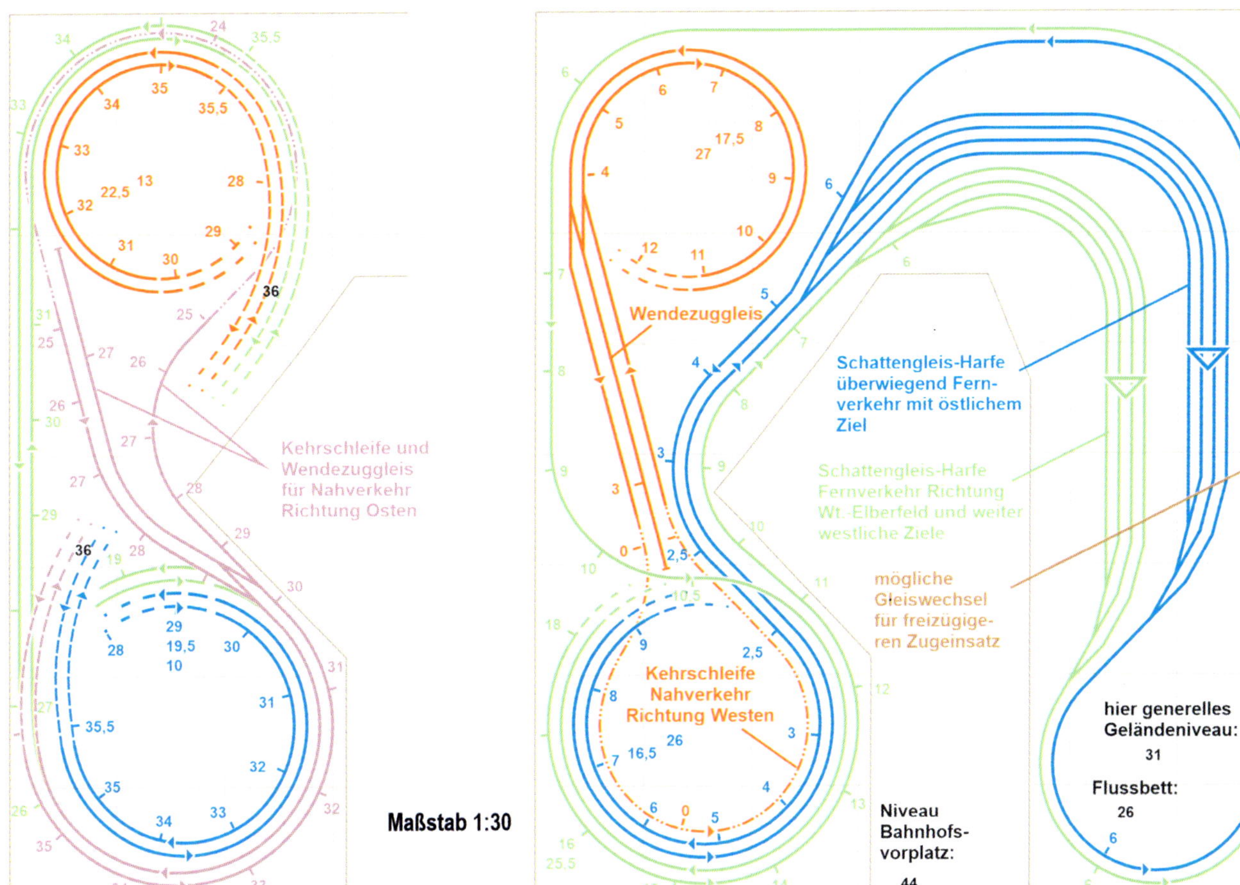


Den einzelnen Streckenzielen zugeordnete Schattengleis-Entwicklungen in farblich unterschiedener Darstellung.

oben links: Unmittelbar in die Tiefe führende Streckenentwicklung – sichtbare Abschnitte gestrichelt dargestellt.

oben rechts: Schattengleis-Entwicklungen in den unteren Bereichen. Höhenangaben in cm.

unten: Die gesamten Streckenführungen im „Röntgenblick". Untere Fläche gibt das Null-Niveau wieder. Blaues Raster in Höhe der Straßenbahn bei 31 cm über Null.

Als wenn all das noch nicht genügte, erblickte man in wenigen hundert Metern Entfernung, hoch über den Dächern, die teilweise auf eindrucksvollen Viadukten geführte „Nordbahn". Diese wurde einst aufwendig von der „Rheinischen Eisenbahn-Gesellschaft" in Konkurrenz zur „Bergisch-Märkischen" im Tal angelegt, konnte allerdings nie deren Bedeutung erlangen. Für die Wirkung dieser etwas entfernter gelegenen Anlagen ist deren Umsetzung im TT-Baumaßstab vorgesehen.

Und dann existierte am oberen Ende der Bergbahn noch der Anschluss einer meterspurigen Strecke ohne Zahnstange. Hierher gehörige Triebwagenmodelle lugen noch funktionslos in die Szenerie.

All dies also sollte mit diesem H0-Anlagen-Entwurf eingefangen werden – allerdings mit eingestanden leichter Note. Denn innerhalb eines Zimmers von lediglich 4 x 3,5 m darf man wahrlich keine verbissen ernsthafte Umsetzung eines derart vielfältigen Komplexes an Einzelmotiven erwarten. Dank der Schatten-Kapazitäten ist aber für abwechslungsreiche Zugeinsätze auf der viergleisigen Strecke gesorgt.

# Schiltach im Schwarzwald

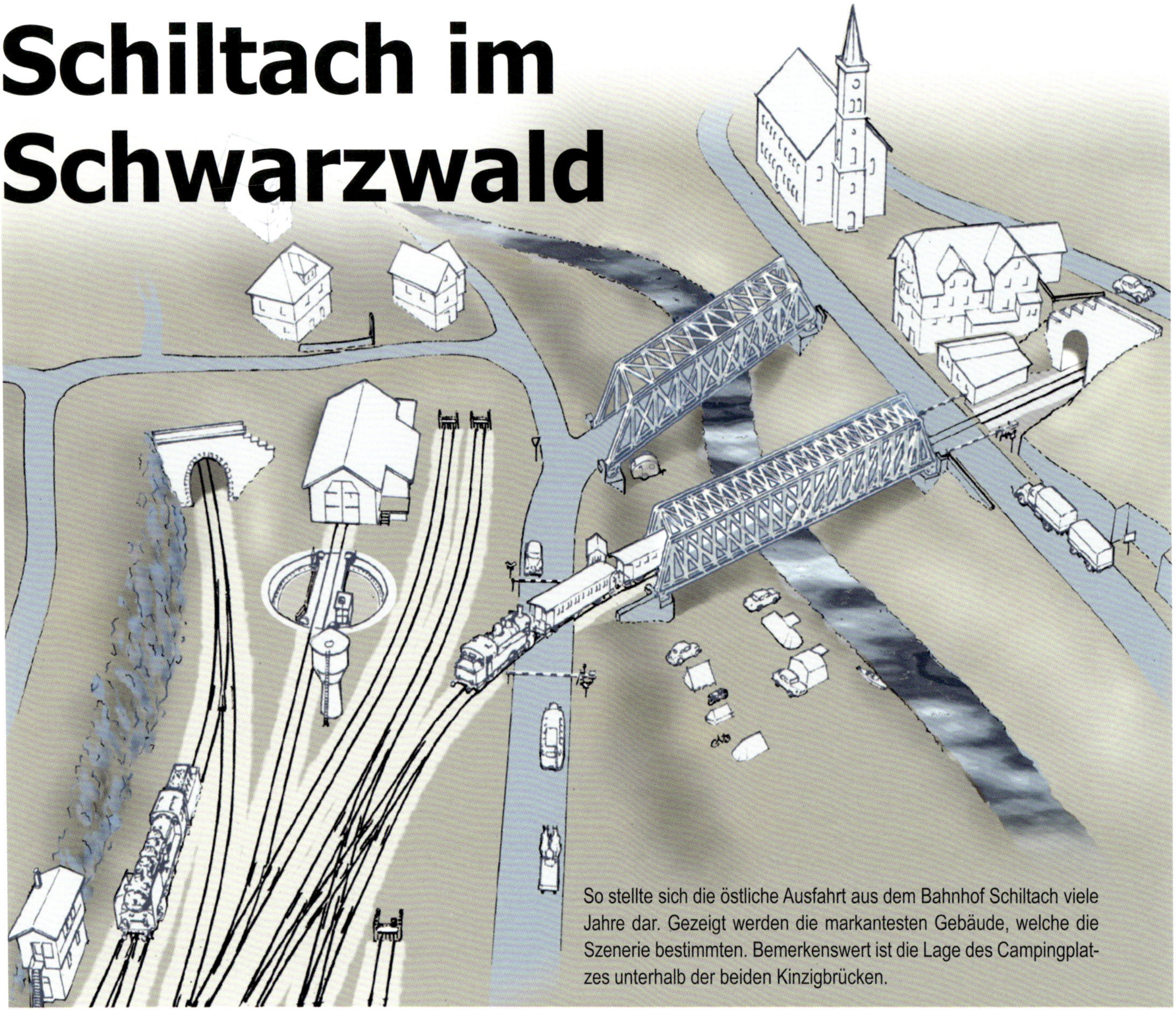

So stellte sich die östliche Ausfahrt aus dem Bahnhof Schiltach viele Jahre dar. Gezeigt werden die markantesten Gebäude, welche die Szenerie bestimmten. Bemerkenswert ist die Lage des Campingplatzes unterhalb der beiden Kinzigbrücken.

Der Bahnhof Schiltach im Schwarzwald stellt sich äußerst reizvoll für eine Umsetzung im Modell dar. Hier wird eine Version für den H0-Maßstab vorgestellt, welche die Verhältnisse Mitte der Sechziger Jahre widerspiegeln will. Einige Gleisentwicklungen, die in obiger Schauskizze zu erblicken sind, wären bereits in Fortfall gekommen. Für den vorbildnahen Zugeinsatz auf den abgehenden Strecken sorgen getrennt im Schatten angelegte Aufstellkapazitäten.

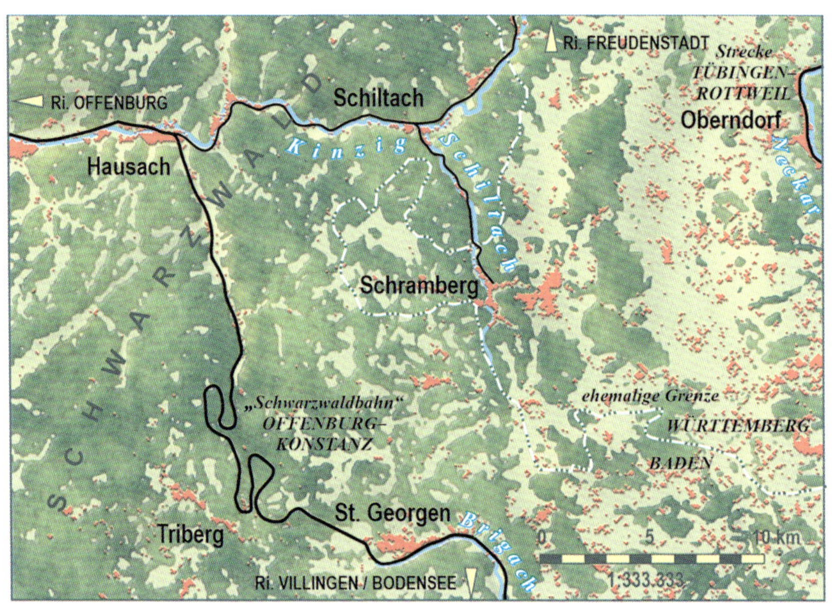


Hätte es die zur Zeit des Bahnbaus bestehenden Grenzen zwischen Baden und Württemberg nicht gegeben, dann wäre höchstwahrscheinlich die wichtige Verbindung Offenburg–Bodensee über Schiltach und Schramberg geführt worden. Statt dessen wurde die „Schwarzwaldbahn“ mit ihren aufwendigen Kehren bei Triberg auf ausschließlich badischem Territorium gebaut.

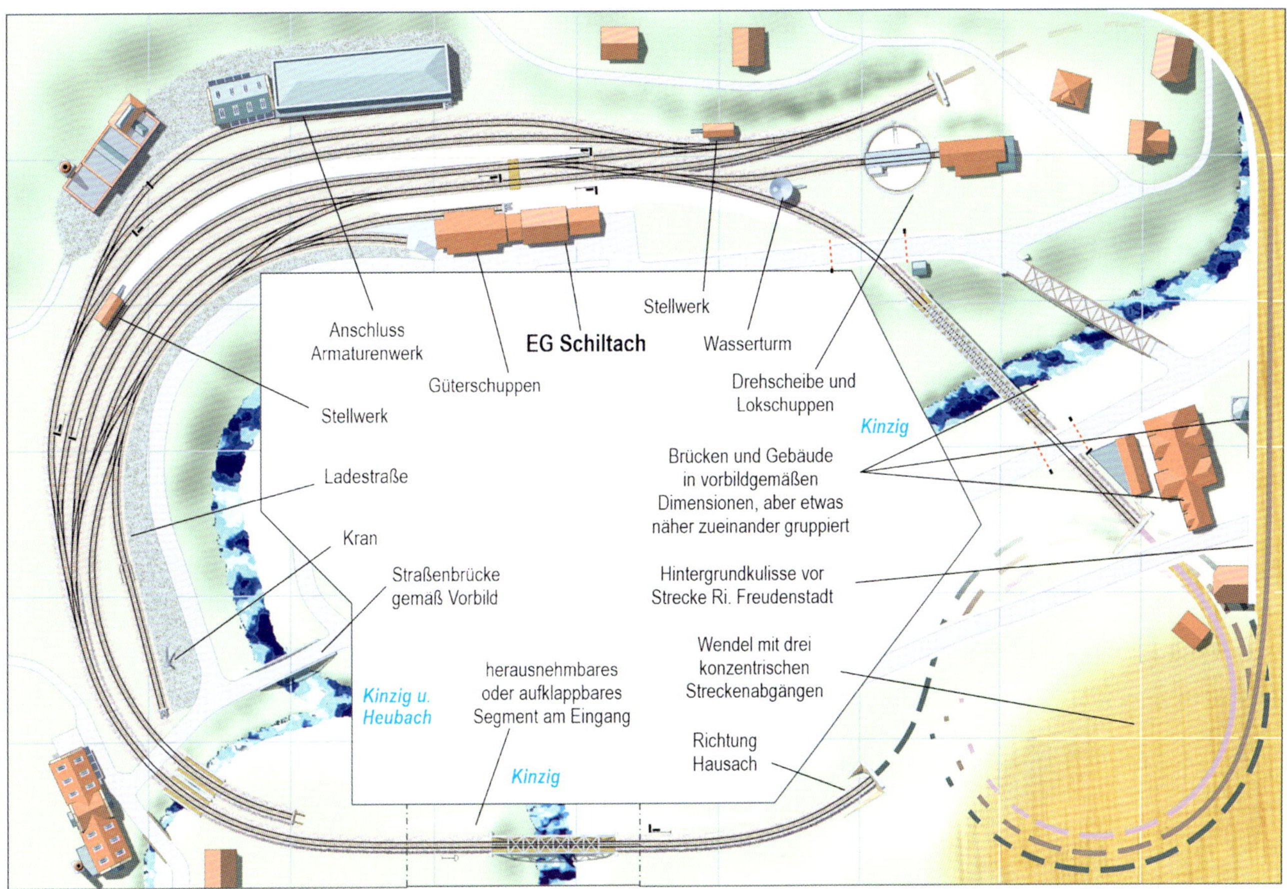


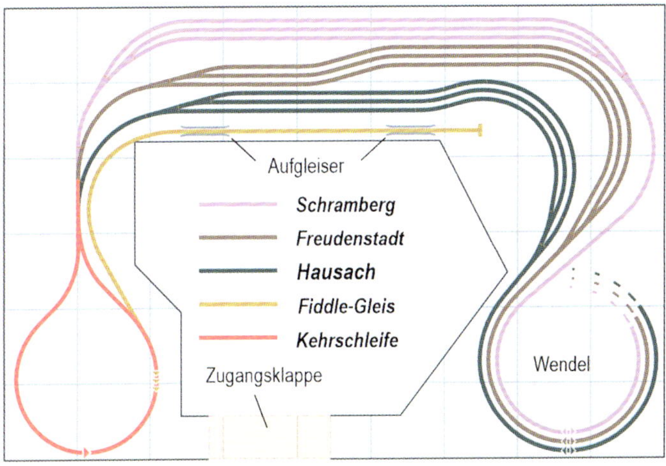


Das Thema Schiltach hier als H0-Vorschlag für eine Zimmer-Grundfläche von 4,5 x 3,0 m (Maßstab 1:25) 12°-Weichen – z. T. verbogen bis 80 cm Abzweigradius. Rmin verdeckt 48 cm, Strecke sichtbar 90 cm, Nebengleise 72 cm, Steigungen maximal 3,3 %. Netzlinienabstand 50 cm für H0.

Die Schattengleise werden hier in ihrer Funktion und nach Fahrtzielen farblich unterschieden dargestellt. Hereingekommene Züge werden nacheinander über die Kehrschleife geleitet und finden dann in einem der Harfengleise Aufstellung zur Wiederausfahrt.
Ein seitlich zugängliches Fiddle-Gleis dient der direkten Umbildung von Zugverbänden.
(Maßstab 1:50)

Recht aufwendig gestaltet sich im H0- Entwurf die Verbindung der sichtbaren Gleise mit dem Schattenbereich. Hier wird perspektivisch veranschaulicht, wie die drei Streckenabgänge in einer einzigen Wendelkonstruktion gesammelt in den Untergrund geleitet werden. Dort erreichen sie den jeweiligen Fahrtzielen zugeordnete Einsatzgleis-Harfen.

Die Darstellung erfolgt mit zweifacher Überhöhung der vertikalen Abstände. (Höhe Fluss ca. 30 cm über Null-Niveau)

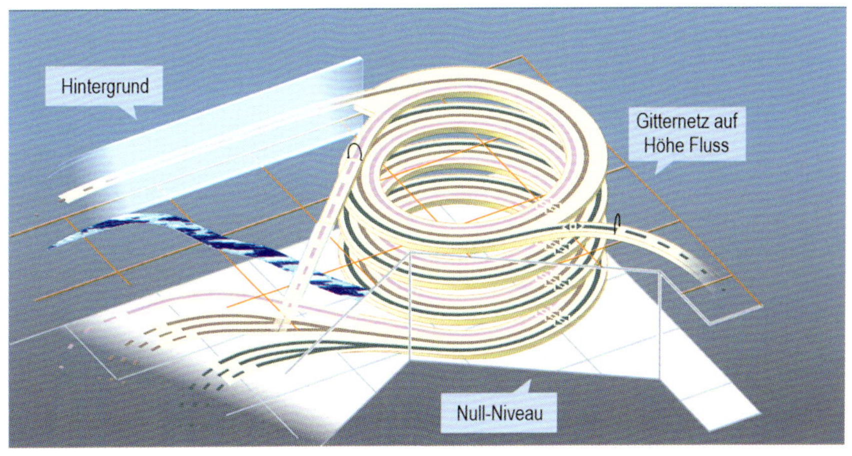

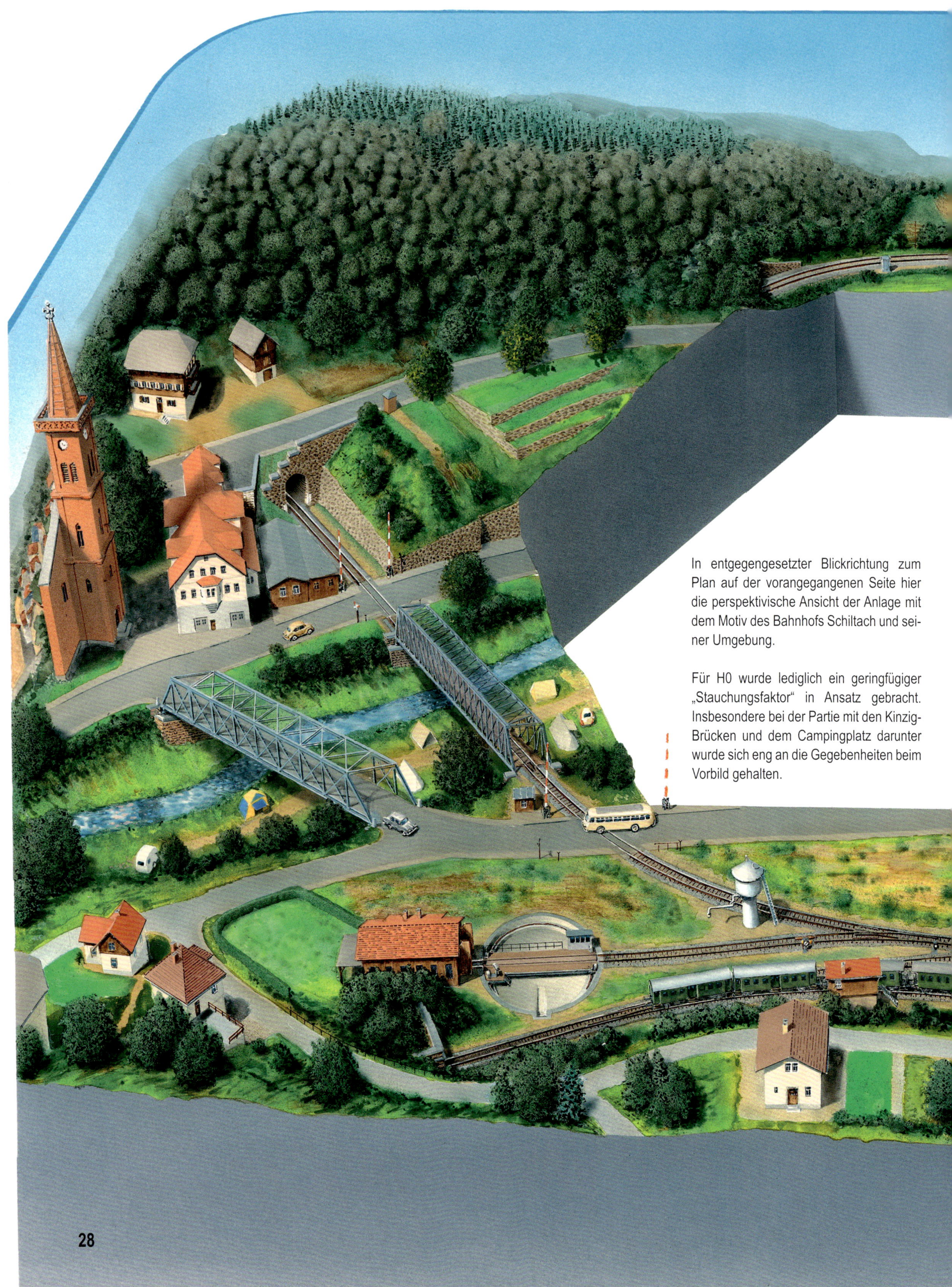

In entgegengesetzter Blickrichtung zum Plan auf der vorangegangenen Seite hier die perspektivische Ansicht der Anlage mit dem Motiv des Bahnhofs Schiltach und seiner Umgebung.

Für H0 wurde lediglich ein geringfügiger „Stauchungsfaktor“ in Ansatz gebracht. Insbesondere bei der Partie mit den Kinzig-Brücken und dem Campingplatz darunter wurde sich eng an die Gegebenheiten beim Vorbild gehalten.

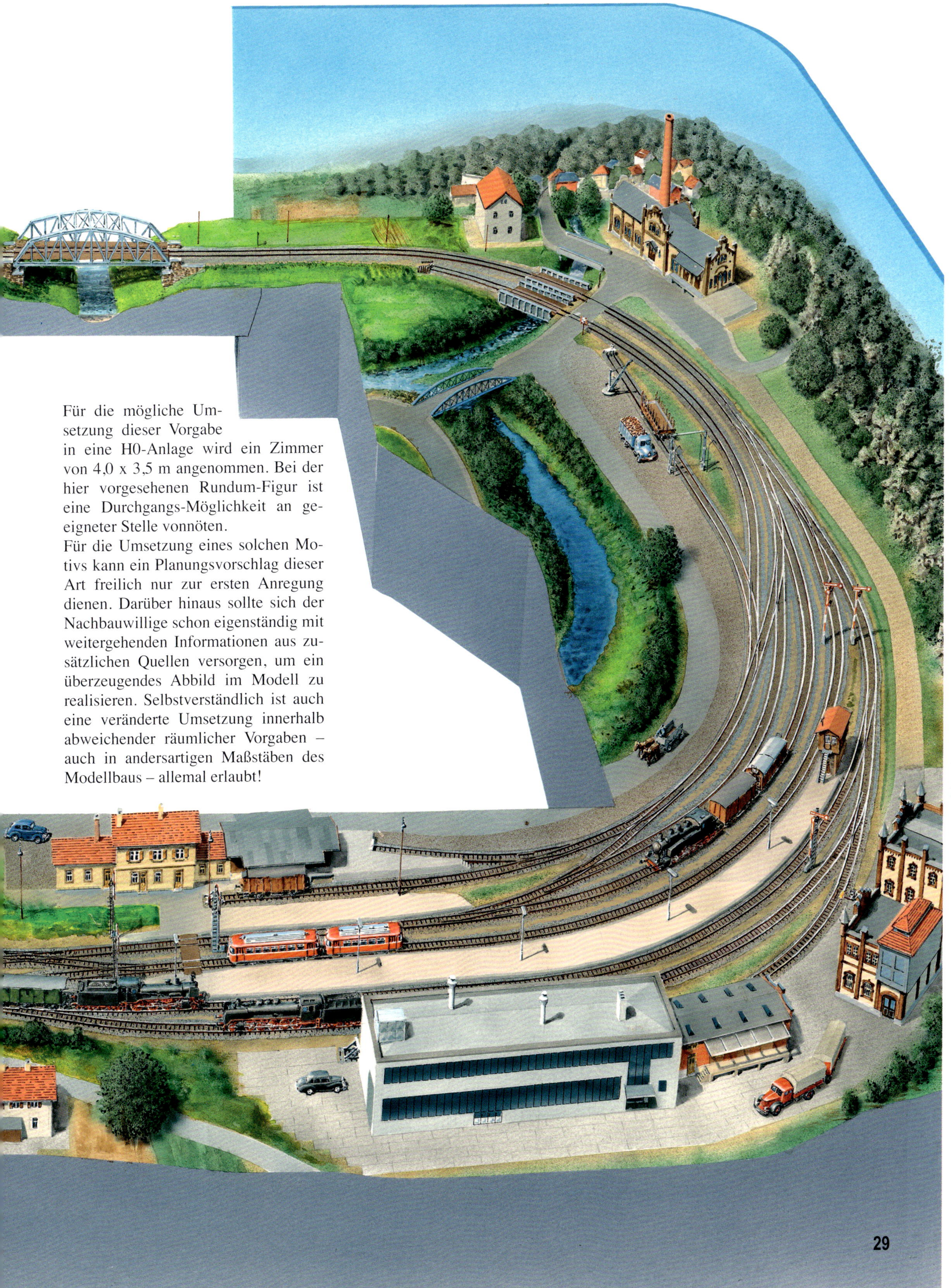

Für die mögliche Umsetzung dieser Vorgabe in eine H0-Anlage wird ein Zimmer von 4,0 x 3,5 m angenommen. Bei der hier vorgesehenen Rundum-Figur ist eine Durchgangs-Möglichkeit an geeigneter Stelle vonnöten.

Für die Umsetzung eines solchen Motivs kann ein Planungsvorschlag dieser Art freilich nur zur ersten Anregung dienen. Darüber hinaus sollte sich der Nachbauwillige schon eigenständig mit weitergehenden Informationen aus zusätzlichen Quellen versorgen, um ein überzeugendes Abbild im Modell zu realisieren. Selbstverständlich ist auch eine veränderte Umsetzung innerhalb abweichender räumlicher Vorgaben – auch in andersartigen Maßstäben des Modellbaus – allemal erlaubt!

# Bahnhof Blexen

Der Bahnhof Blexen war die Endstation einer Nebenbahn entlang dem linken Ufer der Weser vor ihrer Mündung in die Nordsee. Von hier konnte unmittelbar auf eine Fähre hinüber nach Bremerhaven umgestiegen werden. Das Areal ist vor dem schützenden Deich gelegen; die Zufahrt erfolgt durch ein sogenanntes Deichschart, dessen Tore bei drohendem Hochwasser geschlossen werden. Die Gleisanlagen waren nicht sonderlich umfangreich und sind heute ohnehin stillgelegt, doch waren sie interessant gegliedert, es waren auch noch Gleise zu gewerblichen Nutzern angeschlossen.

Das repräsentative Empfangsgebäude existiert jedoch noch heute weitgehend unverändert und beeindruckt mit seinem historisierenden Erscheinungsbild im Stil einer Burg.

Hier sollen ein paar unterschiedliche Vorschläge für die mögliche Umsetzung ins Modell gemacht werden, zu denen recht unterschiedliche Raumvorgaben Voraussetzung wären.

Mit vorbildnah angesetzter Erstreckung müsste in H0 doch schon eine recht ansehnliche Zimmerfläche gegeben sein. In dem aufgezeichneten Plan sind noch gar nicht eventuelle seitlich anschließende Entwicklungen berücksichtigt, die für die rechte Versorgung und Speicherung mit den wünschbaren Garnituren und Zugläufen „von außerhalb“ sorgen sollten. Die gefundene Figur könnte aber bereits günstig für eine Umsetzung in kleinerem Maßstab dienen – bei dann deutlich reduzierten Abmessungen. Neben der Baugröße N könnte auch die Anwendung der Baugröße Z (1:220) verlocken, weil bei diesem maritim geprägten Thema durchaus wohl jene Modellschiffe im bekannten Maßstab 1:250 aus Papier-Bastelbogen zum Einsatz kommen könnten. Das Schaubild auf der folgenden Doppelseite versucht einen Eindruck von einer vervollständigten Modell-Szenerie nach den Verhältnissen in den Dreißiger Jahren zu vermitteln.

Ein durchaus immer noch „wiedererkennbares“ Abbild vom Bahnhof Blexen ließe sich aber auch noch mit einem knapp umrissenen Teilstück realisieren. An benachbarte Segmente oder Module angeschlossen, ließe sich hier auch in Baugröße H0 ein anregend vorbildnahes Betriebsgeschehen inszenieren. Bereits ein paar simple Ansatzstücke mit roh belassenen Gleisen können genügen, um neue Zuggarnituren ins Spiel zu bringen.

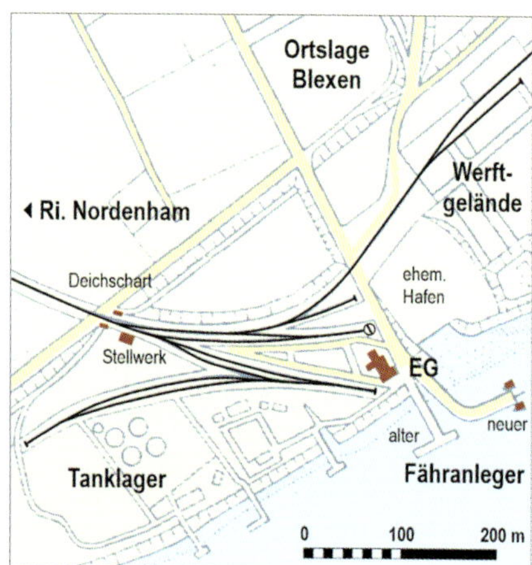


oben: Der Auszug aus einem Plan für das Jahr 1959 zeigt die Anlage des Bahnhofs Blexen zu einem etwas späteren als den von uns betrachteten Zeitraum.
Der Fährenanleger mit der geschwungenen Zufahrt ist 1954 hinzugekommen. Bezüglich der tatsächlichen Weichenlagen wurde vom Kartografen etwas freizügig gezeichnet.

links: Die 1909 in Betrieb genommene Bahnverbindung zwischen Nordenham und Blexen erschloss unter anderem einen stark industriell geprägten Streifen entlang des linken Unterweser-Ufers. Für den Umweltbewussten war die Liste der Gewerbe-Anrainer schon seit je her ziemlich schwere Lektüre.

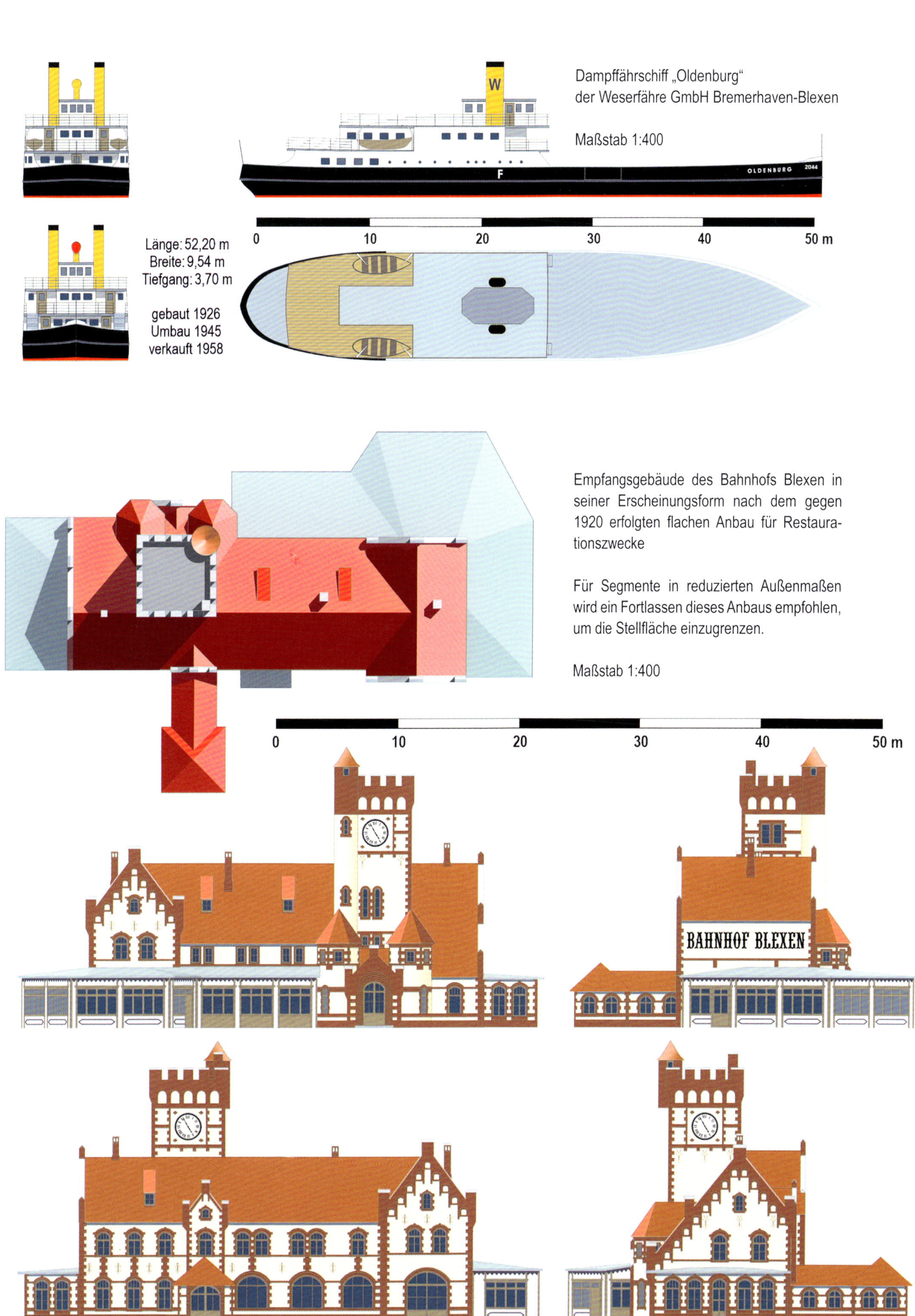


Dampffährschiff „Oldenburg"
der Weserfähre GmbH Bremerhaven-Blexen

Maßstab 1:400

Länge: 52,20 m
Breite: 9,54 m
Tiefgang: 3,70 m

gebaut 1926
Umbau 1945
verkauft 1958

Empfangsgebäude des Bahnhofs Blexen in seiner Erscheinungsform nach dem gegen 1920 erfolgten flachen Anbau für Restaurationszwecke

Für Segmente in reduzierten Außenmaßen wird ein Fortlassen dieses Anbaus empfohlen, um die Stellfläche einzugrenzen.

Maßstab 1:400

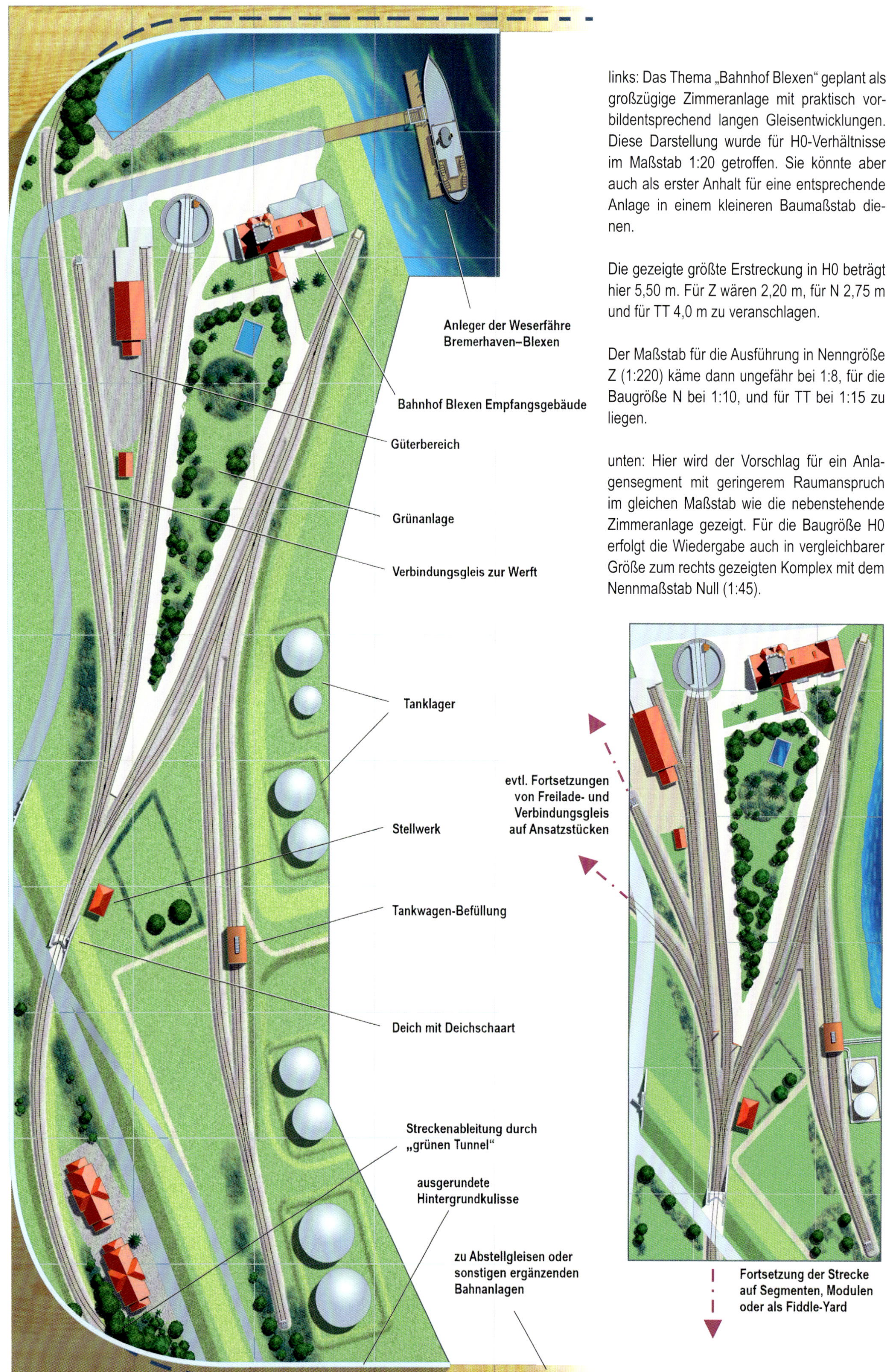


links: Das Thema „Bahnhof Blexen“ geplant als großzügige Zimmeranlage mit praktisch vorbildentsprechend langen Gleisentwicklungen. Diese Darstellung wurde für H0-Verhältnisse im Maßstab 1:20 getroffen. Sie könnte aber auch als erster Anhalt für eine entsprechende Anlage in einem kleineren Baumaßstab dienen.

Die gezeigte größte Erstreckung in H0 beträgt hier 5,50 m. Für Z wären 2,20 m, für N 2,75 m und für TT 4,0 m zu veranschlagen.

Der Maßstab für die Ausführung in Nenngröße Z (1:220) käme dann ungefähr bei 1:8, für die Baugröße N bei 1:10, und für TT bei 1:15 zu liegen.

unten: Hier wird der Vorschlag für ein Anlagensegment mit geringerem Raumanspruch im gleichen Maßstab wie die nebenstehende Zimmeranlage gezeigt. Für die Baugröße H0 erfolgt die Wiedergabe auch in vergleichbarer Größe zum rechts gezeigten Komplex mit dem Nennmaßstab Null (1:45).

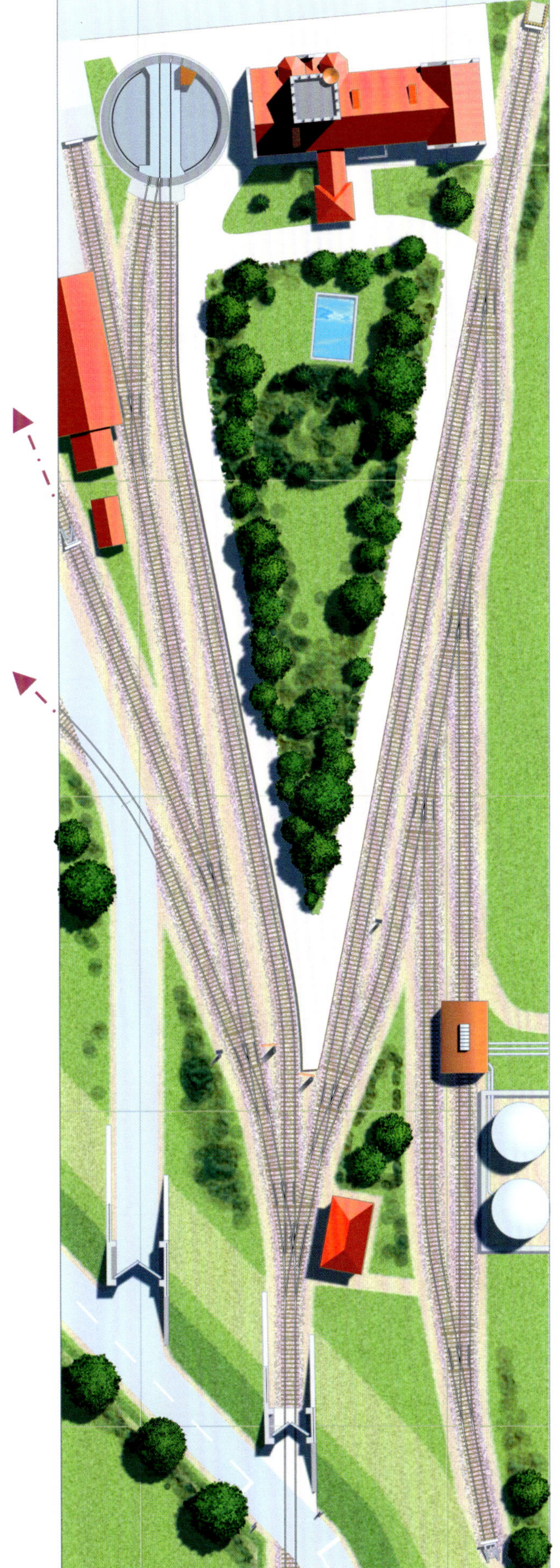

Fortsetzungen auf Segmenten, Modulen oder Fiddle-Gleisen

In den letzten Jahren deutlich gestiegen ist das Interesse an Modellen und Anlagenbau in größeren Maßstäben. Fristete die Baugröße 0 (1:45), nach vormaligen Glanzzeiten, nur noch ein Außenseiterdasein, so hat die Beschäftigung hiermit geradezu sprunghaft wieder an Bedeutung gewonnen, zumal sich gleich mehrere Hersteller der Fertigung anspruchsvoller Modelle in Großserie zu akzeptablen Preisen zugewandt haben. Darum wurde die Vorlage für das handliche H0-Segment einmal zu Spur-Null-Parametern vergrößert. Mit nur geringfügigen zusätzlichen Reduktionen ergibt sich danach zwar ein nicht unbescheiden bemessenes Flächenstück, das aber immer noch eine hinlängliche Erreichbarkeit der darauf installierten Anlagen böte. In angemessene Räumlichkeiten gestellt, würde das ein eindrucksvolles Schau- und Betriebsobjekt abgeben.

Gleich welchen Baumaßstabs man sich auch bedient – dieses Thema verlangt nach der Bereitschaft, einiges an eigenständiger Modellbau-Leistung zu investieren. Denn für mehrere prägende Bauten und Einrichtungen ist noch nichts an passender Fertigware im Angebot. Der Bedarf an nachzuschaffenden Ausstattungsdetails und Geländegestaltung dürfte aber wohl überschaubar sein. Mit den Aufrissen zum Empfangsgebäude und einer einst hier beschäftigten Dampffähre sollen erste Anregungen für entsprechende Nachbau-Projekte gegeben werden.

Die recht extravagante Auslegung der Gleisformationen in Blexen dürfte zu einem anregenden betrieblichen Geschehen auch im Modell beitragen. So mancher Bewegungsschritt fordert dabei sorgfältige Überlegung im Voraus. So kann nur mit wenigen Waggons auf einmal in den Tanklagerbezirk hinein- und herausrangiert werden. Werden mehrere Zuggarnituren von außenliegenden Fiddle-Gleisen aus eingesetzt, lohnen sich allemal geeignete Zugmelde-Verfahren. Interessant gestaltet sich auch das Umsetzen der Zugloks über die Drehscheibe.

Während sich hier lediglich auf die Bahnanlagen vor Ort konzentriert wurde, könnte vielleicht auch die gesamte Verbindung Nordenham–Blexen zur Nachstellung im Modell reizen. An die eingleisige Strecke mit zwei Unterwegs-Stationen angegliedert findet sich gleich eine ganze Reihe unterschiedlicher industrieller Anschlüsse. Das gibt eine Vorlage ab, die mit abwechslungsreichen Bedienungsfahrten und vielfältigem Rangierangebot aufwarten könnte. Vom Umfang her will solch ein Projekt allerdings wohl in erster Linie durch eine Gruppe realisiert werden.

Im Baumaßstab Null (1:45) wäre das Thema „Bahnhof Blexen" ebenfalls mit zufriedenstellender Wiedererkennbarkeit darstellbar. Allerdings sind hierzu bereits großzügige Raumvorgaben Voraussetzung.
Gegenüber den für das H0-Segment links getroffenen Kürzungen sollte ein nochmaliges Engerstellen der Elemente erfolgen. Die resultierenden Abmessungen erlauben noch ein Hineinreichen in die inneren Bereiche des Anlagenteils.
Größe 5,0 x 1,6 m. Lenz Spur 0 Weichenmaterial 11,25°. Unterlegtes Raster mit 1,0 m Linienabstand

# Entlang der Sormitz

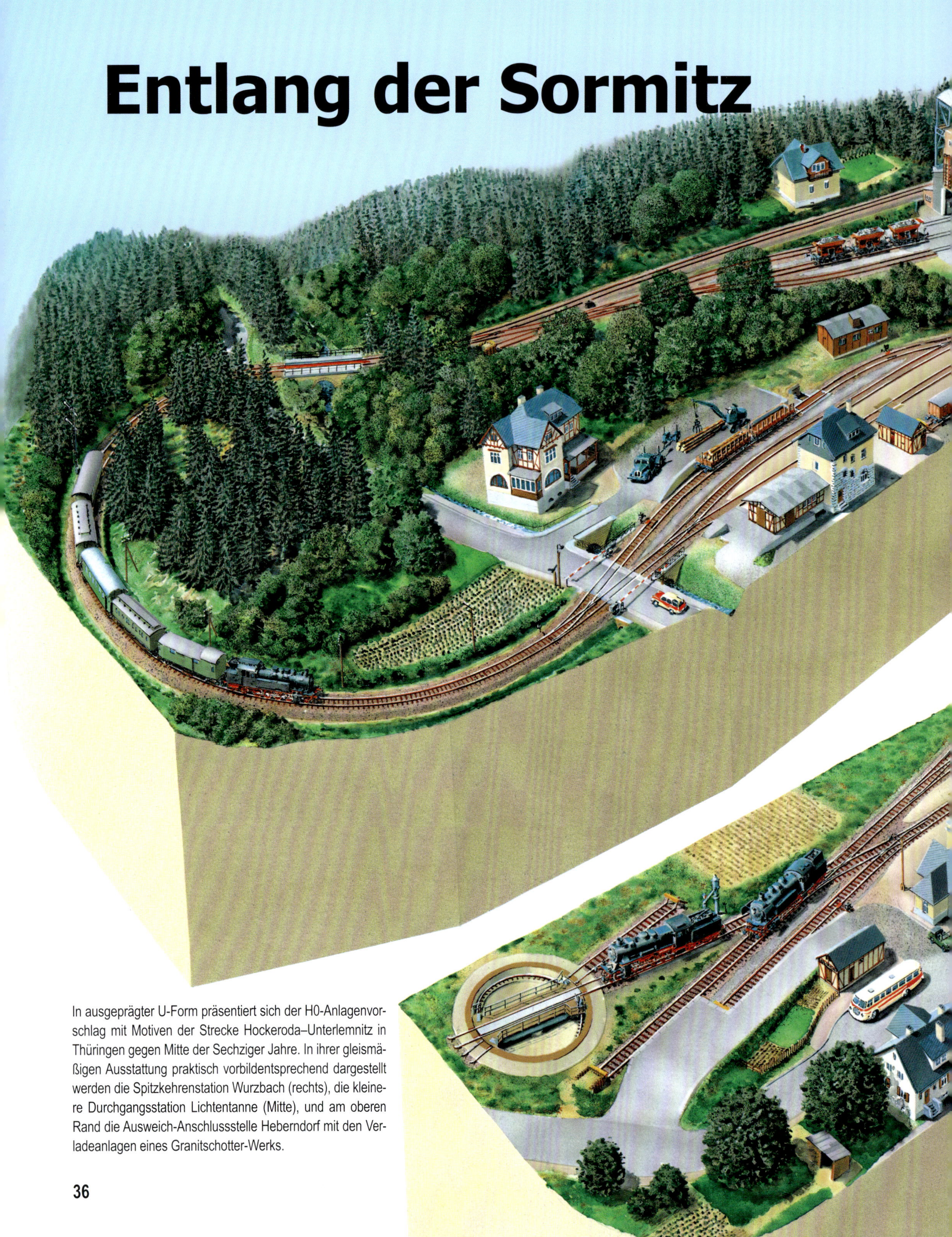

In ausgeprägter U-Form präsentiert sich der H0-Anlagenvorschlag mit Motiven der Strecke Hockeroda–Unterlemnitz in Thüringen gegen Mitte der Sechziger Jahre. In ihrer gleismäßigen Ausstattung praktisch vorbildentsprechend dargestellt werden die Spitzkehrenstation Wurzbach (rechts), die kleinere Durchgangsstation Lichtentanne (Mitte), und am oberen Rand die Ausweich-Anschlussstelle Heberndorf mit den Verladeanlagen eines Granitschotter-Werks.

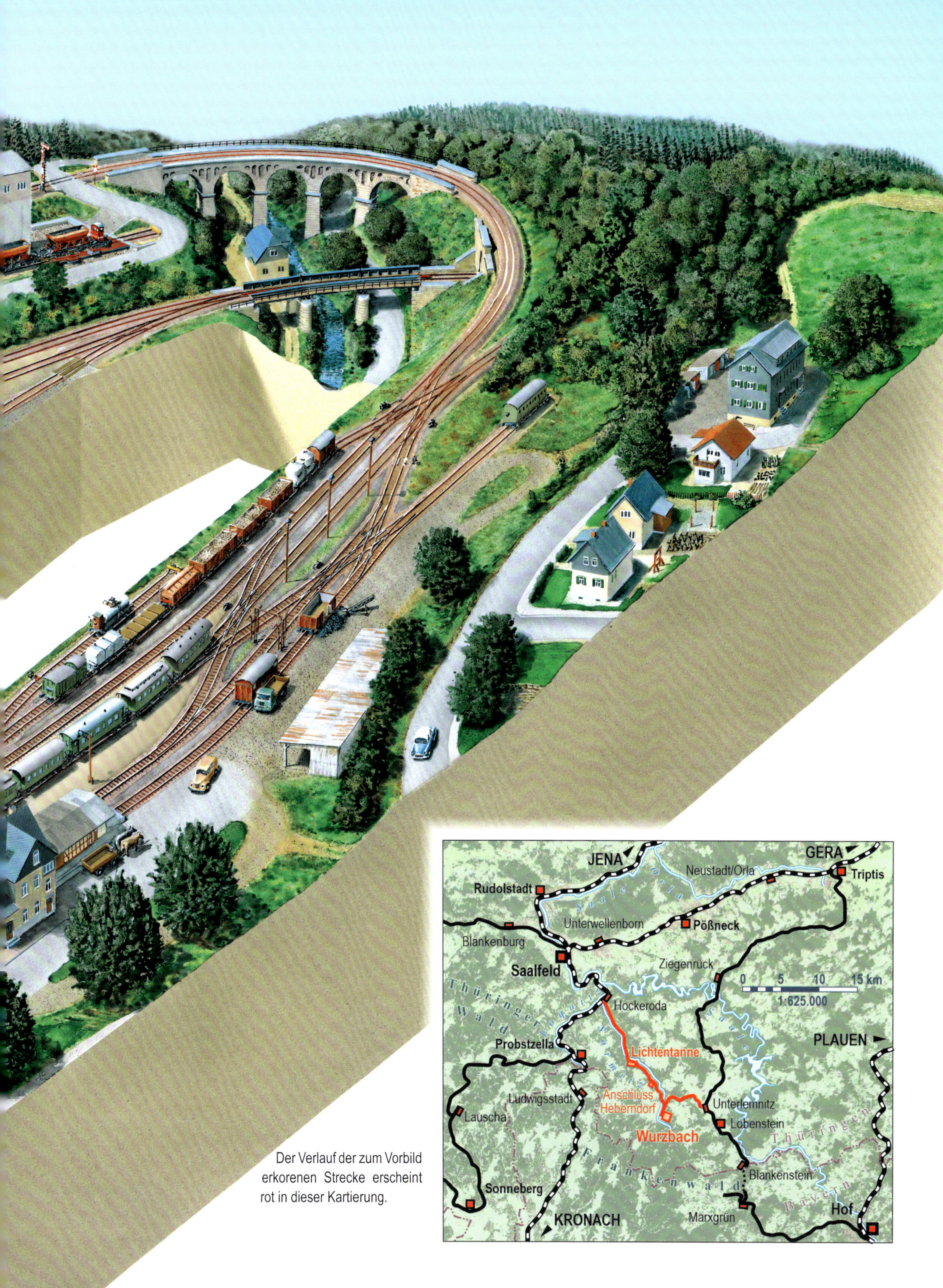


Der Verlauf der zum Vorbild erkorenen Strecke erscheint rot in dieser Kartierung.

rechts: Schematische Streckenführung der Anlage. Die Farbgebung der „Schattenstrecken“ entspricht jener in den Darstellungen unten.

Eigentlich entstand dieser Anlagenvorschlag in erster Linie aus dem Wunsch nach einem innovativen H0 Fertiggleis-System. Ein generell mit 12° angesetzter Abzweigwinkel bei Weichen und Kreuzungen könnte zu gefälligerem und auch „fahrsichererem“ Schienenweg beitragen, als er sich mit dem überwiegend im Angebot zu findenden 15°-Material herstellen lässt. Mit einer zweckmäßigen Aufteilung in standardisierte Komponenten würden sich dann auch kompliziertere Gleisformationen einigermaßen einfach durchbilden lassen. Trotzdem sollten sich selbst betriebsintensivere Konzepte noch günstig in üblichen Raumvorgaben umsetzen lassen, bei denen man sich mit noch schlankerem Weichenmaterial denn doch schwer tun würde.

So wurde auf den Bahnhof Wurzbach im thüringischen Teil des Frankenwalds gestoßen, der sich mit seinen mehrfachen kreuzenden Gleisverbindungen für den Nachbau mit herkömmlichem Material als ziemliche Herausforderung darstellen würde. Gleichzeitig wurde noch der Blick auf einen Abschnitt Bahn gelenkt, der sich gefällig zur Nachempfindung im Modell darbietet. Der Übergabeverkehr zwischen den mit einbezogenen Punkten Lichtentanne und Heberndorf ergibt ein anregendes Moment zum Nachspielen, wie es auf der übernächsten Seite einmal aufgezeigt wird.

In der Ausstattung mit Schattengleisen wird auch der angenommenen großräumigen Einbindung der Modell-Strecken Rechnung getragen. Im Wesentlichen läuft der Verkehr durch Wurzbach zwischen den Endpunkten Saalfeld und Lobenstein/Blankenstein. Gelegentlich hätten in diesen Raum aber auch Bewegungen vom Streckenast nach Triptis hier einfließen können. Für einen möglichen Austausch entsprechend umlaufender Zuggarnituren sind im Untergrund gesonderte Verbindungen vorgesehen, wie auch in obigem Schema vermerkt. Allerdings sei bedacht, dass damit auch Komplikationen bei der Fahrwegsicherung und Polaritäten im Fahrstrom einhergehen, so dass – nicht nur in diesem Fall – die Einrichtung solcher „Schleichwege“ wohl überlegt sein will.

Auf Abschnitten dieser Nebenbahnen spielt sich – anders als bei so manchen der sonstigen behandelten Vorbilder – immer noch ein lebendiges Verkehrsgeschehen ab. So sorgt denn die Streckensituation zwischen Hockeroda und Unterlemnitz durch alle Epochen – von der Länderbahn über Reichsbahn zur DB unserer Tage – stets als eine anregend günstige Vorlage für eine stimmige Modellbahn-Anlage.

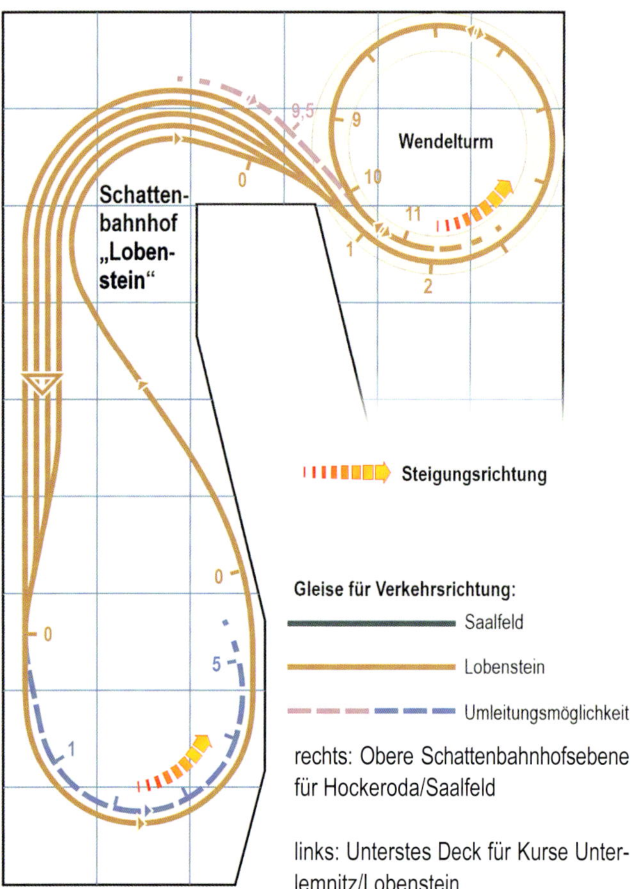


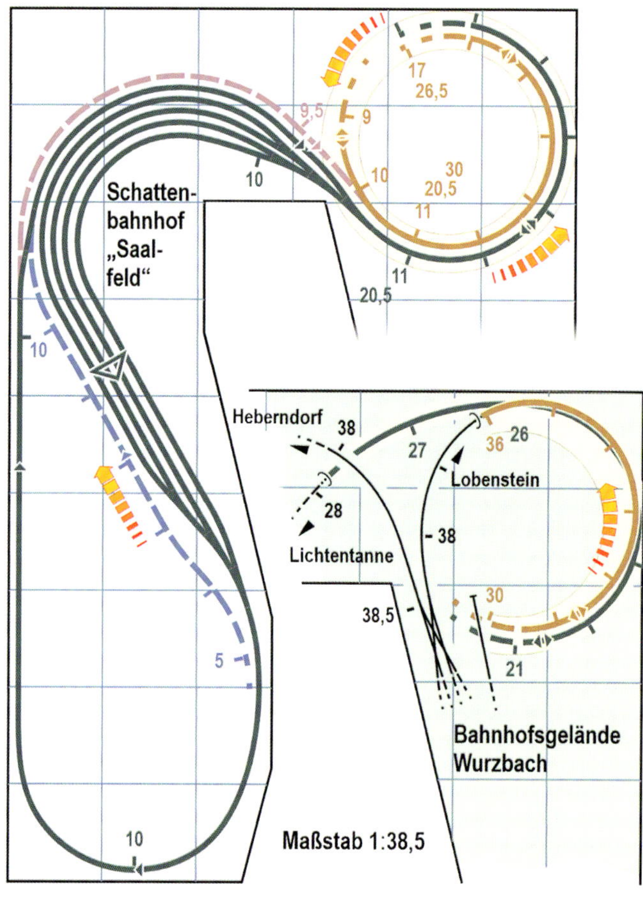


rechts: Obere Schattenbahnhofsebene für Hockeroda/Saalfeld

links: Unterstes Deck für Kurse Unterlemnitz/Lobenstein

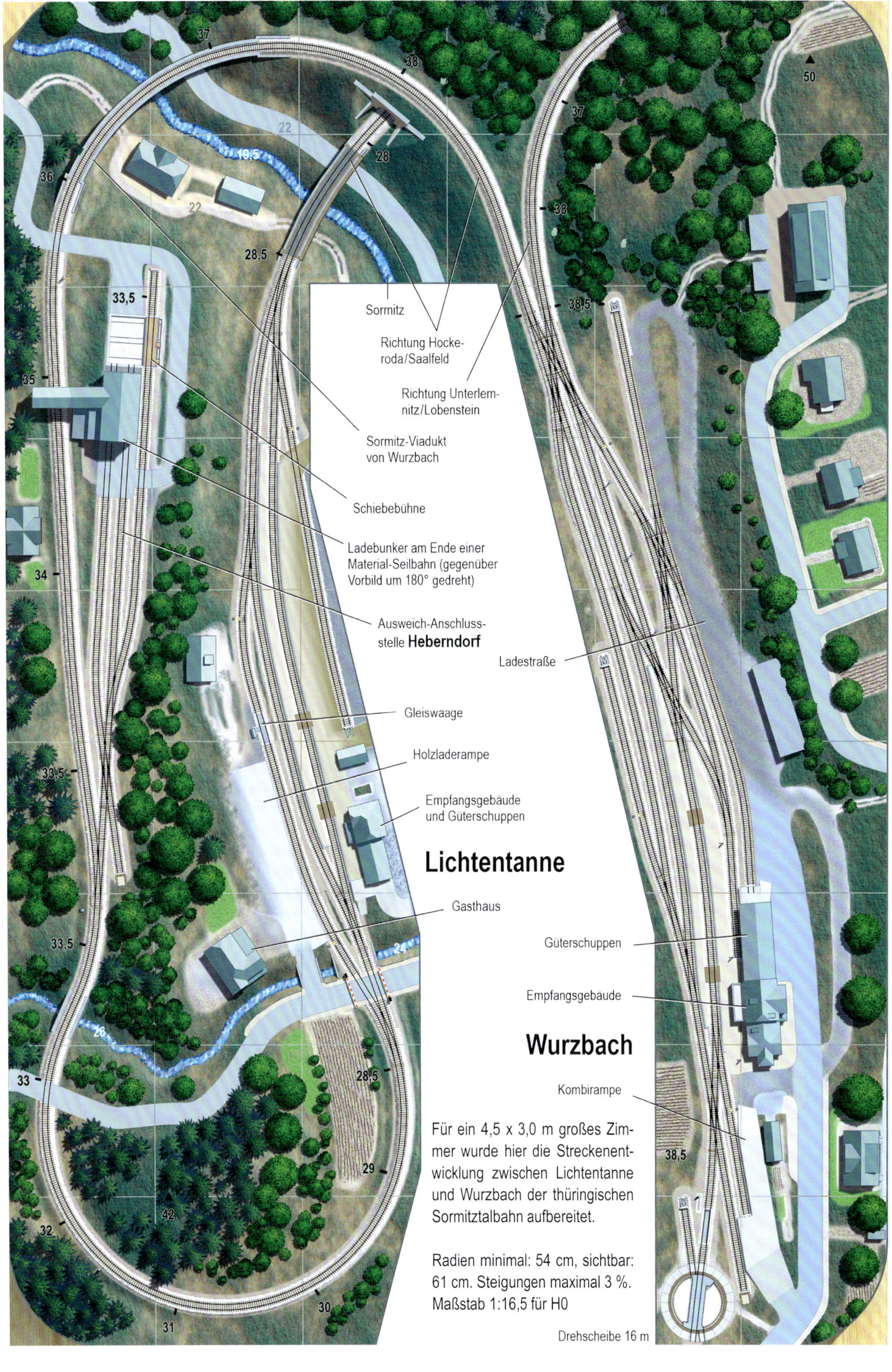


Für ein 4,5 x 3,0 m großes Zimmer wurde hier die Streckenentwicklung zwischen Lichtentanne und Wurzbach der thüringischen Sormitztalbahn aufbereitet.

Radien minimal: 54 cm, sichtbar: 61 cm. Steigungen maximal 3 %. Maßstab 1:16,5 für H0

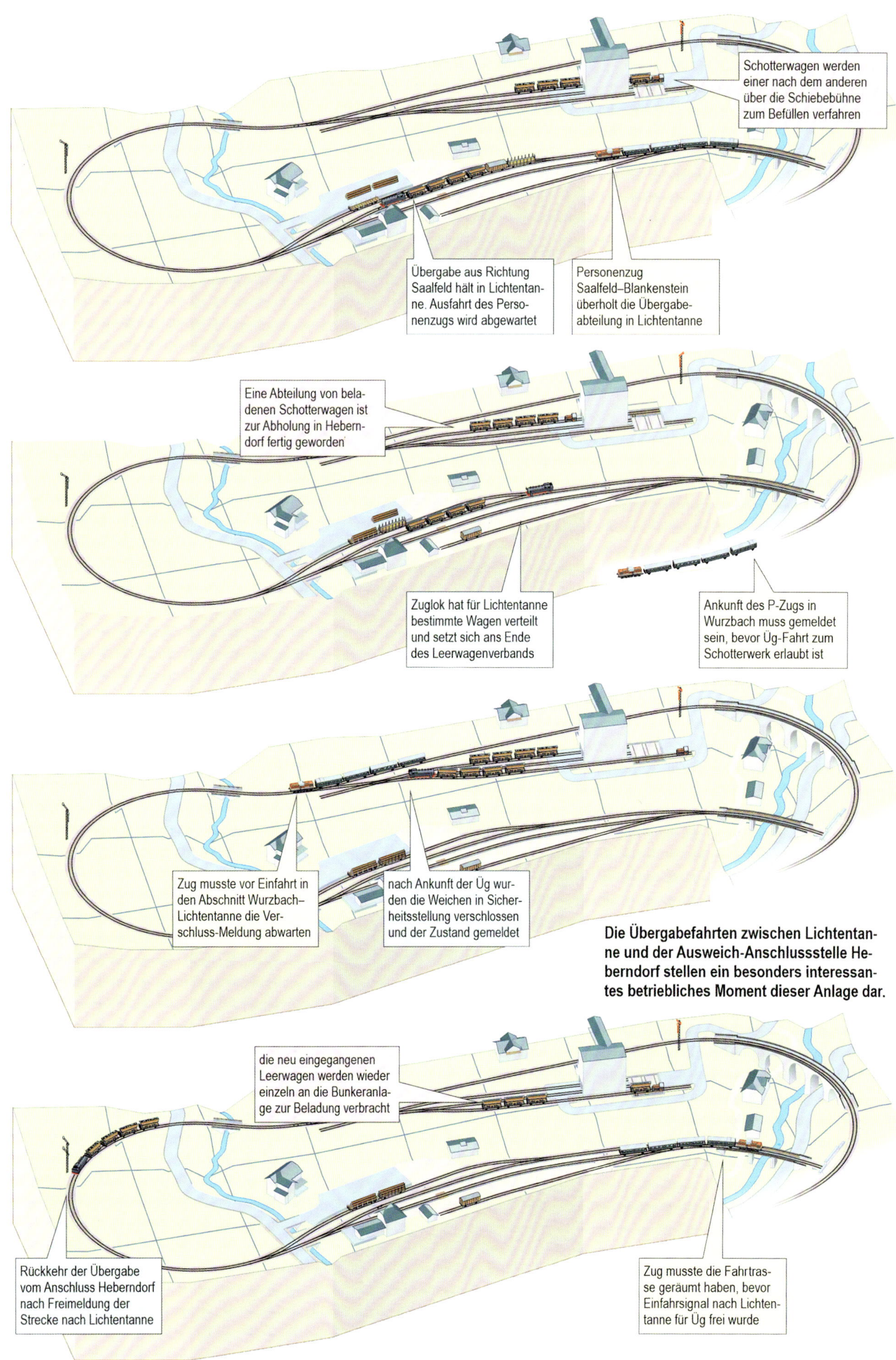


**Die Übergabefahrten zwischen Lichtentanne und der Ausweich-Anschlussstelle Heberndorf stellen ein besonders interessantes betriebliches Moment dieser Anlage dar.**

# Standardthema

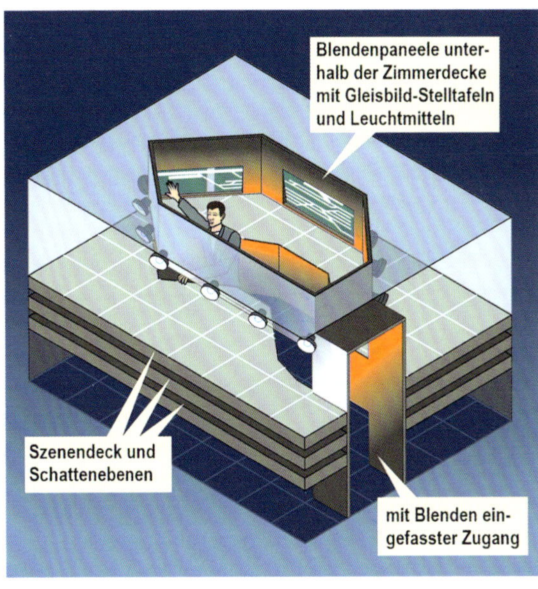


links: Dieses Blockbild veranschaulicht die für den H0-Anlagenvorschlag vorgesehene Einpassung in ein Zimmer. Durch die Begrenzung mit Blendenpaneelen sowohl ober- wie unterhalb der Szenen sollte sich eine besonders eindrucksvolle Wirkung ergeben. Voraussetzung dazu ist aber auch ein bruchlos umlaufender Hintergrund.

rechts: Gliederung der sichtbaren und verdeckten Bereiche von oben nach unten (mit Höhenangaben in cm über dem tiefsten Gleisniveau)

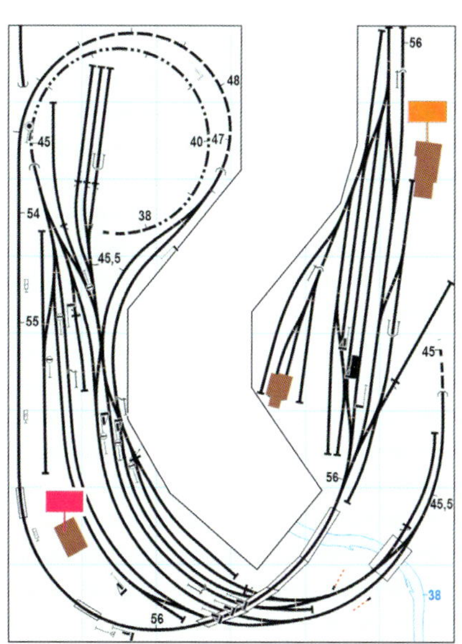

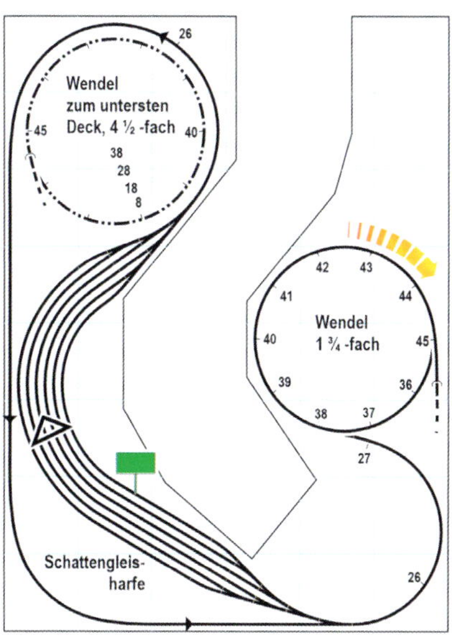


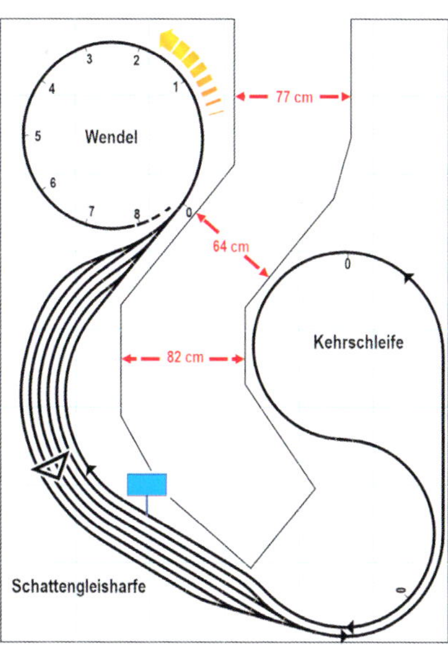


Das Thema „durchlaufende Strecke und abzweigende Nebenbahn" gilt als das in unseren Landen beliebteste und als dementsprechend oft angestrebte Planungsziel im Modellbahnanlagenbau. Und das, obwohl immer auch warnende Stimmen laut werden, dass der Überwachung und Lenkung des Verkehrs von einem alleine zu Werke gehenden Anlagenchef häufig nur unvollkommen nachgekommen werden kann, die damit einhergehenden Aufgaben ihn möglicherweise überfordern könnten.

Jedenfalls soll mit dem hier gegebenen Anlagenentwurf ein Konzept vermittelt werden, das von einem „Einzelfahrer" noch gut beherrscht werden sollte. Bezeichnenderweise wird auf eine Ausführung der Hauptstrecke als Doppelgleis verzichtet, denn wirklich konzentriert ließen sich die anfallenden Zugfahrten sowieso nicht gleichzeitig regeln. So aber bleibt Luft für ein entspanntes Gleisbild und konfliktarme Fahrwege, sowohl in den sichtbaren wie auch verdeckten Strecken und Stationen.

Statt auf ruhelose Umläufe fester Zuggarnituren wird hier auf schrittweise Fahrtenfolgen von Verbänden mit deutlich unterscheidbaren Zwecken gesetzt. Häufig ist eine Neu- und Umbildung von Zugläufen gefordert, bevor das nächste Fahrtziel angesteuert wird – was das Hauptkennzeichen der „action" auf dieser Anlage ausmacht.

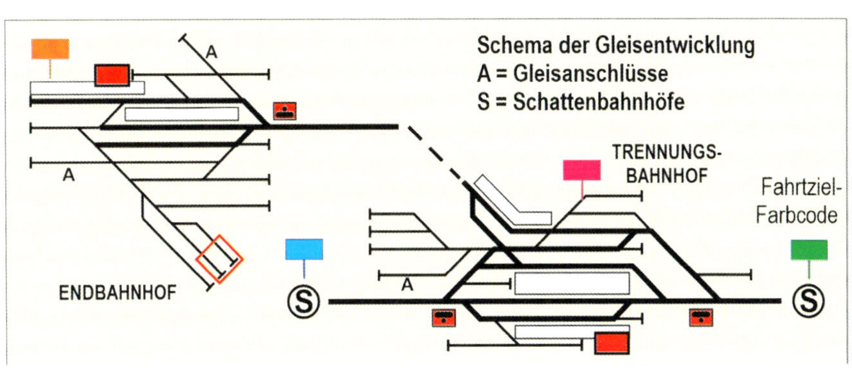

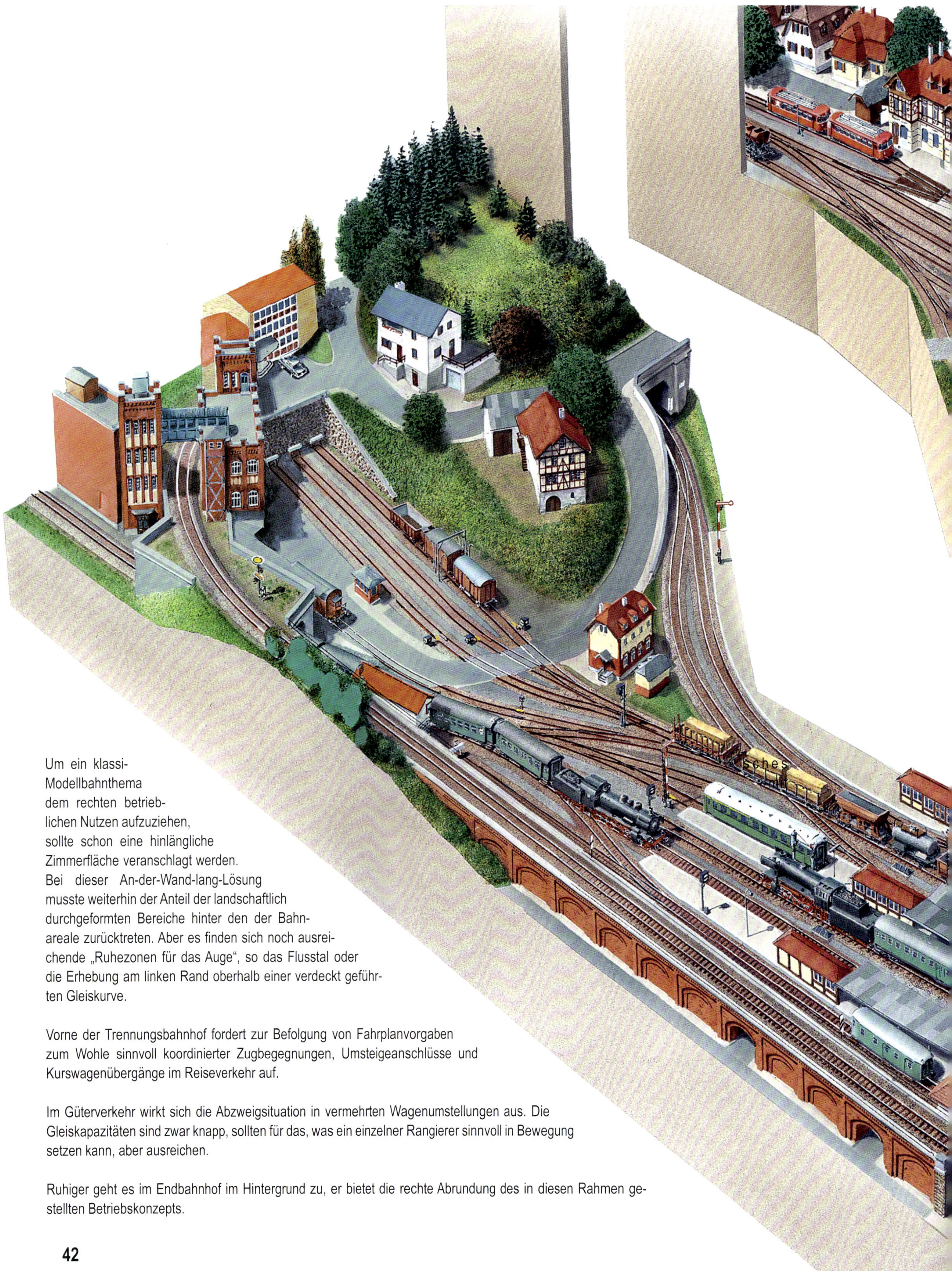

Um ein klassi-
Modellbahnthema
dem rechten betrieb-
lichen Nutzen aufzuziehen,
sollte schon eine hinlängliche
Zimmerfläche veranschlagt werden.
Bei dieser An-der-Wand-lang-Lösung
musste weiterhin der Anteil der landschaftlich
durchgeformten Bereiche hinter den der Bahn-
areale zurücktreten. Aber es finden sich noch ausreichende „Ruhezonen für das Auge", so das Flusstal oder
die Erhebung am linken Rand oberhalb einer verdeckt geführten Gleiskurve.

Vorne der Trennungsbahnhof fordert zur Befolgung von Fahrplanvorgaben zum Wohle sinnvoll koordinierter Zugbegegnungen, Umsteigeanschlüsse und Kurswagenübergänge im Reiseverkehr auf.

Im Güterverkehr wirkt sich die Abzweigsituation in vermehrten Wagenumstellungen aus. Die Gleiskapazitäten sind zwar knapp, sollten für das, was ein einzelner Rangierer sinnvoll in Bewegung setzen kann, aber ausreichen.

Ruhiger geht es im Endbahnhof im Hintergrund zu, er bietet die rechte Abrundung des in diesen Rahmen gestellten Betriebskonzepts.

Die Anlagenform stellt sich als ein „U" dar. Der Bedienerbereich ist in der Breite für nur eine Einzelperson bemessen worden. Hier wäre nur wenig Spielraum für die Anbringung von Bedienungselementen unmittelbar an der Geländekante gegeben. Deswegen kommt hier zum Vorschlag, Gleisbild-Stelltafeln in den Paneelen zu installieren, die – konform zum Gelände-Umriss – das Sichtfeld oberhalb der Anlage begrenzen. Diese Blenden könnten gleich auch noch zur Anbringung von geeigneten Leuchtmitteln zur Aufhellung der Modell-Szenerie genutzt werden.

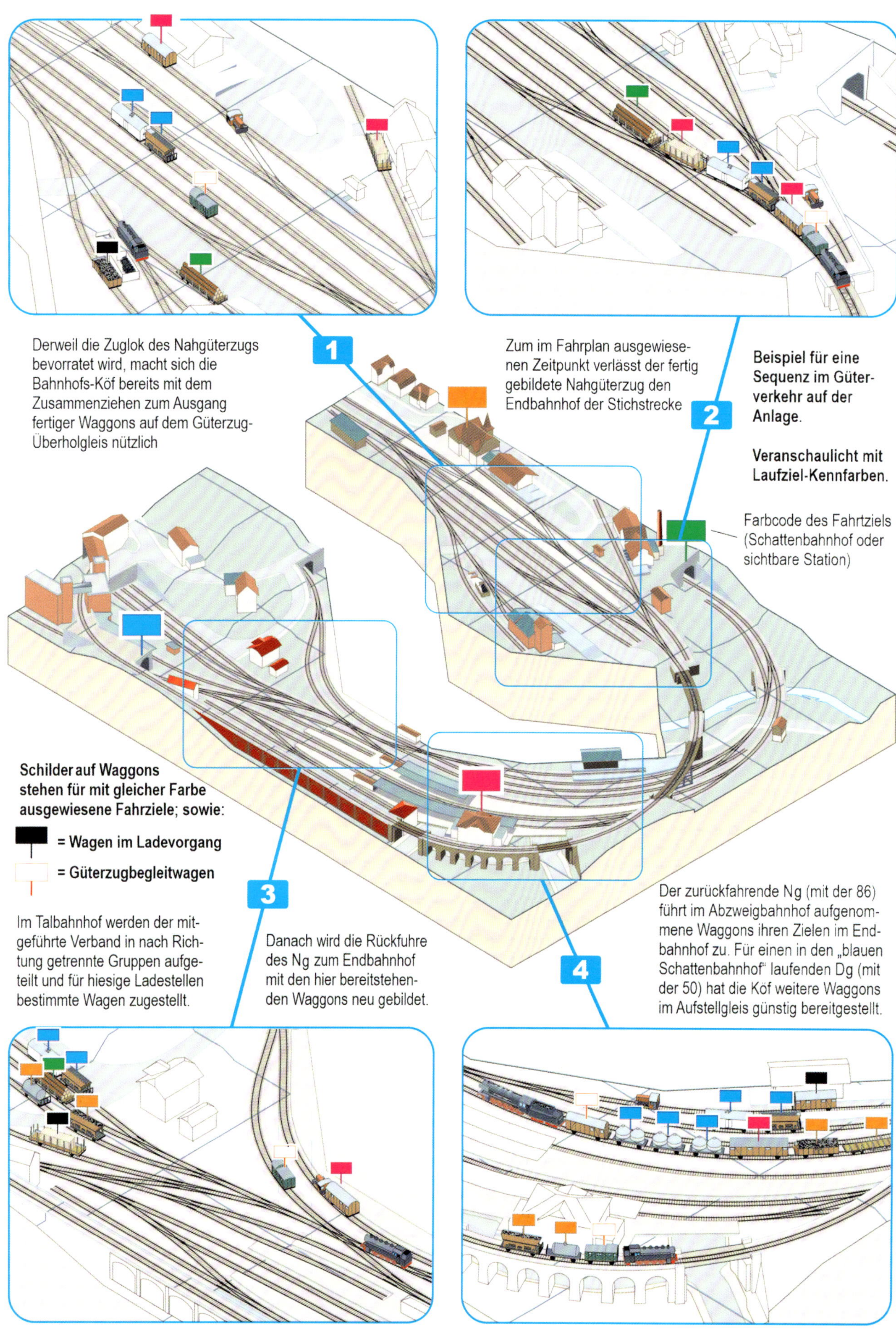
1
Derweil die Zuglok des Nahgüterzugs bevorratet wird, macht sich die Bahnhofs-Köf bereits mit dem Zusammenziehen zum Ausgang fertiger Waggons auf dem Güterzug-Überholgleis nützlich
2
Zum im Fahrplan ausgewiesenen Zeitpunkt verlässt der fertig gebildete Nahgüterzug den Endbahnhof der Stichstrecke
Beispiel für eine Sequenz im Güterverkehr auf der Anlage.
Veranschaulicht mit Laufziel-Kennfarben.
Farbcode des Fahrtziels (Schattenbahnhof oder sichtbare Station)
Schilder auf Waggons stehen für mit gleicher Farbe ausgewiesene Fahrziele; sowie:
= Wagen im Ladevorgang
= Güterzugbegleitwagen
3
Im Talbahnhof werden der mitgeführte Verband in nach Richtung getrennte Gruppen aufgeteilt und für hiesige Ladestellen bestimmte Wagen zugestellt.
Danach wird die Rückfuhre des Ng zum Endbahnhof mit den hier bereitstehenden Waggons neu gebildet.
4
Der zurückfahrende Ng (mit der 86) führt im Abzweigbahnhof aufgenommene Waggons ihren Zielen im Endbahnhof zu. Für einen in den „blauen Schattenbahnhof" laufenden Dg (mit der 50) hat die Köf weitere Waggons im Aufstellgleis günstig bereitgestellt.

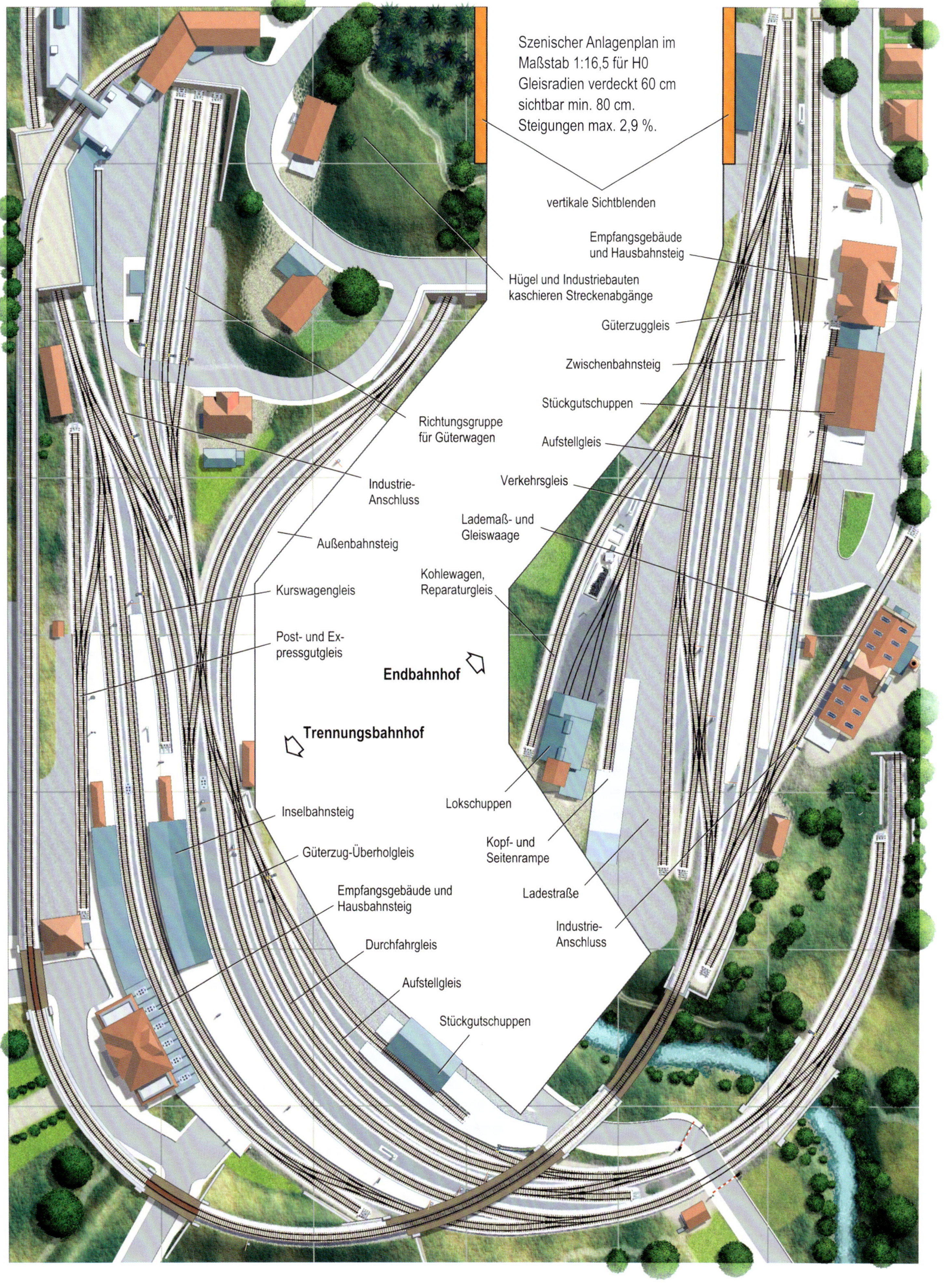
Szenischer Anlagenplan im
Maßstab 1:16,5 für H0
Gleisradien verdeckt 60 cm
sichtbar min. 80 cm.
Steigungen max. 2,9 %.
vertikale Sichtblenden
Empfangsgebäude
und Hausbahnsteig
Hügel und Industriebauten
kaschieren Streckenabgänge
Güterzuggleis
Zwischenbahnsteig
Stückgutschuppen
Richtungsgruppe
für Güterwagen
Aufstellgleis
Industrie-
Anschluss
Verkehrsgleis
Lademaß- und
Gleiswaage
Außenbahnsteig
Kohlewagen,
Reparaturgleis
Kurswagengleis
Post- und Ex-
pressgutgleis
Endbahnhof
Trennungsbahnhof
Lokschuppen
Inselbahnsteig
Kopf- und
Seitenrampe
Güterzug-Überholgleis
Empfangsgebäude und
Hausbahnsteig
Ladestraße
Industrie-
Anschluss
Durchfahrgleis
Aufstellgleis
Stückgutschuppen

# Die Janusköpfige

Bei der Einpassung der Modellbahn in ein Zimmer wird man sich heute sicherlich bevorzugt für eine entlang den Wänden geführte Anlagenform entscheiden. Doch können dem mitunter allerlei Hemmnisse entgegenstehen. So wollen häufig Durchgänge zu verschiedenen Einbauten, Türöffnungen und großflächigen Fenstern offen gehalten werden. Auch stellen dann klappbare oder herausnehmbare Anlagenteile nicht immer befriedigende Lösungen für die Probleme dar, die sich bezüglich der Begehbarkeit des Raums und Kontinuität der Szenen einstellen können.

Im Blick liegen hier die wesentlichen Streckenabschnitte und die höhergelegene Endstation. Die Begegnung von Haupt- und Nebenstrecke im Vordergrund macht an jener Stelle recht prägnante Kunstbauten und Überbrückungen notwendig.

Aus dieser Richtung besehen bleibt die umfangreiche Durchgangsstation hinter dem zu drei Vierteln in die Anlage hineinragenden Hintergrund verborgen. So bekommt die Szenerie ein deutlich weniger gedrängtes Aussehen, als man es nach Ansicht des Gesamtplans zunächst vermuten würde.

Der industrielle Komplex stellt sich hier als Teil einer sich weiter als Hintergrund-Abbildung fortsetzenden Kraftwerksanlage dar.

Obwohl ansonsten eher ländlich geprägt, rechtfertigt der Umfang der Nebenbahn-Endstation bereits ein eigenes kleineres Bahnbetriebswerk.

So wird in diesem Planungsfall von einer weitgehend freistehend im Raum installierten Anlage ausgegangen, die mit lediglich einer Schmalseite noch an eine Wandfläche anstößt. Um trotz kompakter Umrissform für befriedigende szenische Abwechslung zu sorgen, ist eine trennende Hintergrundkulisse auf einem längeren Abschnitt entlang der Mittellinie vorgesehen. So zeigt sich die Anlage nach außen mit zwei unterschiedlichen Gesichtern; hier ein Vorort-Trennungsbahnhof in städtisch wirkender Umgebung, dort eine eher ländlich geprägte Endstation.

Der Bahnbetrieb zeigt sich in anregender Vielfalt, sowohl mit doppelgleisiger Hauptstrecke als auch eingleisiger Nebenbahn. Neben angemessenem Personen- und Güterverkehr stehen auch Transporte der Post auf dem Programm. Ebenso findet das stets gerne genommene Lok-Bw samt Drehscheibe zu seiner thematisch stimmigen Aufstellung.

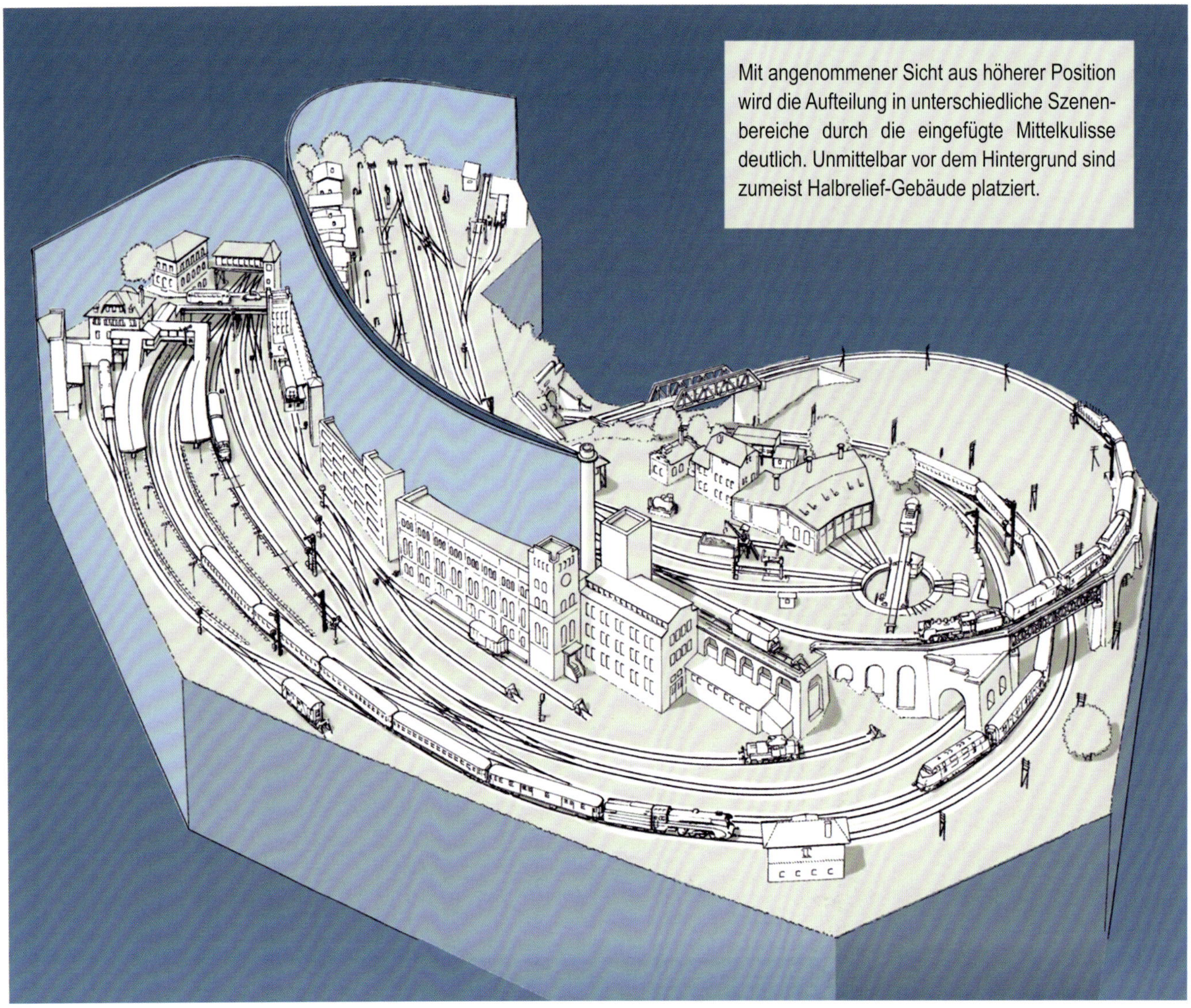

Mit angenommener Sicht aus höherer Position wird die Aufteilung in unterschiedliche Szenenbereiche durch die eingefügte Mittelkulisse deutlich. Unmittelbar vor dem Hintergrund sind zumeist Halbrelief-Gebäude platziert.

Die Gliederung des Gleisverlaufs in der Abfolge der Höhenstufen:

- sichtbare Gleisentwicklungen
- Nebenstrecke verdeckter Teil
- zu der oberen Schattenebene
- zu der unteren Schattenebene

**Sichtbare Radien minimal: Nebenstrecke 72 cm, Hauptstrecke 80 cm, verdeckt 48,4 – in Steigung 54,3 cm.**

**Steigung maximal 1:35,5 bzw. 2,82 %.**

**Weichen gemäß Tillig-Elite-Geometrie. Bogenweichen mit minimal 80 cm Innenradius. Angegebene Höhenwerte in cm über tiefstem Schatten-Niveau. Skizzen im Maßstab 1:50**

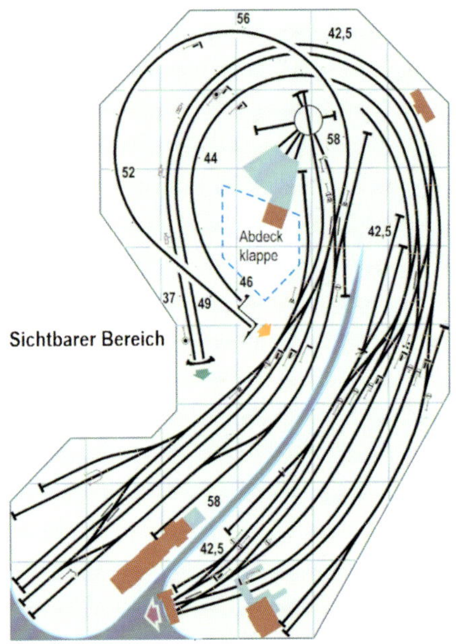


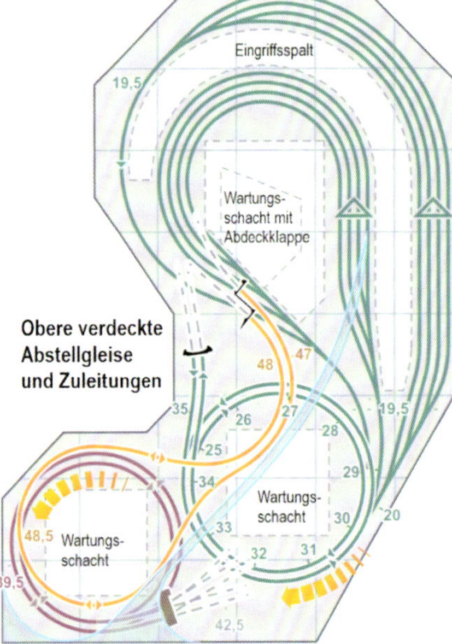


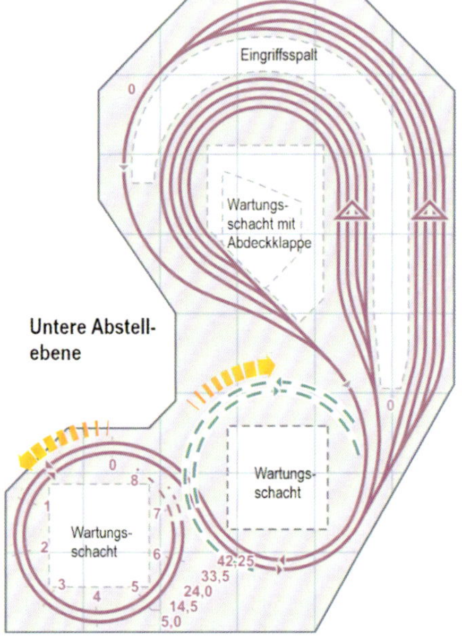

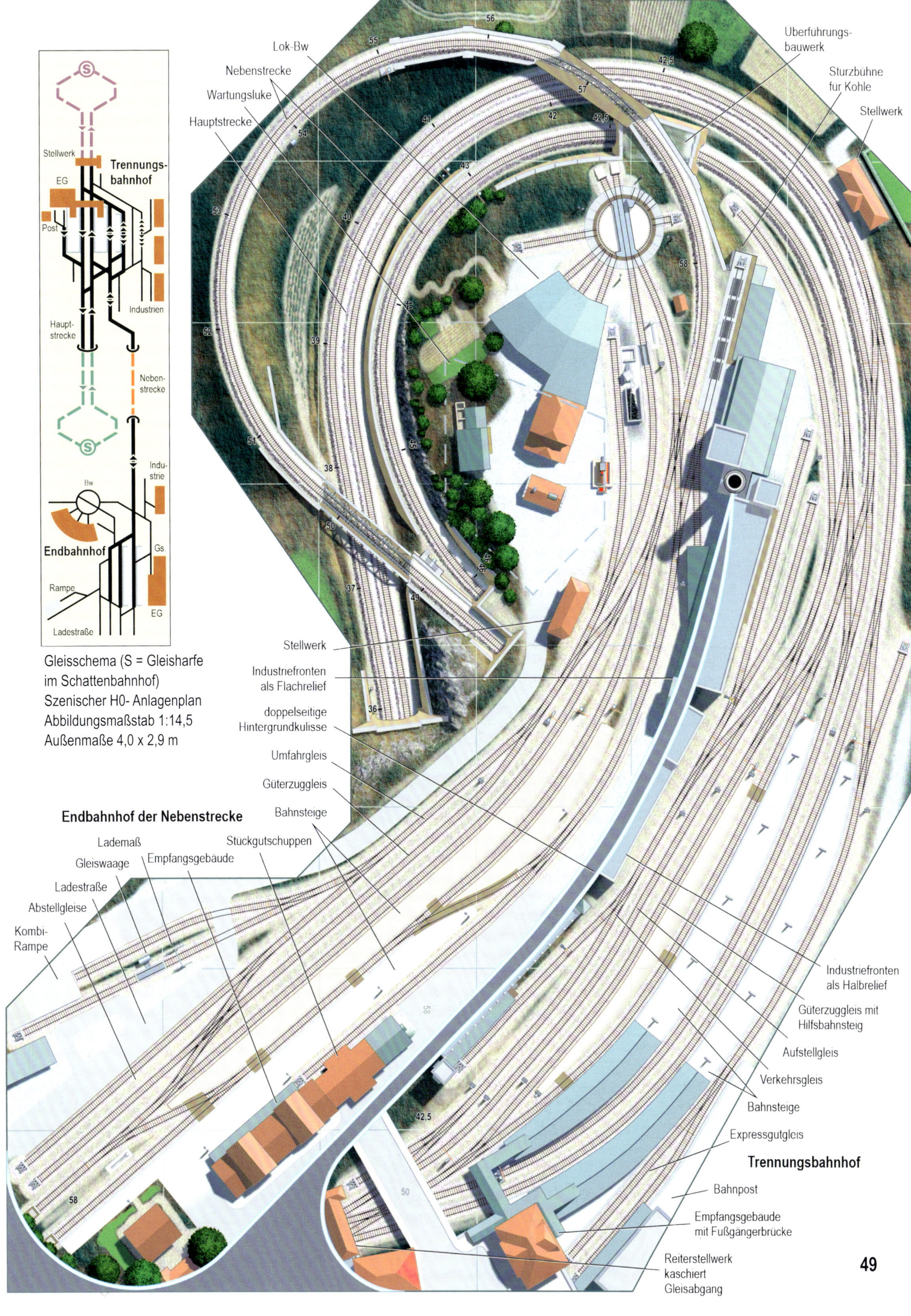


Gleisschema (S = Gleisharfe im Schattenbahnhof)
Szenischer H0- Anlagenplan
Abbildungsmaßstab 1:14,5
Außenmaße 4,0 x 2,9 m

# Im Mainstream

Bei der Einpassung in das Modellbahnzimmer wollte die Stellhöhe der Anlage unterhalb sich öffnender Fensterflügel beachtet werden. Die Angaben in den Plänen beziehen sich diesmal auf die Höhe über Fußboden.

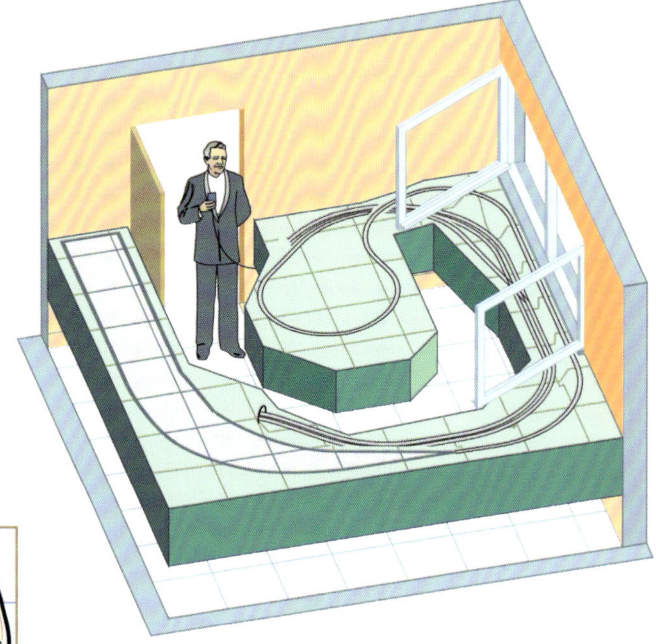

unten: Die Gleisentwicklungen in den beiden Untergeschossen, Maßstab 1:50

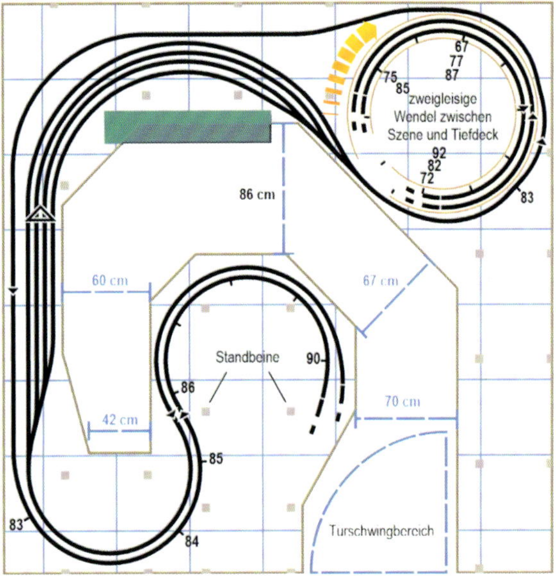


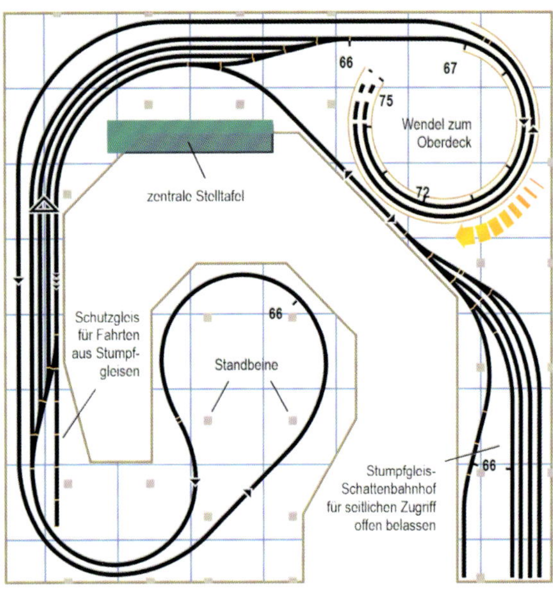


Auf eine konkrete Anfrage hin entstand dieser Entwurf. Bemessen mit gängigen Maßen kann er mustergültig mit bei privaten Planungen besonders bevorzugten Motiven aufwarten: Die doppelgleisige, zudem mit Oberleitung ausgestattete Paradestrecke bietet den rechten Auslauf für schnelle Züge mit vielen Wagen. Eine eingleisige Stichstrecke mit angemessen dimensioniertem Endbahnhof bildet hierzu den ausgleichenden Gegenpol. Dort sind eine verhaltene Fahrweise und planvolles Rangieren gefragt. Für einen abwechslungsreichen Einsatz von Personenzügen stehen immerhin drei Bahnsteigkanten zur Verfügung. Eine ausreichende Anzahl öffentlicher und privater Ladestellen sorgt für angemessene Bewegung auch im Güterverkehr. Schließlich wurden auch die Einrichtungen zur Versorgung und Wartung der Zugloks nicht vergessen.

Das Bahnimperium wird aus auf zwei Decks im Untergrund verteilte Speicherkapazitäten mit dem nötigen Rollmaterial gespeist. Häufig gilt es, die auf die Nebenstrecke laufenden Zuggarnituren für die anstehenden Aufgaben neu zu bilden. Deren Aufstellgleise sollten deshalb gut zugänglich bleiben.

Die Planung wurde auf die Verwendung von Märklin-K-Stückgleisen abgestimmt. Die gefundene Konzeption sollte aber wohl auch ohne Schwierigkeiten mit gängigem Gleismaterial anderer Fabrikate nachgebildet werden können. Dann sollte möglichst noch der vermehrte Einsatz von Flexgleisen ins Auge gefasst werden, um eine noch etwas harmonischere Streckenführung zu erhalten.

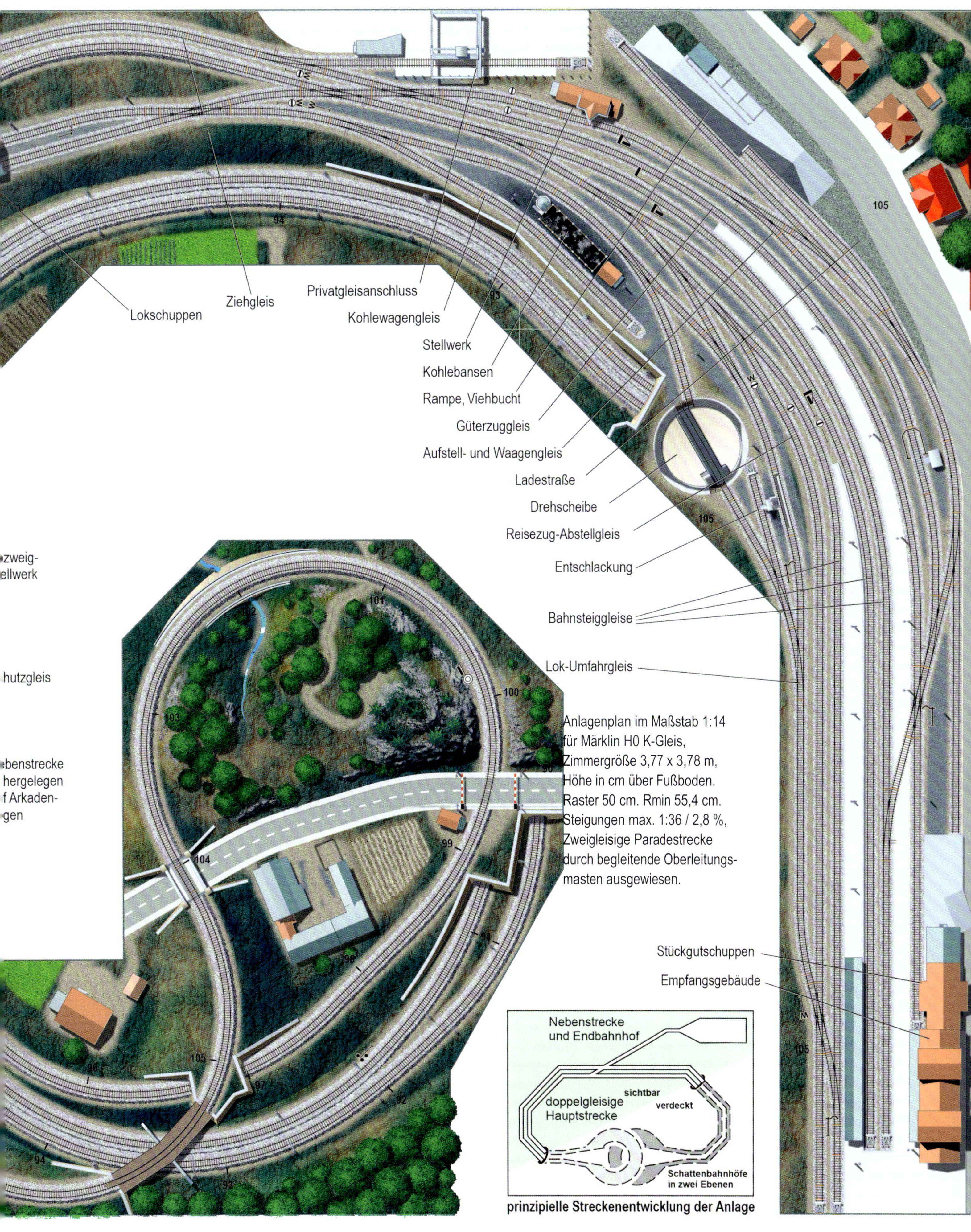


Anlagenplan im Maßstab 1:14 für Märklin H0 K-Gleis, Zimmergröße 3,77 x 3,78 m, Höhe in cm über Fußboden. Raster 50 cm. Rmin 55,4 cm. Steigungen max. 1:36 / 2,8 %, Zweigleisige Paradestrecke durch begleitende Oberleitungsmasten ausgewiesen.

**prinzipielle Streckenentwicklung der Anlage**

So könnte die im privaten Auftrag geplante Anlage nach endgültiger Fertigstellung vielleicht einmal aussehen. Ganz im Sinne einer „Mainstream“-Anlage kommt bevorzugt der Einsatz von Epoche-III-Rollmaterial infrage.

Erkennbar sind die seitlichen Öffnungen im Unterdeck, um die Ein- und Ausfahrten in die Stumpf-Abstellgleise überwachen zu können.

# Eifel-zungen

Mit 5,0 x 3,8 m Grundfläche sind die Brutto-Zimmermaße dieses Entwurfs nicht gerade kleinlich angenommen worden. Die vorgesehene Anlage nutzt diesmal nicht die volle Breite, da ein Durchgang zwischen zwei Zugängen bestehen bleiben soll. Danach ist nun allerdings die Möglichkeit gegeben, die zentral in Zimmermitte ragende Zunge als recht breites Szenenstück zu gestalten, weil hier von beiden Seiten zugegriffen werden kann. Trotzdem sollte in diesem Bereich, und auch bei der im Zimmereck gegenüber gelegenen Kehre, eine Zugriffsmöglichkeit von unten her vorgesehen werden.

Im aufgezeigten Rahmen erscheint in Baugröße H0 das so beliebte Konzept zweigleisige „Hauptbahn plus abzweigende Nebenbahn“ allemal machbar. Hierin einbezogen sind: Eine angemessen dimensionierte Abzweigstation, ein akzeptabel durchgebildeter Endbahnhof, und genügend Zugspeicher-Kapazität im Schatten.

Eine eher unübliche Besonderheit stellt dabei der im Unterdeck offen liegende Komplex von Abstellgleisen dar. Hier besteht die Möglichkeit, die auf die Nebenstrecke übergehenden Garnituren vor ihrem erneuten Einsatz passend „zurechtzufiddeln“. Die auf zwei Etagen gelagerten schmalen Szene-Stücke ließen sich eventuell auch abnehmbar und transportabel halten, um sich damit gelegentlich an das Modul-Arrangement einer Gruppe anschließen zu können.

Als Landschaftsmotiv für die geländemäßige Gestalt wurde die Eifel auserkoren. Bei einer an diese Planung angelehnten Nachempfindung darf sich aber gerne an anderen passenden Mittelgebirgsregionen orientiert werden. Jedenfalls will hier der Hauptstreckenverlauf den Weg der Bahn im Tal der Kyll nachzeichnen. Dort findet sich auch einsam gelegen das Empfangsgebäude mit dem Stationsnamen Speicher, weitab von der zugehörigen Ortschaft auf Bergeshöhen. Auch orientieren sich Tunnelportale und Brückenbauwerke an in dieser Gegend angetroffenen Vorbildern.

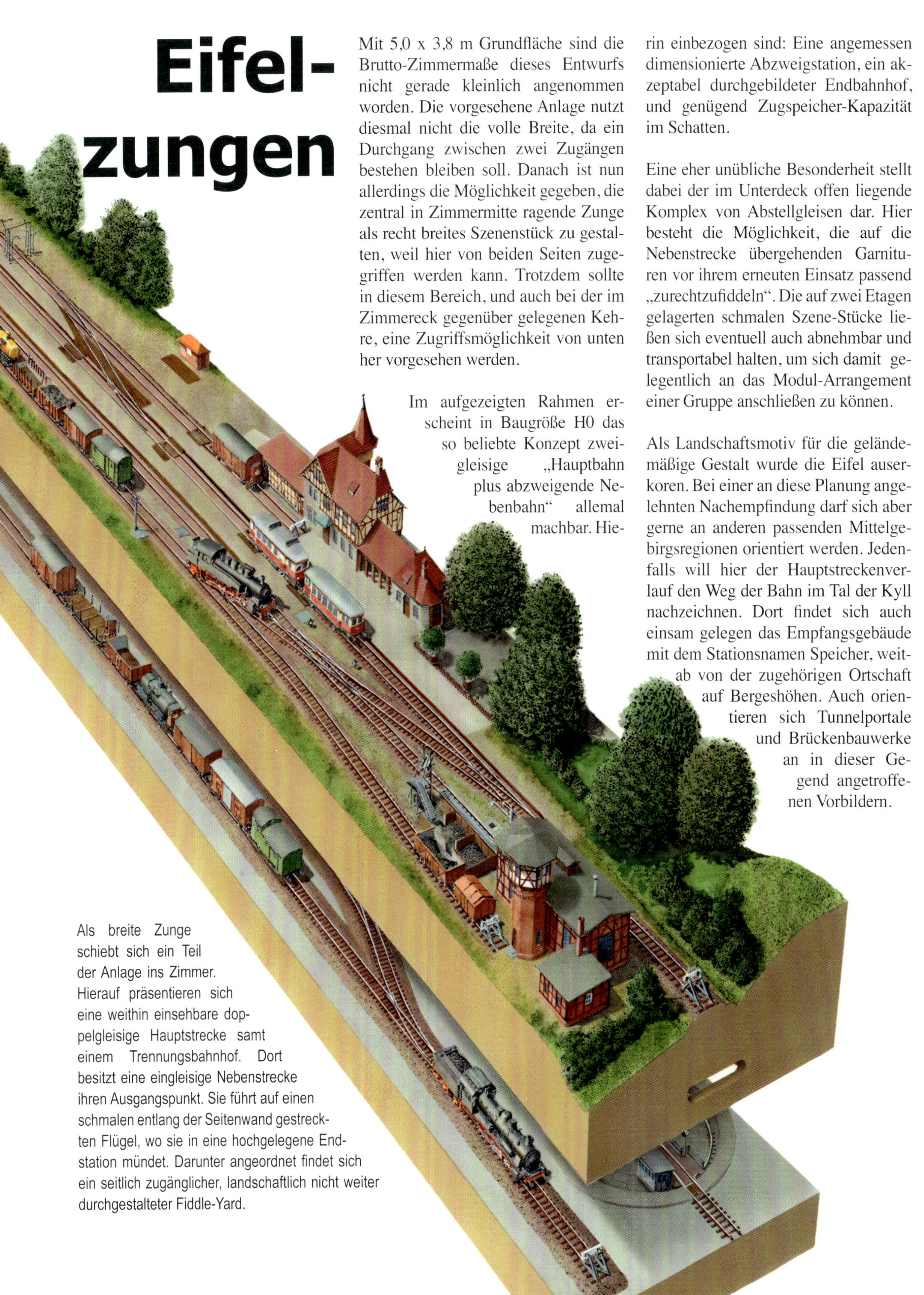

Als breite Zunge schiebt sich ein Teil der Anlage ins Zimmer. Hierauf präsentieren sich eine weithin einsehbare doppelgleisige Hauptstrecke samt einem Trennungsbahnhof. Dort besitzt eine eingleisige Nebenstrecke ihren Ausgangspunkt. Sie führt auf einen schmalen entlang der Seitenwand gestreckten Flügel, wo sie in eine hochgelegene Endstation mündet. Darunter angeordnet findet sich ein seitlich zugänglicher, landschaftlich nicht weiter durchgestalteter Fiddle-Yard.

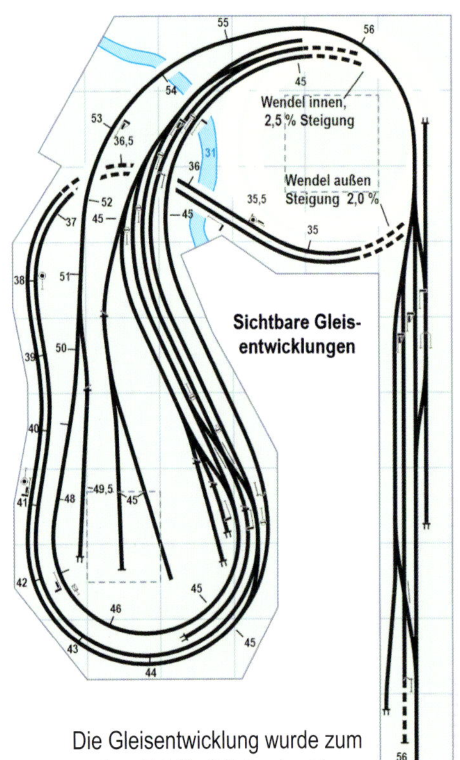


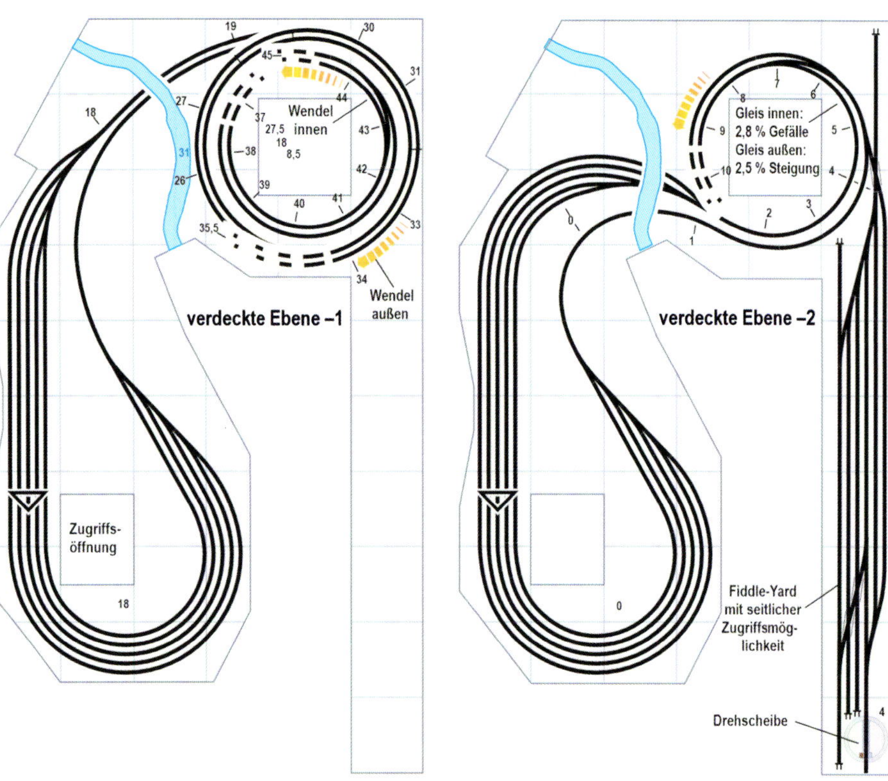


Die Gleisentwicklung wurde zum großen Teil für Stücke des Roco-Line-Sortiments geplant. Für die Bogenweichen wäre aber eine gesonderte Fertigung vorzusehen. Höhenangaben in cm über tiefstem Schattenniveau.
Rmin 54 cm, Maßstab 1:50

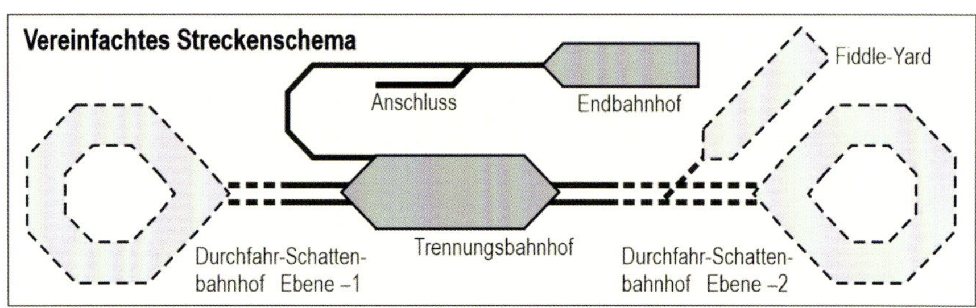


Querschnitt durch die Anlagenbereiche. Lage der Zimmerwände nicht verbindlich

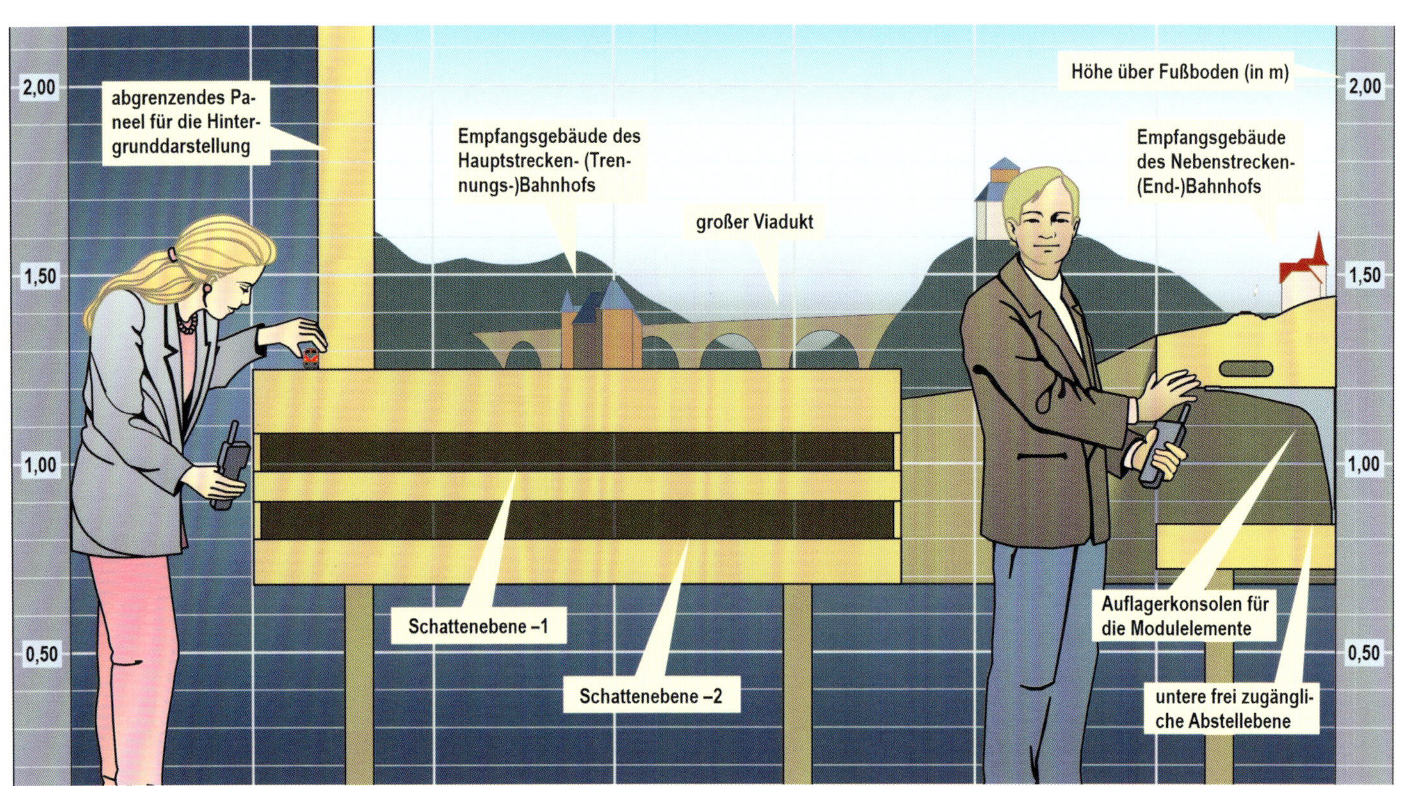

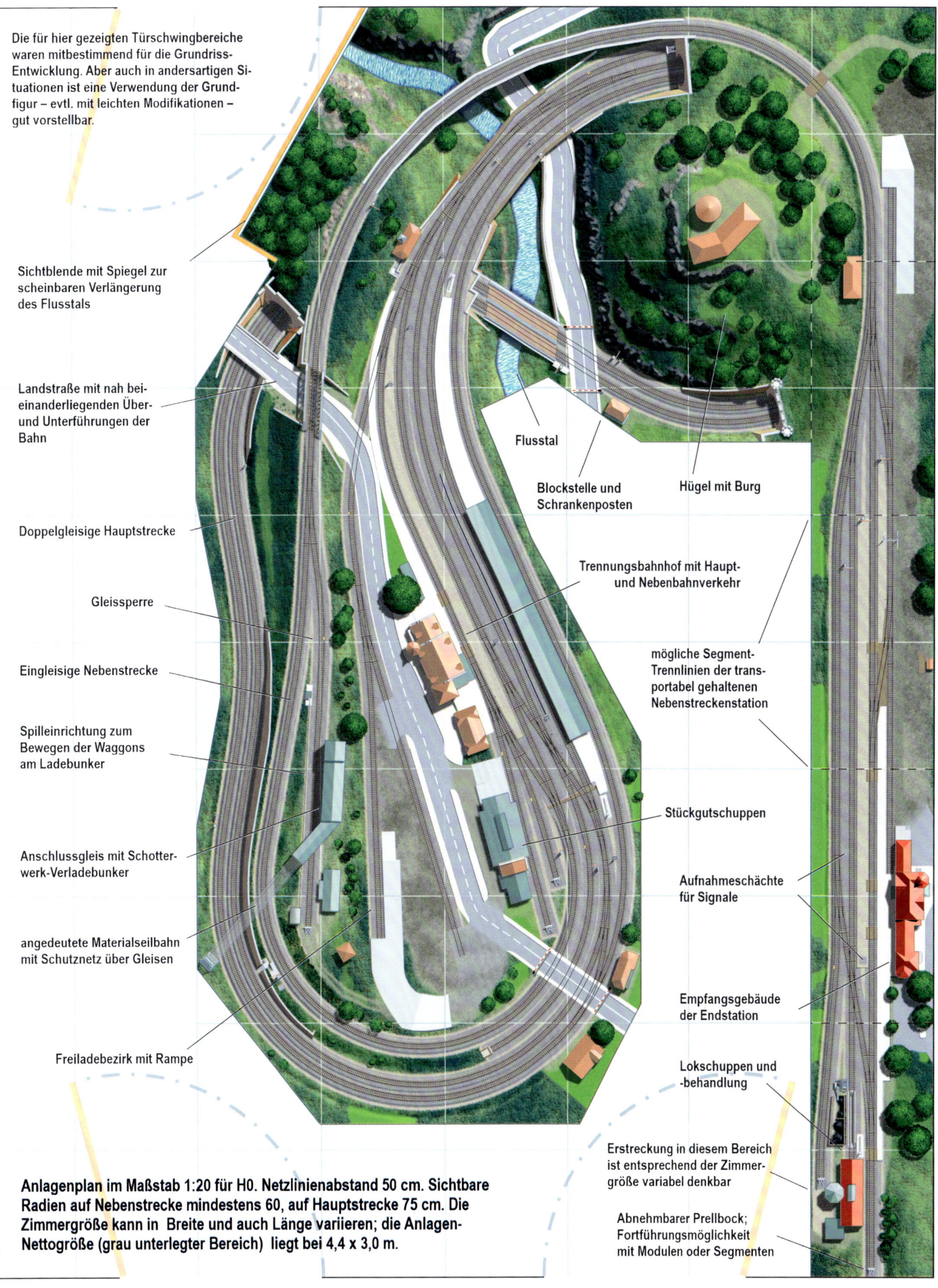


**Anlagenplan im Maßstab 1:20 für H0. Netzlinienabstand 50 cm. Sichtbare Radien auf Nebenstrecke mindestens 60, auf Hauptstrecke 75 cm. Die Zimmergröße kann in Breite und auch Länge variieren; die Anlagen-Nettogröße (grau unterlegter Bereich) liegt bei 4,4 x 3,0 m.**

# Heringsdorf auf Usedom

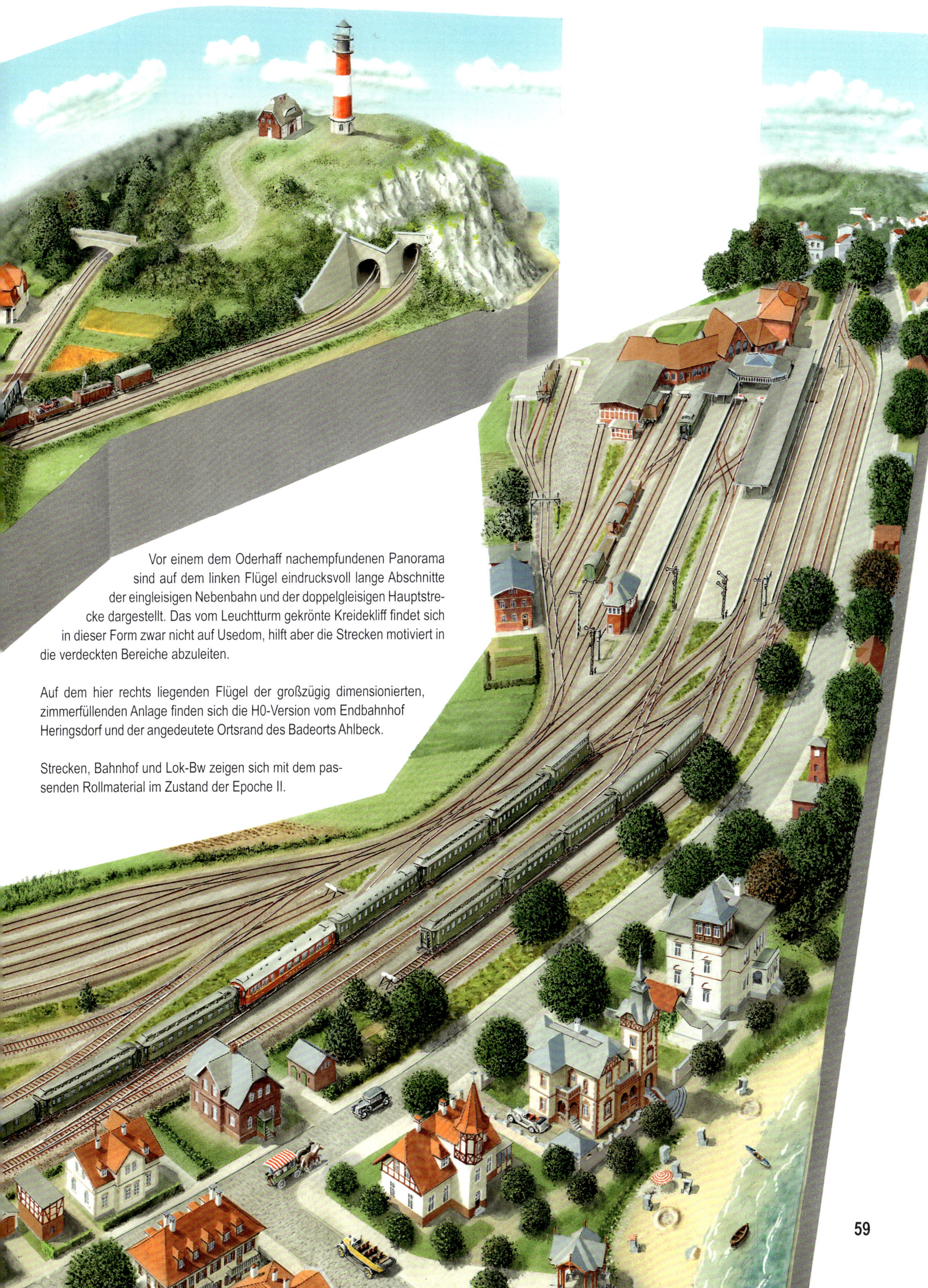

Vor einem dem Oderhaff nachempfundenen Panorama sind auf dem linken Flügel eindrucksvoll lange Abschnitte der eingleisigen Nebenbahn und der doppelgleisigen Hauptstrecke dargestellt. Das vom Leuchtturm gekrönte Kreidekliff findet sich in dieser Form zwar nicht auf Usedom, hilft aber die Strecken motiviert in die verdeckten Bereiche abzuleiten.

Auf dem hier rechts liegenden Flügel der großzügig dimensionierten, zimmerfüllenden Anlage finden sich die H0-Version vom Endbahnhof Heringsdorf und der angedeutete Ortsrand des Badeorts Ahlbeck.

Strecken, Bahnhof und Lok-Bw zeigen sich mit dem passenden Rollmaterial im Zustand der Epoche II.

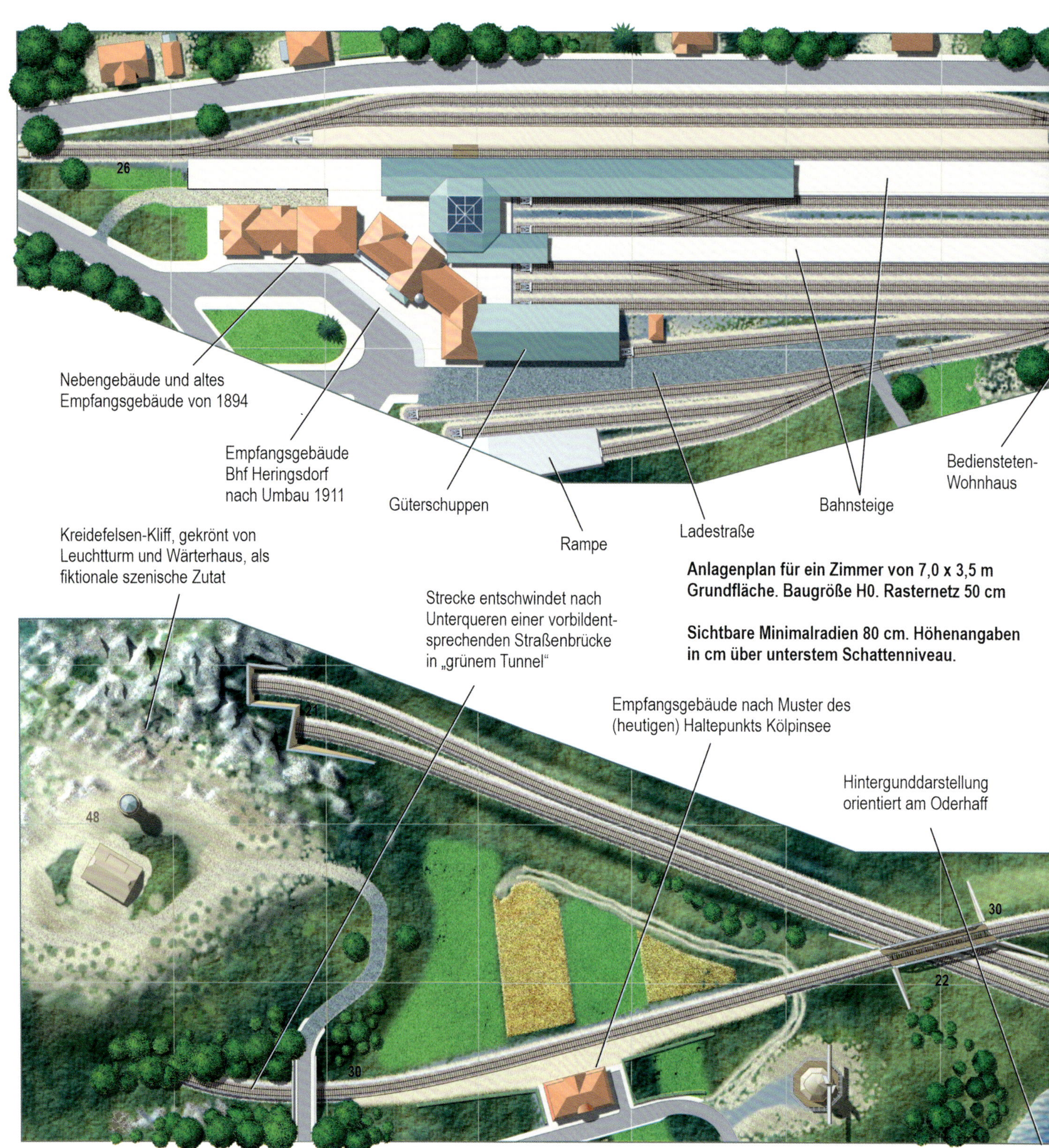


**Anlagenplan für ein Zimmer von 7,0 x 3,5 m Grundfläche. Baugröße H0. Rasternetz 50 cm**

**Sichtbare Minimalradien 80 cm. Höhenangaben in cm über unterstem Schattenniveau.**

Seit 1876 war die Insel Usedom schon mit einer Hauptstrecke direkt bis an die Reichshauptstadt Berlin angebunden gewesen. Diese goldenen Jahre wollen mit diesem Anlagenentwurf eingefangen werden. Er erlaubt es, selbst hochwertigen Schnellzugverkehr in realistischem Rahmen nachzubilden. Daneben wird auch genügend Raum für einen anregenden Nebenstreckenverkehr gelassen.

Dreh- und Angelpunkt der Bahn-Aktivitäten war damals wie heute die Station Heringsdorf. In ihrer gleismäßigen Ausstattung zeigt sie sich überschaubar gegliedert, wie es sonst nur selten bei einem Endbahnhof an einer Hauptstrecke zu beobachten ist.

Der Betrieb im Bahnhof gestaltete sich insbesondere dadurch interessant, dass hier Haupt- und Nebenstreckenverkehr in einer Art Spitzkehren-Situation zusammentrafen. Neben dem zwangsläufigen Umspannen der Zugloks kam auch der gegenseitige Austausch von Kurswagen infrage.

Die Gleisentwicklung des Bahnhofs Heringsdorf ist hier im Modell prinzipiell exakt dem Vorbild entsprechend getroffen worden. Es wurden lediglich ein mäßiger „Stauchungsfaktor"

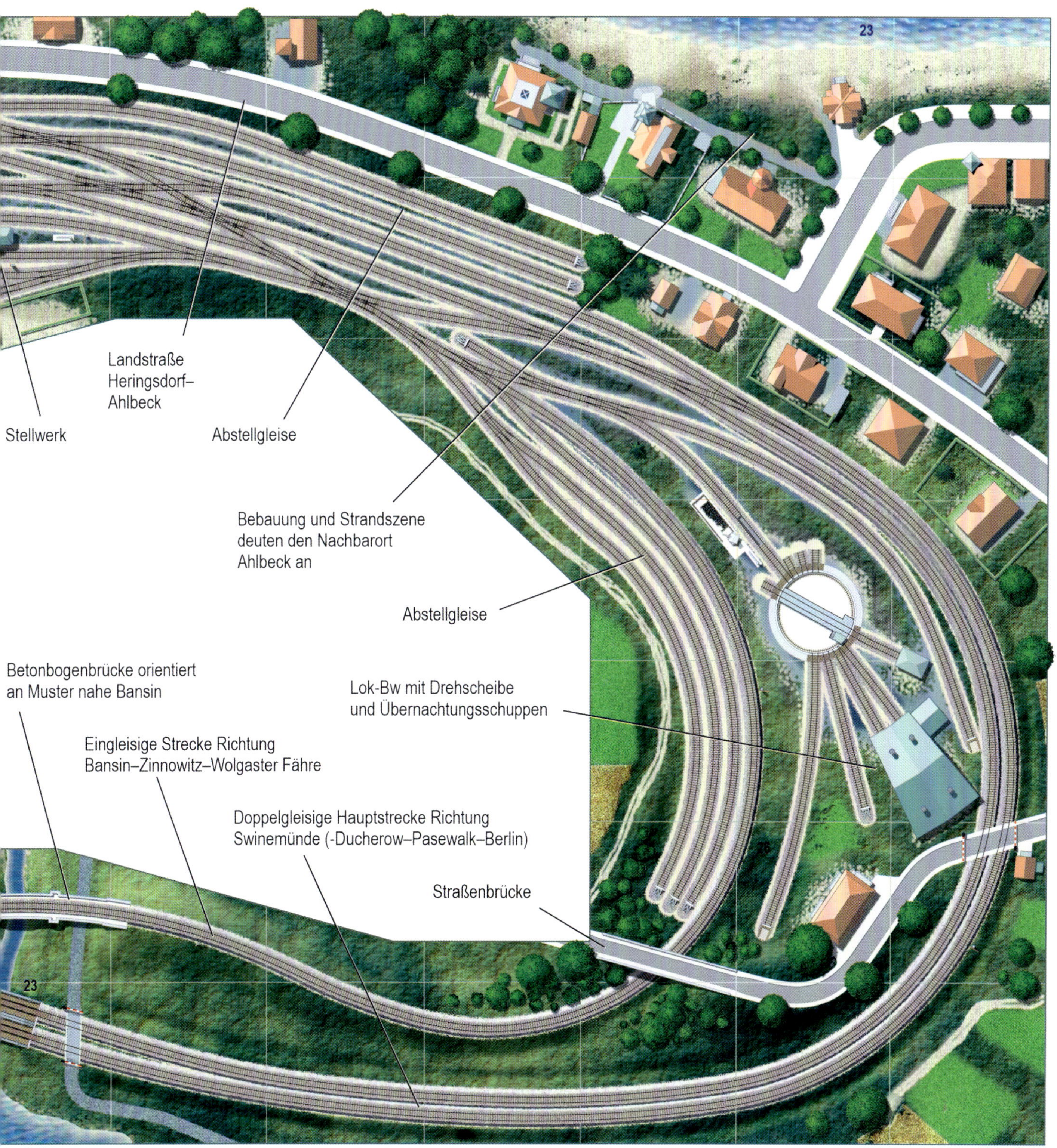


für die Entwicklung in der Länge vorgesehen. Für die Weichen wurde der handelsübliche Abzweig von 15° angesetzt. Man traf hier vorzeiten bereits auf ein kleines Bahnbetriebswerk für Lokomotiven, das sogar mit einer Drehscheibe aufwarten konnte.

Die Einpassung dieses Modell-Entwurfs ist für eine zugegeben nicht ganz kleine Räumlichkeit. Es dürfte nicht allzu schwer fallen, die gefundene Figur für einen kleineren Baumaßstab umzuplanen. Dabei müssten nur die beiden Anlagenflügel im Verhältnis etwas weiter auseinandergerückt werden.

Das Schicksal der Bahn auf Usedom ist besonders eng mit den wechselvollen Verläufen in der Geschichte Deutschlands und seines heutigen östlichen Nachbarn Polen verbunden.

Die Insel Usedom war schon früh geschätzt als so genannte „Badewanne Berlins", als die Großstädter in Scharen hierher in die Sommerfrische reisten. Direkt vom Berliner „Stettiner Bahnhof" ausgehend, bestand eine Hauptstreckenverbindung. Es war auch eine der ersten Relationen,

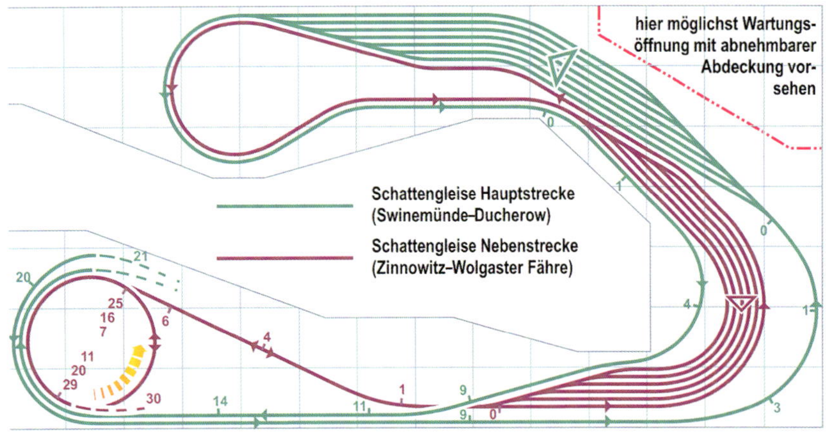


Gleisverlauf im Schattenbereich.
Haupt- und Nebenstrecke durch unterschiedliche Farben gekennzeichnet. Höhen in cm.

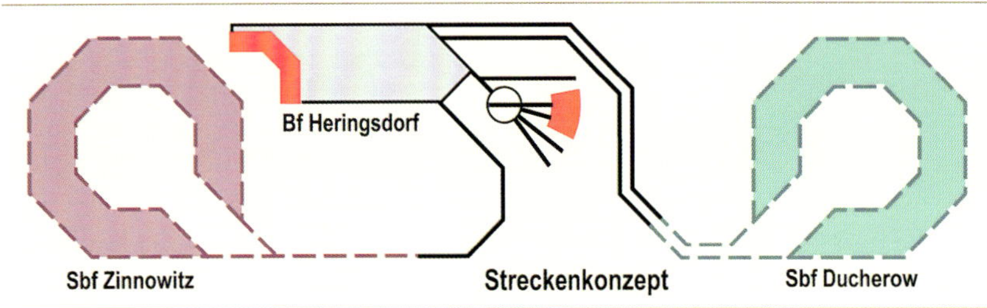

auf denen die damals neue Gattung der D-Zug-Wagen eingesetzt wurde. Die Verbindung zum Festland erfolgte über eine eindrucksvolle bewegliche Brücke. Zusätzlich gab es auf Usedom auch noch eine Nebenstrecke; in den 1930er-Jahren gewann diese an Bedeutung durch den Anschluss der im Aufbau befindlichen Raketen-Versuchsstation von Peenemünde.

Der Krieg jedoch brachte zunächst den Abriss des zweiten Gleises, dann die Sprengung der Brücke bei Karnin, und schließlich die Abtrennung des östlichen Teils der Insel Usedom und des gesamten Schwestereilands Wollin - die beide nunmehr Polen zugeschlagen. wurden. Unter der folgenden (DD)Reichsbahn-Regie lief der Bahnverkehr auf Usedom dann im echten Wortsinne als Inselbetrieb – mit einem exklusiv hier beschäftigten Fuhrpark. Heute nun wird auf Usedom der Verkehr ausschließlich mit Triebzügen im Taktfahrplan geleistet.

Die Schienenwege nördlich Berlins zum Haff und an die Ostsee. Infolge der Grenzziehung zeigten sie sich ab 1945 deutlich verändert:

Mitte: Vor dem Krieg wurde Heringsdorf direkt über eine zweigleisige Hauptstrecke erreicht.

unten: Später führte die Reise nach Heringsdorf über den völlig entgegengesetzten Weg.

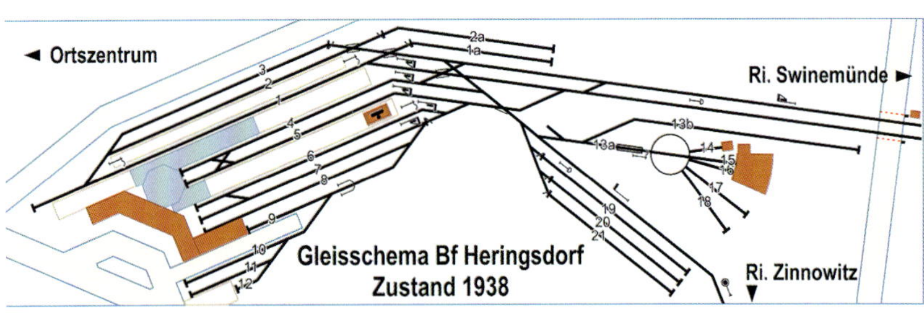

# Tauernbahn

Die hier betrachtete Streckensituation bildet einen Abschnitt der österreichischen Alpen-Transversale, welche auch eine wichtige Verbindung Deutschlands mit den Ländern des Balkans darstellt. Der schwierige Trassenverlauf wurde ursprünglich lediglich eingleisig angelegt, bis heute aber, mit teilweise recht aufwendigen Maßnahmen weitgehend zur Zweigleisigkeit ausgebaut. Herzstück darin bildet der den Gebirgskamm durchschneidende 8,5 km lange Tauerntunnel. Dieser bietet auch einen viel genutzten Durchlass für den Straßenverkehr in Form von Fahrzeugverladung auf Waggons.

Ausgewählte Motive dieser auch landschaftlich herausgehobenen Streckenführung wurden hier im H0-Maßstab in einen schon beachtlich großen Kellerraum übertragen – allerdings nicht in der strengen beim Vorbild gegebenen Reihenfolge. Auch werden einige sowohl vor als auch nach den Umbauten angetroffene Szenen beibehalten. Dies betrifft insbesondere das Nebeneinander vom ursprünglichen Durchstich der Strecke unterhalb Alt-Falkenstein und dem imposanten neuen zweibogigen Falkenstein-Viadukt davor. Ohne vorgefundene Gegebenheiten sklavisch in die Raumvorgaben zu pressen, sollte sich diese Umsetzung als Modell in überzeugender landschaftlicher Gesamtheit mit einer anregenden verkehrlichen Vielfalt darbieten. Für die Beschickung der über stattliche Distanz sichtbaren Streckenentwicklung mit passenden Garnituren sorgen zwei Schattenbahnhöfe an deren Enden.

Wie von einem Vorbild in alpiner Umgebung erwartbar, ist auch im Modell die Überwindung beachtlicher Höhenunterschiede gefordert. Dies reicht bis zu überkopfhoch installierten Gleistrassen. Im Verlauf solcher Rampenstrecken erblickt man auch in Natura die Züge häufig weit über den Köpfen. Hier wird aus dem Umstand sogar Kapital geschlagen, indem das Durchschreiten des Gangbereichs unterhalb einer Überbrückung problemfrei möglich ist. Für den erforderlichen Gewinn an Höhe sorgt eine recht stattliche mehrfache Gleiswendel. Der verdeckte Abschnitt steht stellvertretend für die Tauerntunnel-Passage. Die wechselweisen Gleisverbindungen dort ermöglichen noch Veränderungen in der Zugfolge. Das erfordert zwar eine auf geeignete Weise angepasste Sensorik und Steuerung, könnte aber eine inte-

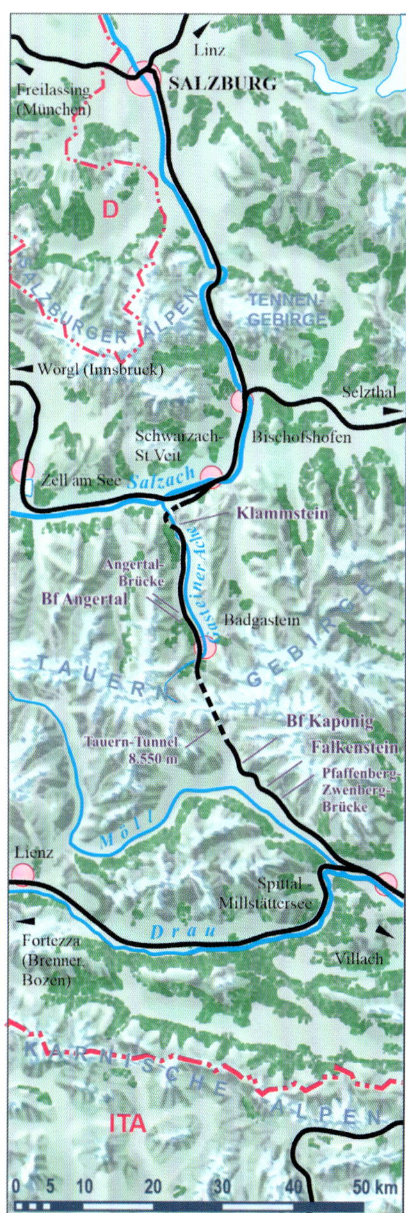


Karte der Tauernbahn Spittal–Millstätter See – Schwarzach/St. Veit (Österreich)

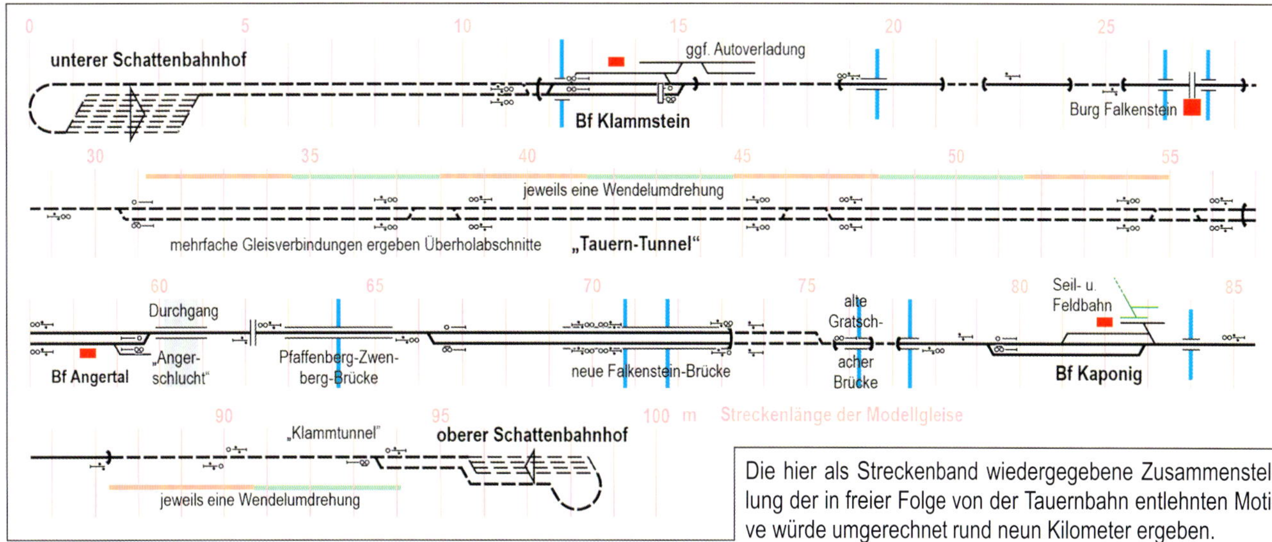


Die hier als Streckenband wiedergegebene Zusammenstellung der in freier Folge von der Tauernbahn entlehnten Motive würde umgerechnet rund neun Kilometer ergeben.

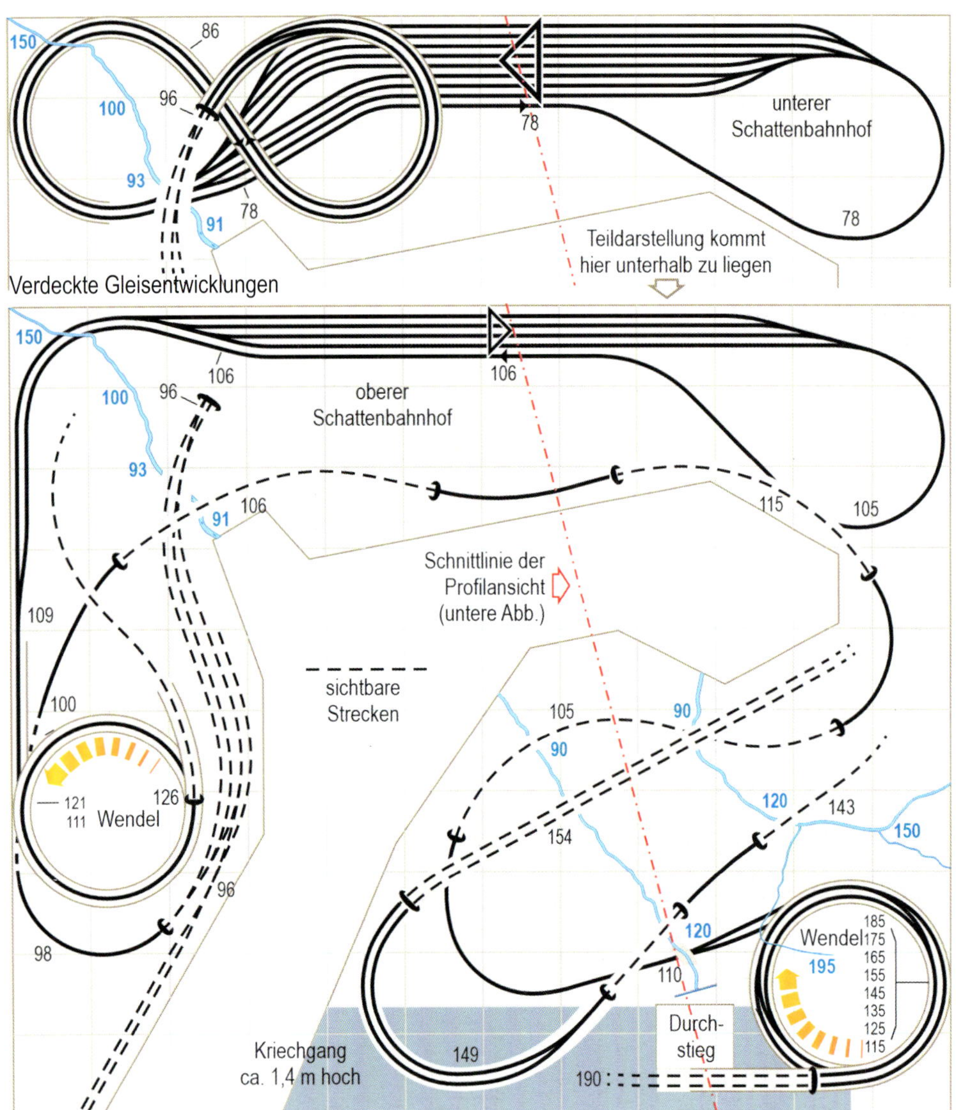


Querschnitt durch die Anlage

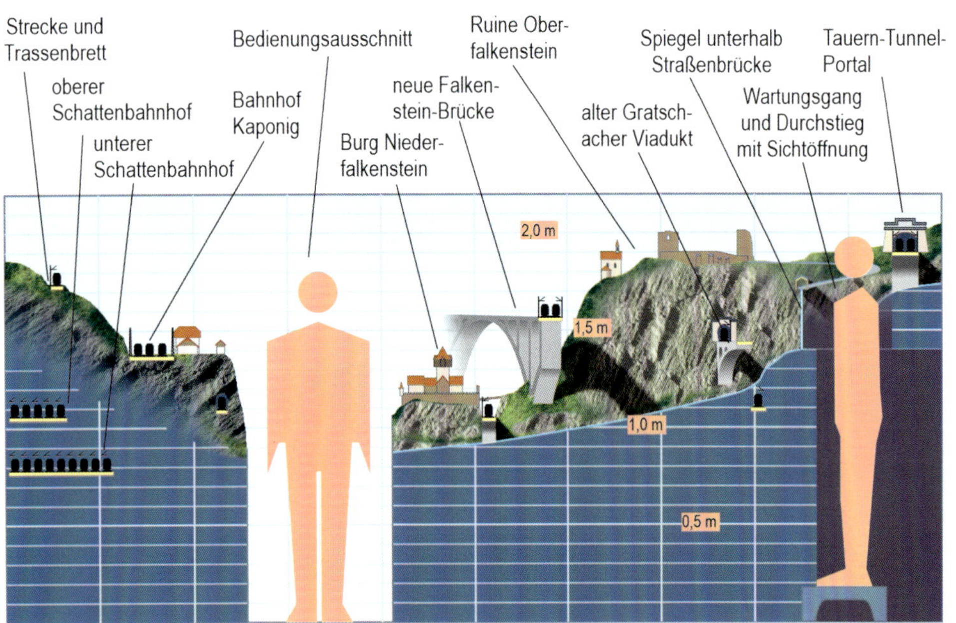

oben: Szenischer Anlagenplan mit Motiven der österreichischen „Tauernbahn“ für H0. Grundfläche 6,0 x 5, 0 m. Höhenangaben in cm über Fußboden.

Rmin sichtbar 90cm, verdeckt 54,3 cm. Steigung maximal 3,0 % (Vorbild 2,9 %!)

Die Höhenangaben in den Plänen geben diesmal den Abstand zum Fußboden an.

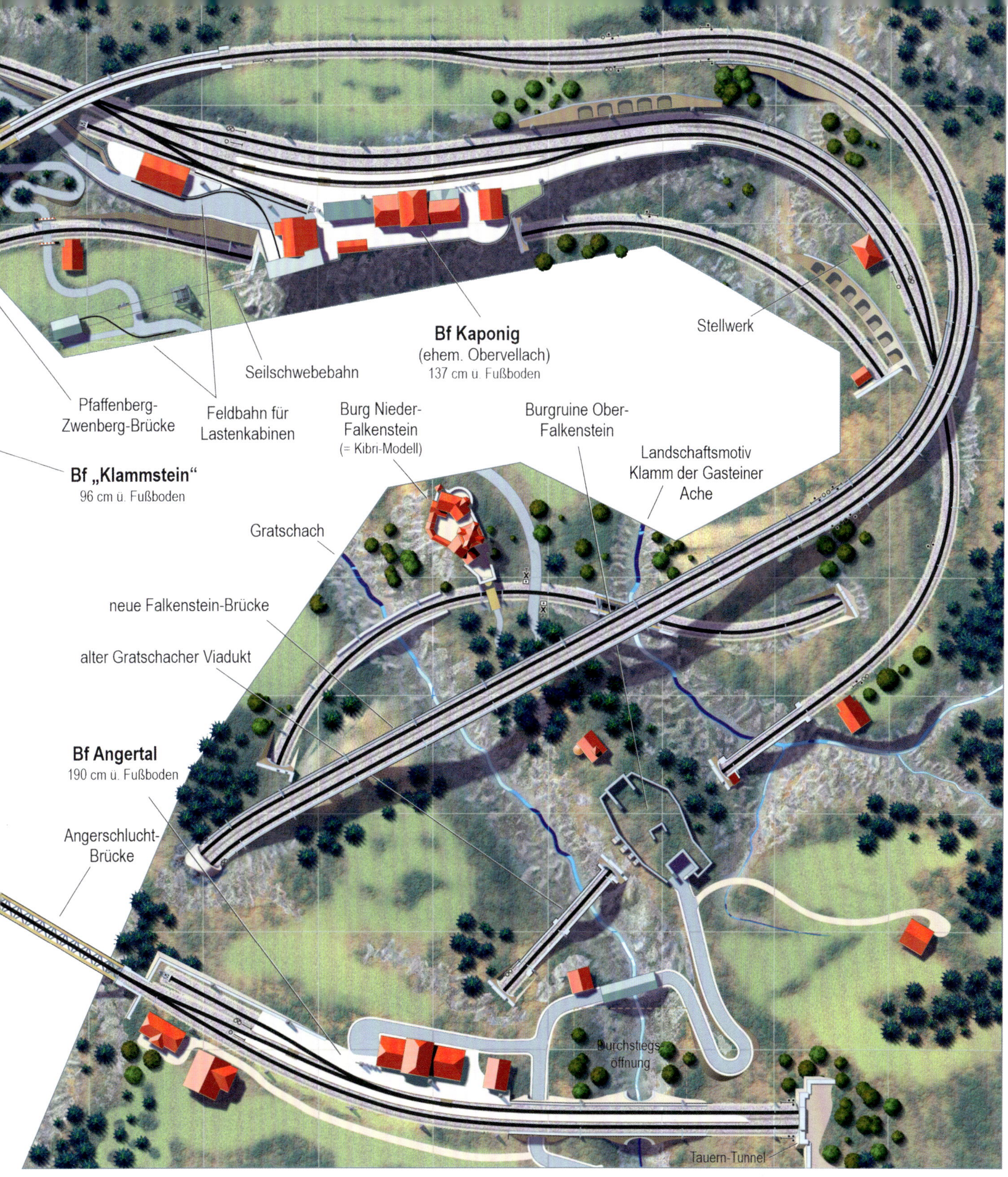


ressante Bereicherung der Fahrdienstleiter-Aufgaben darstellen.

Bei diesem Entwurf stehen Strecken und ihre landschaftliche Umgebung im Vordergrund. Die Gleisentwicklungen in den Stationen treten demgegenüber zurück, sind aber weitgehend vollständig erfasst. Lediglich die hier „Klammstein" genannte Station wurde freizügig gestaltet; sie lehnt sich mit dem Namen an eine ähnlich nahe einer Felswand angetroffenen Haltestelle an. Im Vorschlag wurde auch eine Auto-Verladestelle hierher verpflanzt. Die anderen auf der Anlage vertretenen Stationen zeigen sich relativ nah an ihren seinerzeitigen Vorbildern nachgebildet. Die Betriebsgebäude der Station „Kaponig" zum Beispiel lagern wie ein Schwalbennest über einem steil abfallenden Hang. Die Verbindung zum tief im Tal gelegenen Ort wird durch eine Seilschwebebahn hergestellt. Als Besonderheit weist diese nur eine Personenkabine auf, in Gegenrichtung bewegt sich eine Vorrichtung, an der verschiedentliche Loren aufgehängt werden können. Sowohl in Tal- als auch Bergstation werden diese dann auf Feldbahngleise gesetzt und dort zum weiteren Umladen weitergeschoben.

Von hier aus gleitet der Blick über den Bahnhof Kaponig. Auch in natura schwebte dieser wie ein Schwalbennest auf einem Felsabhang über dem Tal. Zum tiefer gelegen Ort Obervellach bestand eine Verbindung per Schwebe-Seilbahn. An der entgegengesetzten Kante des Gangs erblickt man sofort die jedem Modellbahner wohlbekannte Burg Nieder-Falkenstein in ihrer vorbildgegebenen Position. Gleich dahinter erhebt sich der Felssporn mit der Ruine Ober-Falkenstein.

Die Gleise im hier unmittelbar links angeordneten Bahnhof Angertal und auf dem anschließend den Durchgang überbrückenden Angerschlucht-Viadukt kommen überkopfhoch zu liegen. Auch den über die Pfaffenberg-Zwenberg-Stahlträgerbrücke fahrenden Güterzug, geführt von der ÖBB-Reihe 1020, würde man noch in dramatischer Untersicht erblicken. Auf der den linken Anlagenteil fast gänzlich überspannenden Beton-Bogenbrücke (der neuen Falkenberg-Trasse nachempfunden) begegnen die Züge dem Betrachter dann bereits auf Augenhöhe.

# Friedrichshafen Hafen

Hier als Ausschnitt der raumfüllenden Anlage wird der engere Bereich des Hafenbahnhofs gezeigt. Im Hintergrund die angrenzende Stadtbebauung, vorne der Anleger des Bodensee-Trajekts.

Der Friedrichshafener „Hafenbahnhof“ bietet sich als eindrucksvoll abgerundete Szenerie dar, die zur Umsetzung ins Modell nicht gleich ausufernde Flächenmaße fordert. Dabei bietet die unmittelbare Nachbarschaft von Bahn und Schiffsverkehr eine attraktive Vorlage für die Nachgestaltung.

Für das Modell wurden ein paar Modifikationen getroffen, damit sich der Betrieb etwas weniger gedrängt und auch sicherer als beim Vorbild entfalten kann. Das lässt sich beim Vergleich zwischen dem realen Stadtplan mit der Lage der Modellgleise leicht nachvollziehen: So wurde der Anschluss zu den Fähren- und Werftgleisen getrennt zum Verkehr auf dem höhergelegenen Bahnsteigteil geführt. Das vermeidet eine Anlage rangierträchtiger Bezirke im Gefälle, was für den Betrieb im Modell kaum akzeptabel wäre. An den Kopfenden der Bahnsteiggleise sind Gleiswechsel vorgesehen, damit eingefahrene Zugloks gleich hier ihren Verband umfahren können. Beim Vorbild muss zum Richtungswechsel stets erst wieder zum Stadtbahnhof umgesetzt werden. Im Entwurf wurden noch mehrere der nahebei vorbei laufenden Gleise, samt einer Drehscheibe, einbezogen. Damit lässt sich dann noch zusätzlich einiges an

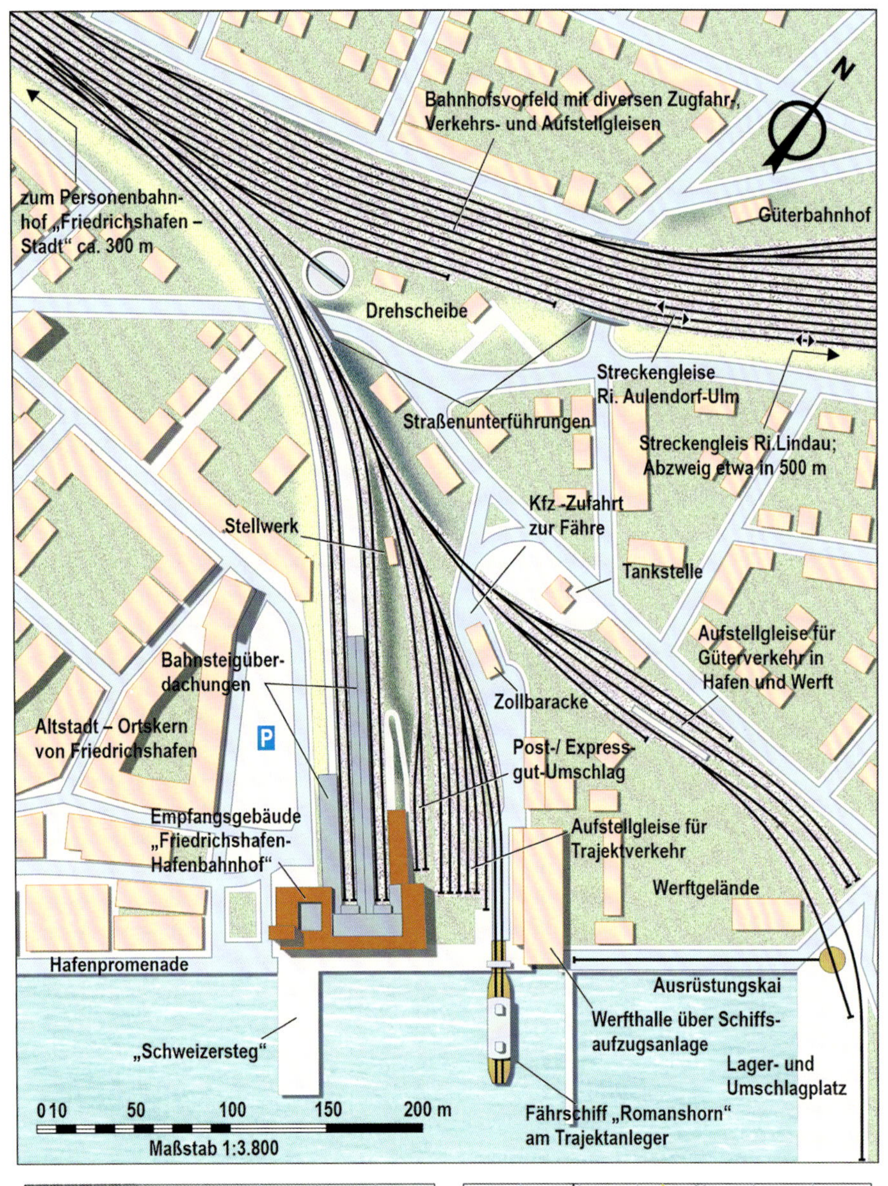


Die Bahnen der Bodenseeregion und ihre Entstehungsdaten

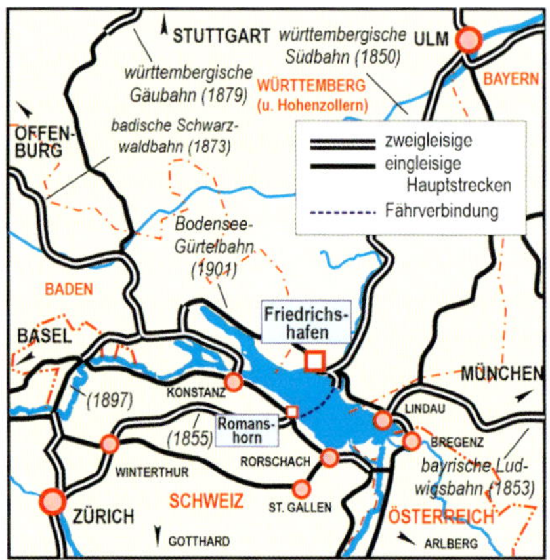


links: Ausschnitt aus dem Stadtplan Friedrichshafen mit Bereichen des Hafenbahnhofs und Werft-Anschluss.

Streckenfahrten, Wagen-Abstellung, Güterverkehr und Lok-Vorbereitung inszenieren.

Bis ins Jahr 1976 spielte der Übergang im Trajektverkehr nach Romanshorn am gegenüberliegenden Schweizer Ufer des Bodensees eine Rolle. Es

unten: Die drei wesentlichen Anlagenebenen mit sichtbaren und verdeckten Gleisverläufen. Höhenangaben in cm über tiefstem Abstellniveau.
Rmin 48 cm, Steigung max 1:40 (2,5 %).

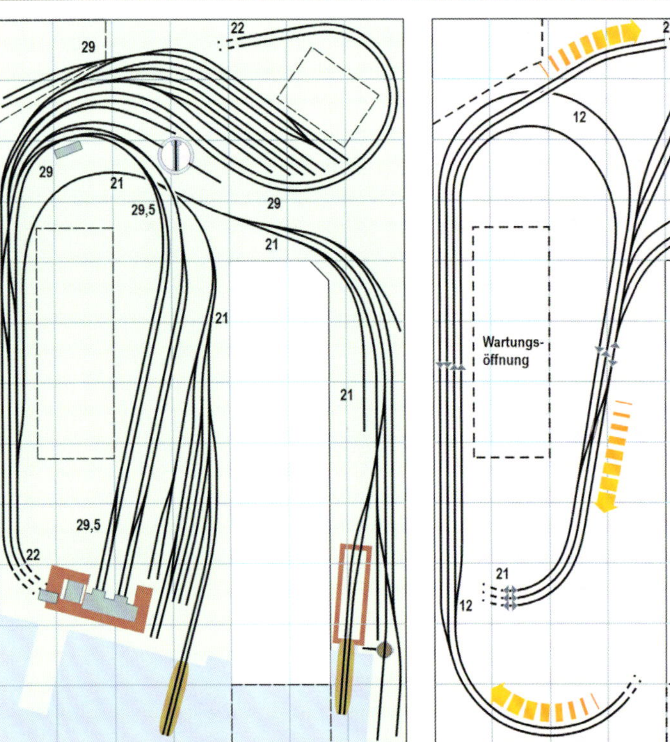


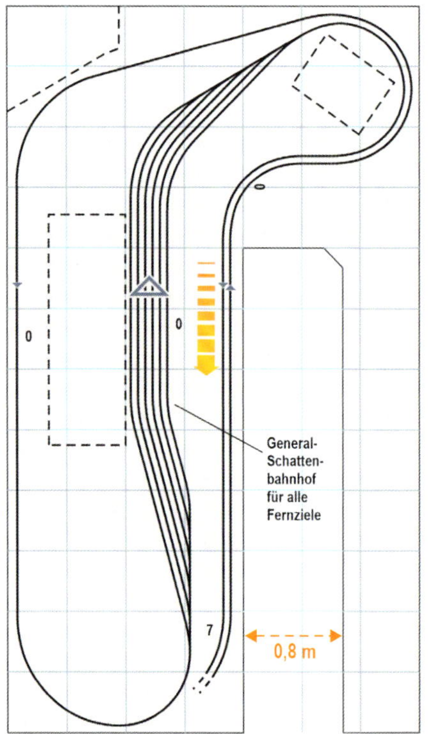

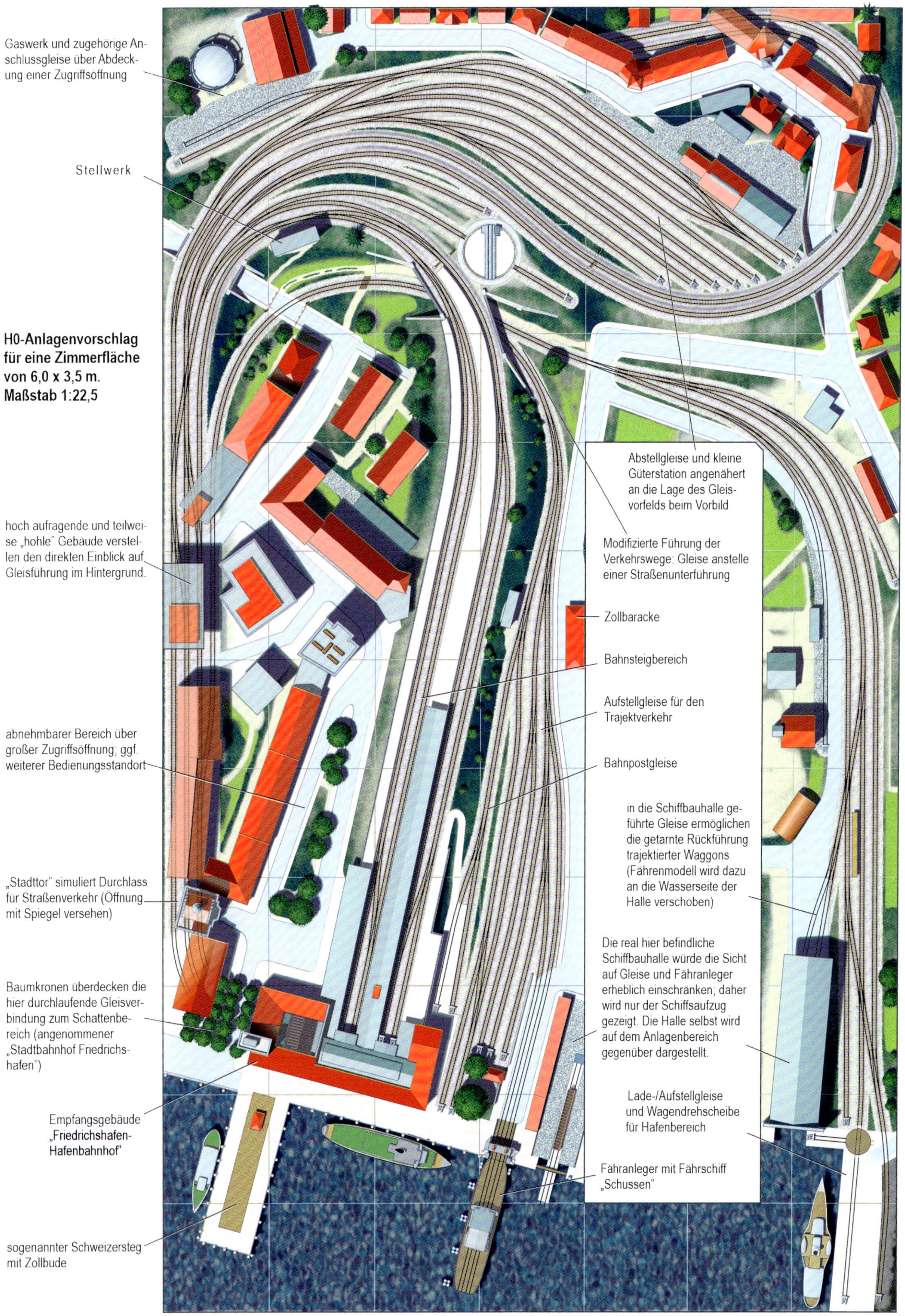

**H0-Anlagenvorschlag für eine Zimmerfläche von 6,0 x 3,5 m. Maßstab 1:22,5**

Gaswerk und zugehörige Anschlussgleise über Abdeckung einer Zugriffsöffnung

Stellwerk

hoch aufragende und teilweise „hohle" Gebäude verstellen den direkten Einblick auf Gleisführung im Hintergrund.

abnehmbarer Bereich über großer Zugriffsöffnung; ggf. weiterer Bedienungsstandort

„Stadttor" simuliert Durchlass für Straßenverkehr (Öffnung mit Spiegel versehen)

Baumkronen überdecken die hier durchlaufende Gleisverbindung zum Schattenbereich (angenommener „Stadtbahnhof Friedrichshafen")

Empfangsgebäude „Friedrichshafen-Hafenbahnhof"

sogenannter Schweizersteg mit Zollbude

Abstellgleise und kleine Güterstation angenähert an die Lage des Gleisvorfelds beim Vorbild

Modifizierte Führung der Verkehrswege: Gleise anstelle einer Straßenunterführung

Zollbaracke

Bahnsteigbereich

Aufstellgleise für den Trajektverkehr

Bahnpostgleise

in die Schiffbauhalle geführte Gleise ermöglichen die getarnte Rückführung trajektierter Waggons (Fährenmodell wird dazu an die Wasserseite der Halle verschoben)

Die real hier befindliche Schiffbauhalle würde die Sicht auf Gleise und Fähranleger erheblich einschränken; daher wird nur der Schiffsaufzug gezeigt. Die Halle selbst wird auf dem Anlagenbereich gegenüber dargestellt.

Lade-/Aufstellgleise und Wagendrehscheibe für Hafenbereich

Fähranleger mit Fährschiff „Schussen"

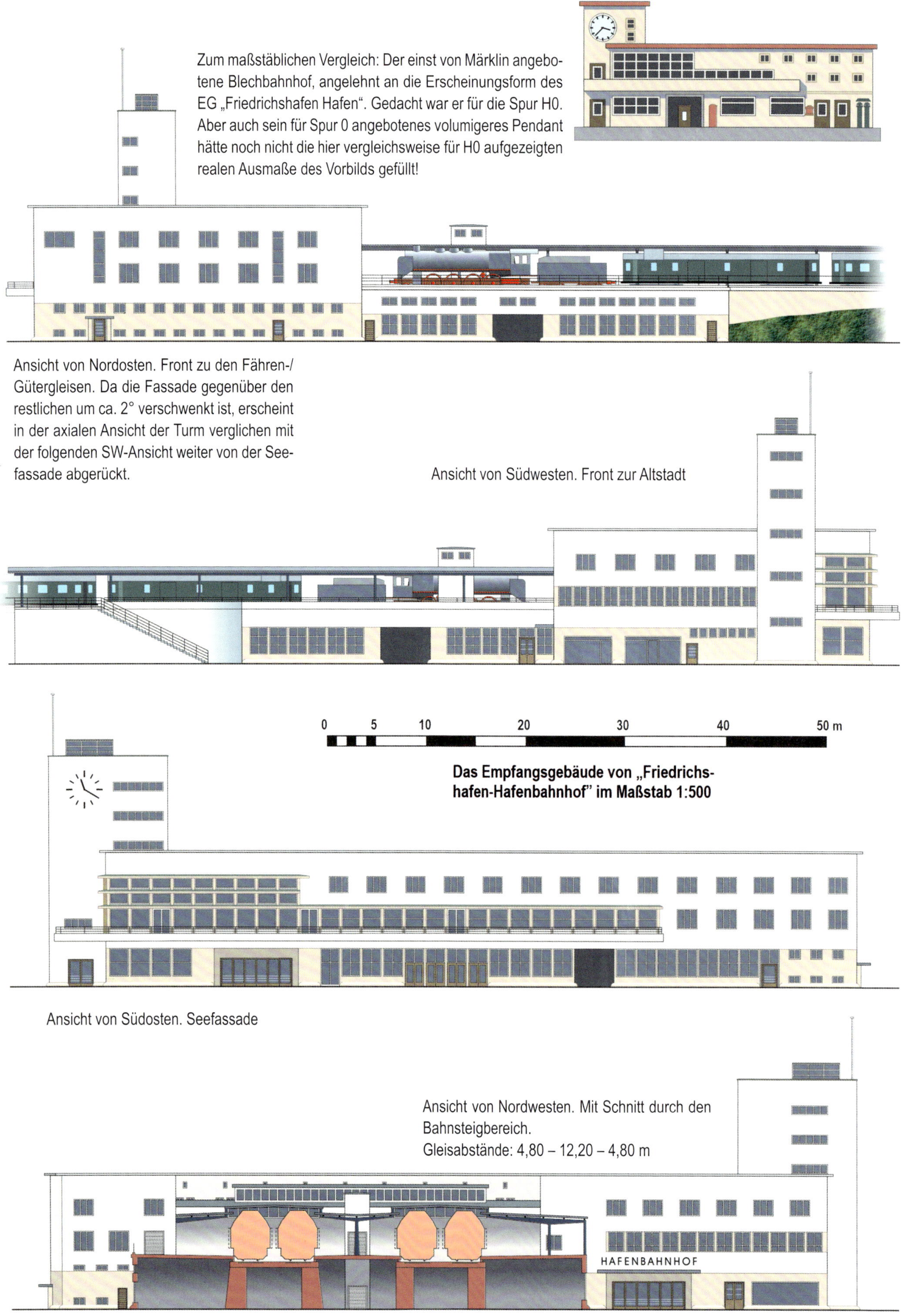


Zum maßstäblichen Vergleich: Der einst von Märklin angebotene Blechbahnhof, angelehnt an die Erscheinungsform des EG „Friedrichshafen Hafen“. Gedacht war er für die Spur H0. Aber auch sein für Spur 0 angebotenes volumigeres Pendant hätte noch nicht die hier vergleichsweise für H0 aufgezeigten realen Ausmaße des Vorbilds gefüllt!

Ansicht von Nordosten. Front zu den Fähren-/Gütergleisen. Da die Fassade gegenüber den restlichen um ca. 2° verschwenkt ist, erscheint in der axialen Ansicht der Turm verglichen mit der folgenden SW-Ansicht weiter von der Seefassade abgerückt.

Ansicht von Südwesten. Front zur Altstadt

**Das Empfangsgebäude von „Friedrichshafen-Hafenbahnhof“ im Maßstab 1:500**

Ansicht von Südosten. Seefassade

Ansicht von Nordwesten. Mit Schnitt durch den Bahnsteigbereich.
Gleisabstände: 4,80 – 12,20 – 4,80 m

reizt natürlich allemal, die entsprechenden Schiffe und Einrichtungen mit in die Modellszene einzubeziehen. Ebenfalls außerhalb des Gewöhnlichen bietet sich die benachbart gelegene Werft mit ihrer beachtlich großen Schiffbauhalle samt Schiffsaufzug auf Schienen dar.

Das Bemerkenswerteste stellt aber das Empfangsgebäude des Friedrichshafener Hafenbahnhofs dar. Es zeichnet sich durch eine für den Entstehungszeitraum äußerst moderne Erscheinungsform aus. Mit seiner unmittelbaren Lage am Wasser bietet es auch einen recht eindrucksvollen Anblick. Heute allerdings erfüllt es nicht mehr seinen ursprünglichen Zweck, sondern dient nunmehr dem attraktiven Zeppelin-Museum als Domizil. Alle Bahn-Aktivitäten wurden mittlerweile auf den einzig noch verbliebenen Zentral-Bahnsteig zurückgeschnitten.

Früher zeichnete sich die Region jedoch durch eine äußerst anregende Bahnvielfalt aus. Vor dem Ersten Weltkrieg waren schließlich gleich fünf Staaten, die eigene Staatsbahnen unterhielten, Anrainer des Bodensees. Auch nach der Zusammenlegung im Reichsbahn-Netz blieb doch noch etliche Zeit lang die frühere Länderbahn-Zugehörigkeit prägend für die Aktivitäten auf den Schienenabschnitten entlang der Ufer. In der Entwicklung des übergeordneten Streckenkonzepts wird jenen Verkehrsbeziehungen allerdings nur beschränkt Rechnung getragen. Als gemeinsames Anlaufziel für alle ausgehenden Züge des Fernverkehrs muss eine etwas größere Durchfahr-Schattengleis-Harfe ausreichen. Eine seitlich zugänglich belassene Stumpf-Abstellgleis-Harfe soll hingegen der Neu- und Umbildung von hauptsächlich auf Kurzstrecke und im innerörtlichen Verkehr verwendeten Verbänden dienen.

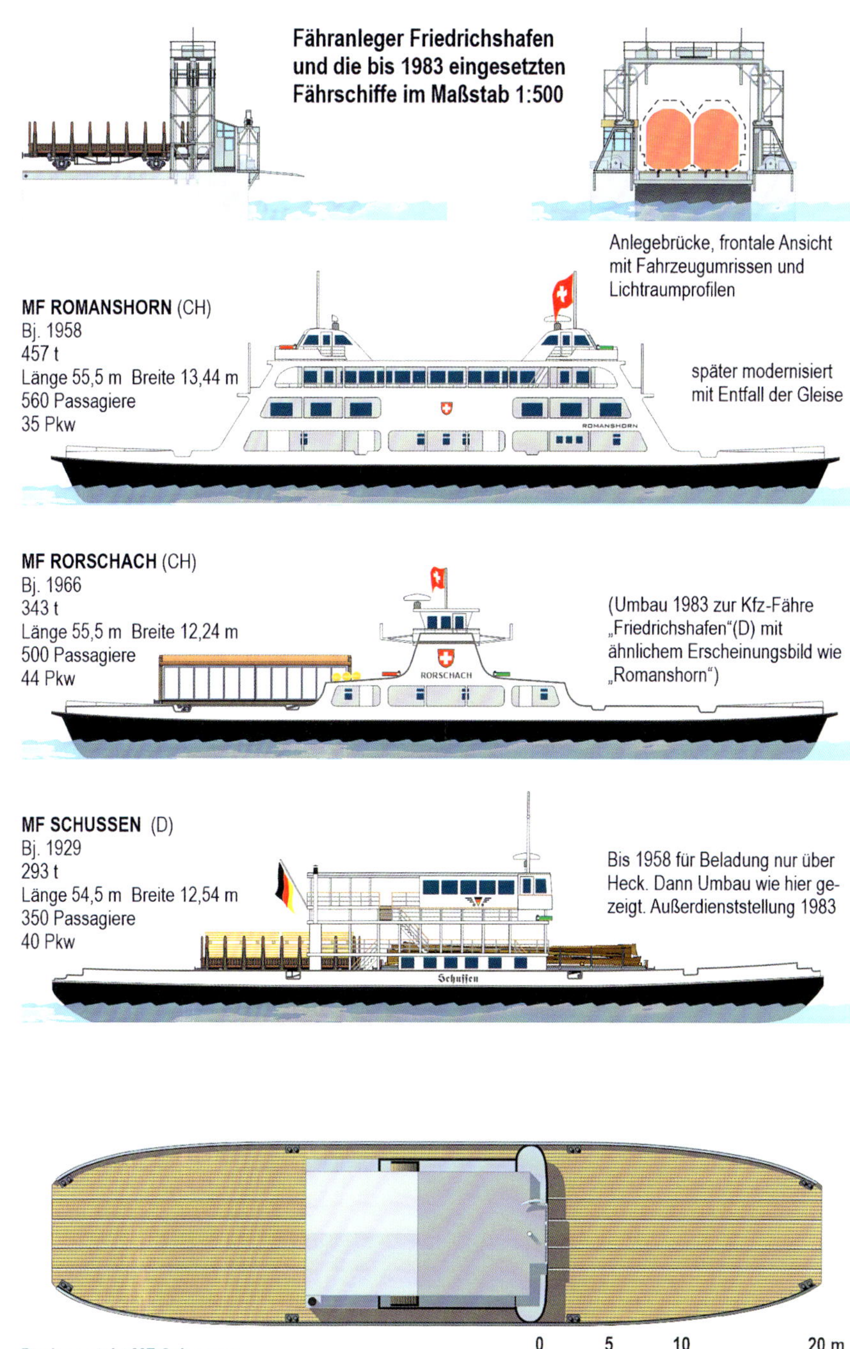


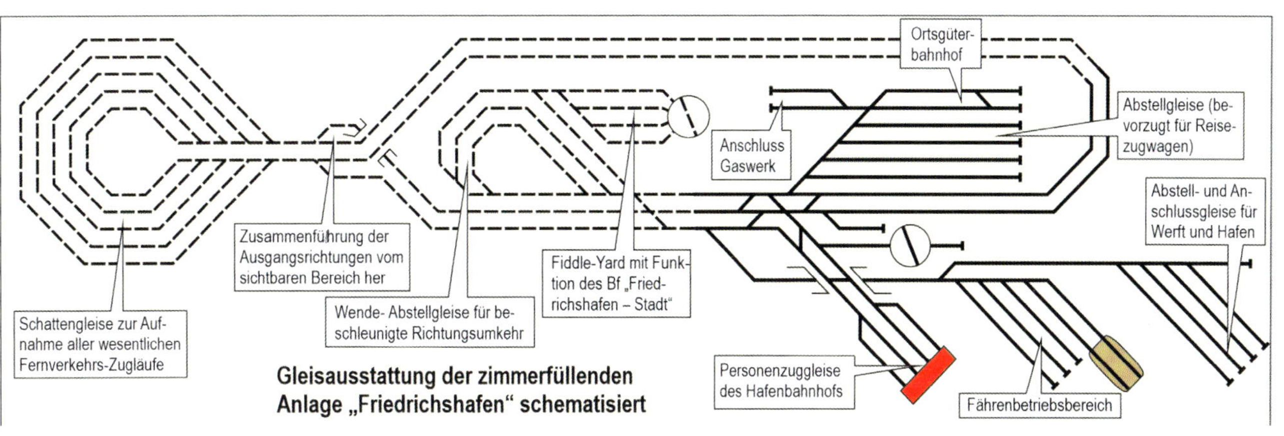

Gleisausstattung der zimmerfüllenden Anlage „Friedrichshafen" schematisiert

# Zell–Todtnau H0/H0m

Das hier vorgestellte Anlagen-Projekt widmet sich einer Konstellation von Bahnen im südlichen Bereich des Schwarzwalds. Dort führt eine normalspurige Stichstrecke entlang dem Flüsschen Wiese hinauf zum Ort Zell. Bemerkenswerterweise ist diese bereits zu Zeiten ihrer Zugehörigkeit zu den Bahnen des Großherzogtums Baden mit Oberleitung ausgestattet worden. Aufgrund der etwas abseitigen Lage kamen hier in der Folgezeit dann aber zumeist bereits eher betagte Elektro-Triebfahrzeuge zum Einsatz.

Die normalspurige Wiesentalbahn begann im Badischen Bahnhof von Basel und führte über Lörrach und Schopfheim bis Zell, das 1876 erreicht wurde.

Da die an sich verkehrgünstig gelegene Hochrheinstrecke auch über schweizerisches Gebiet führte, wurden Wiesen- und Wehratalbahn mitsamt einer Kurve zwischen Weil und Lörrach zu einer Umgehung ausgebaut. Dafür waren im Wesentlichen militärstrategische Überlegungen ausschlaggebend. Der dazu angelegte Fahrnauer Tunnel begünstigte das frühe Elektrifizierungsvorhaben von 1913.

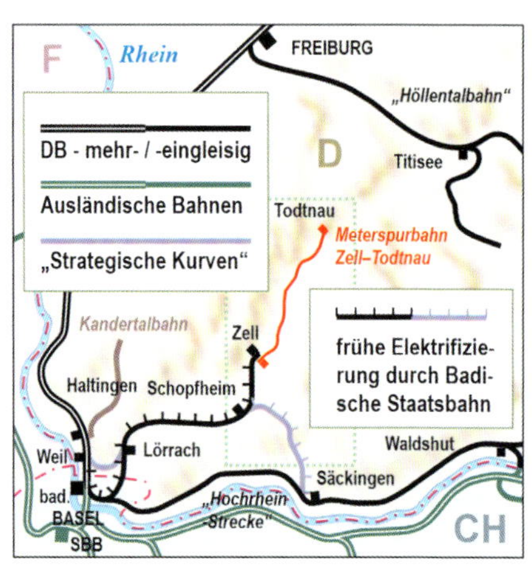


Von Zell aus führte sodann eine meterspurige Privatbahn-Strecke weiter talaufwärts zum endgültigen Endpunkt im Ort Todtnau. Der durchfahrene Wirtschaftsraum zeigte sich unter anderem geprägt von einer Reihe Textilbetriebe, die für ein ausreichendes Verkehrsaufkommen sorgten.

Die Anlagenfigur formt sich aus entlang den Wänden umlaufenden Szenen und einer in die Raummitte ragenden Zunge. Auch in den Schattenbereichen sollte mit großzügigen Bogenradien operiert werden. Danach hätte sich das Einfügen von Kehrschleifen recht problematisch dargestellt, wie sie sonst für die verdeckte Fahrtrichtungsumkehr üblich sind. Aber auf der Regelspur ist schließlich nur ein verhaltener Nebenstrecken-Betrieb vorgesehen; da sollte die aufgezeigte Wendemethode mit einer geschobenen Fahrt über ein Gleisdreieck sicher vertretbar sein.

In Zell fand eine meterspurige Bahn Anschluss, durch die weiter aufwärts im Wiesental gelegene Orte angebunden wurden. Endpunkt war Todtnau. Weitere Vorhaben, wie eine mögliche Verlängerung bis zur Höllentalbahn bei Titisee, blieben angesichts der vorgegebenen Topografie verständlicherweise bloße Utopie. Die Schmalspurbahn Zell–Todtnau war zuletzt eingegliedert in die Mittelbadische Eisenbahn Gesellschaft, Lahr (MEG). Sie verkehrte von 1889 bis 1967.

Auf der Normalspur wurde der Verkehr durch den Fahrnauer Tunnel 1971 eingestellt. Dieser war immerhin mit Profil für zwei Gleise ausgebrochen worden und stellte den drittlängsten Tunnel für deutsche Vollbahnen bis zum Bau der Neubaustrecken in den 1980er-Jahren dar. Die restliche „Wehratalbahn" bis Säckingen wurde um 1990 stillgelegt. Dafür wurde die Hochrheinstrecke Basel-Waldshut weitgehend zweigleisig ausgebaut.

Die Bahnhofsanlagen in Zell sind heutigentags bis auf ein einziges Stumpfgleis zurückgebaut. Das Empfangsgebäude ist geschlossen.

Bei den auf diesem Projekt ausgeführten Modell-Stationen wird sich eng an die tatsächlichen Dimensionen beim Vorbild gehalten. Es kommen dabei beinahe ausschließlich Weichen mit vorbildentsprechend schlanken Winkelgraden zur Anwendung. Die sichtbaren Strecken zeigen sich ebenfalls bereits mit nah am Vorbild orientierten Bogenradien. In der Folge hiervon konnten die Raumansprüche natürlich nicht mehr gerade kleinlich ausfallen. Doch sollte zur Unterbringung noch ein Kellerraum genügen, wie er einmal als Planungsvorgabe für einen seinerzeit viel beachteten Gleisplan-Wettbwerb der Zeitschrift MIBA gegeben war.

Bei solcher Grundlage könnte sich ein Modellbetrieb bestimmt auch unter höher angesetzten Ansprüchen durchführen lassen. Gedacht werden kann an mit an feinere Normen angepasste Antriebe, Radsätze und Kupplungen, die auf Anlagen „mit gängigen Parametern" wohl nur zu Verdruss führen würden.

# Die auf der Anlage vertretenen Empfangsgebäude

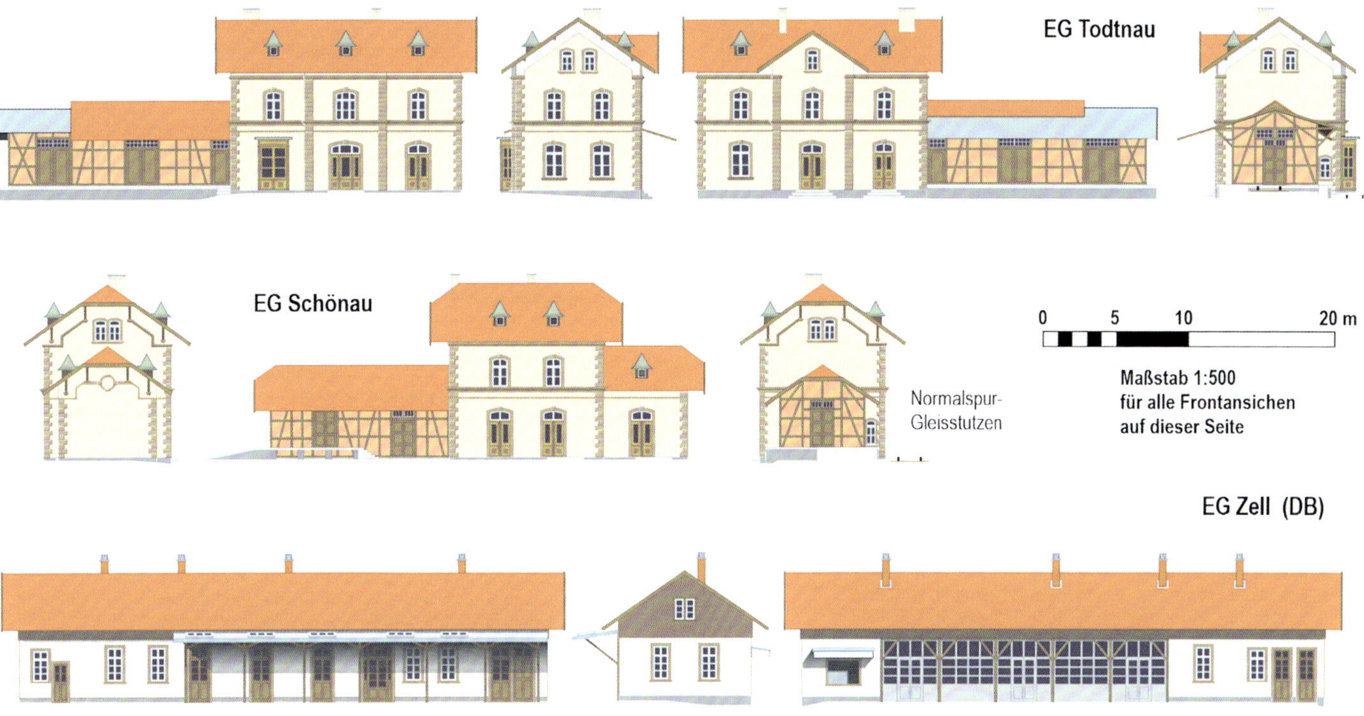


Bereits der hier vorgesehene Rollwagen-Verkehr auf der Schmalspur wäre ein wohl nicht jedermann ansprechendes Merkmal; als Schmankerl ist hier die Schiebebühne zur Wagenüberstellung zu nennen. Auch für die Herrichtung der Oberleitung wäre einige Eigeninitiative gefordert, da für ein zeitgemäßes Erscheinungsbild in Länderbahn-Bauart kaum etwas an Serienmaterial erhältlich ist. Nicht gar so schwer müsste man sich mit der Herrichtung der baulichen Umgebung tun, hier könnte mitunter eine überlegte Auswahl an handelsseitig angebotenen Bausätzen für eine hinreichend befriedigende Wirkung sorgen. Doch braucht das niemanden abzuhalten, dabei mit eigenen Bauleistungen nah am Vorbild gehaltene Akzente zu setzen. Hier werden als erste Anregung Aufrissskizzen für eine Reihe entsprechender Bauten aufgezeichnet.

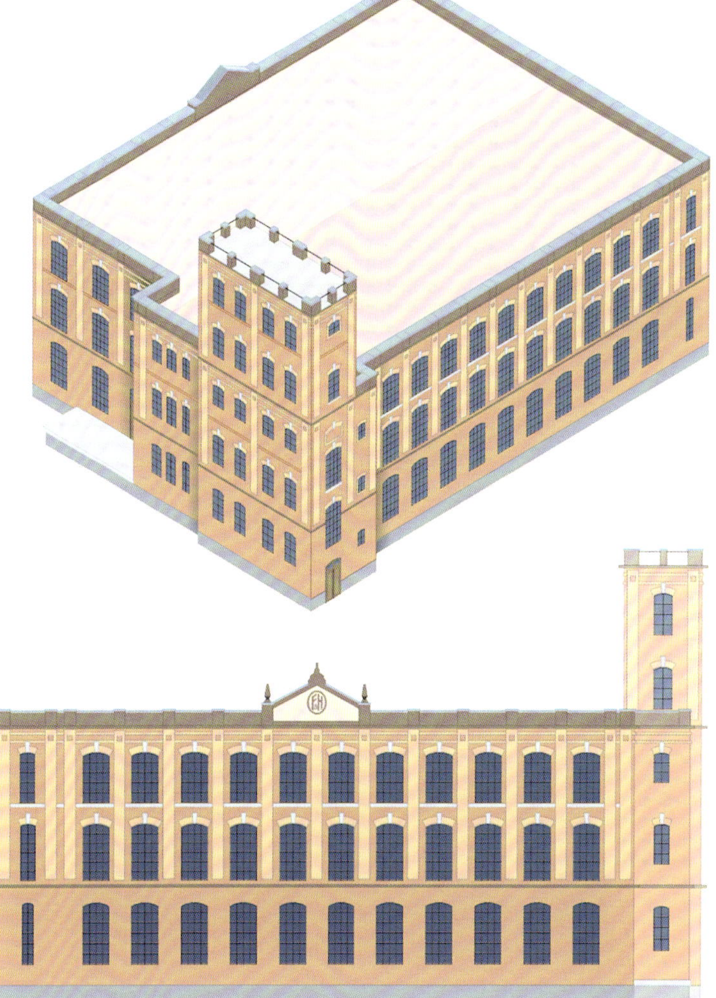

Ehemalige Baumwollspinnerei Zell: Dieses Gebäude dominiert die Szenerie vom Bahnhof Zell, konnte aber im speziellen Anlagenentwurf nicht eingefügt werden. Für andersartige Planungsvorhaben werden diese Skizzierungen sicherlich dennoch willkommen sein.

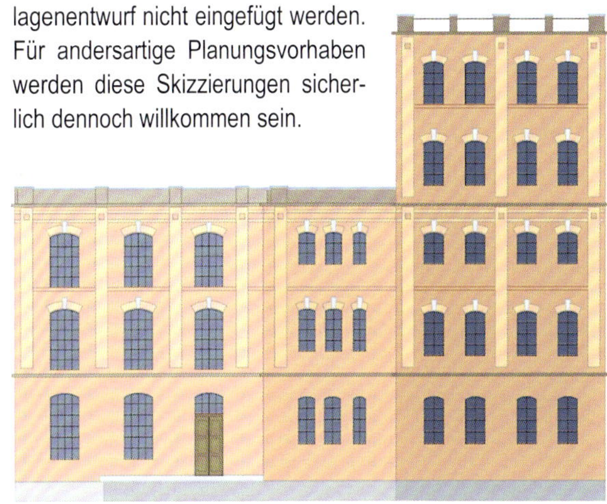

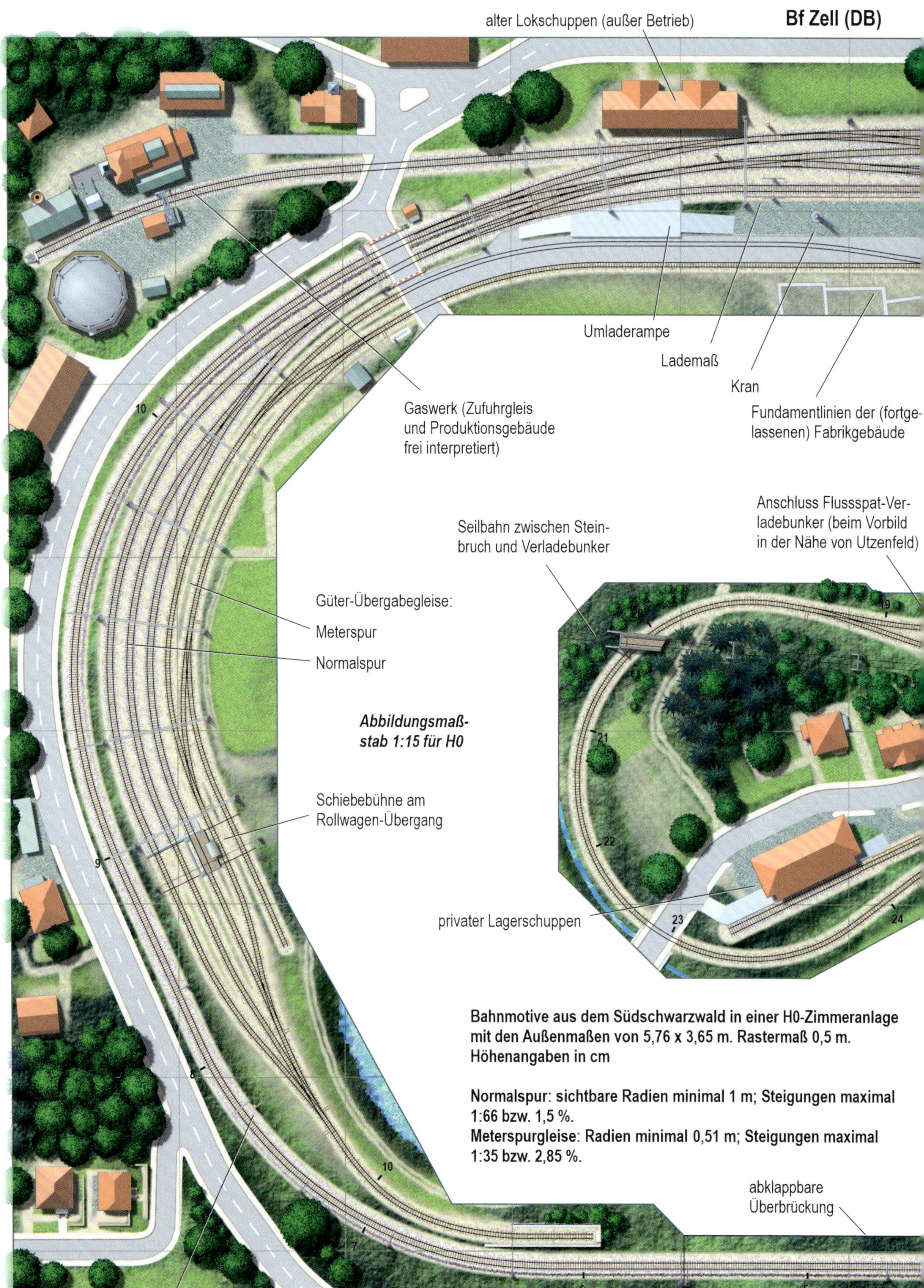


**Bahnmotive aus dem Südschwarzwald in einer H0-Zimmeranlage mit den Außenmaßen von 5,76 x 3,65 m. Rastermaß 0,5 m. Höhenangaben in cm**

**Normalspur: sichtbare Radien minimal 1 m; Steigungen maximal 1:66 bzw. 1,5 %.**
**Meterspurgleise: Radien minimal 0,51 m; Steigungen maximal 1:35 bzw. 2,85 %.**

Bediensteten-Wohnhaus
Abort
Empfangsgebäude (DB)
Stückgutschuppen
Bahnsteig
Kopframpe
Ladestraße
Gleiswaage
Zell (MEG)
Fundamentlinie des Hauptgebäudes der Baumwollspinnerei
für eventuelle andersartige Projekte wird auch die hier in den Gangbereich hinein reichende Fortsetzung aufgezeigt
Zusteigestelle im Trottoir
privater Lagerschuppen
„die Wiese“
Stauwehr und Fabrikenkanal
10
„Hepschinger Tunnel“
Trennkulisse oder Spiegel
Hp Kasteler Brücke
18
17
16
25
24
26
Schönau
privater Lagerschuppen
Anschluss Getränkelager
Ladegleis-Stutzen
enge Ortsdurchfahrt ähnlich Schönenbuchen
Textilbetrieb
Empfangsgebäude
Normalspurgleis-Stutzen vor Stückgutschuppen
neuer Lokschuppen
Bekohlungsbühne
Rollwagen-Übergang
Tankstelle für Triebwagen
Bahnsteig
Todtnau
Empfangsgebäude, Stückgutschuppen, Rampe
Kran
Normalspurgleis vor Ladestraße
alter Lokschuppen

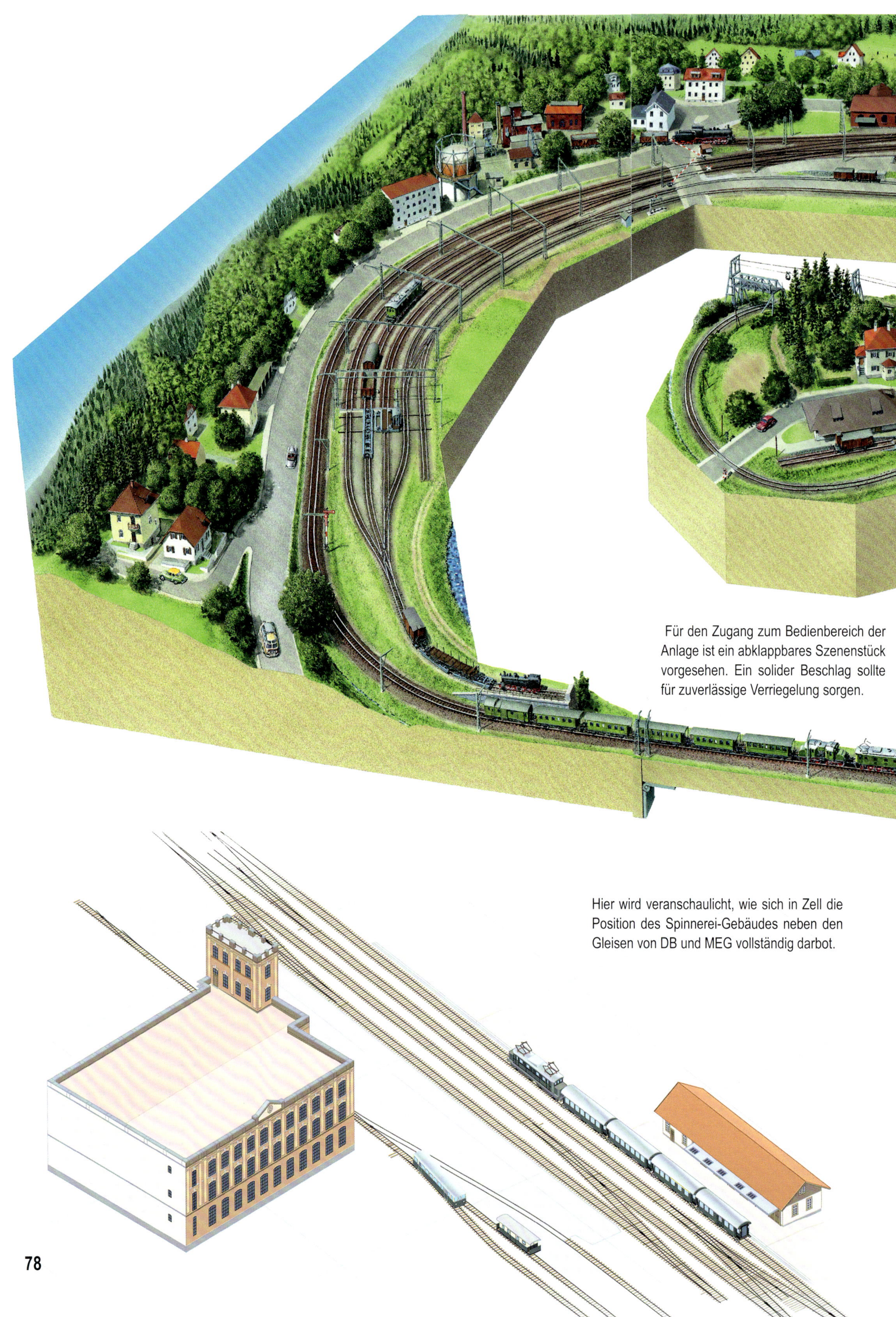

Für den Zugang zum Bedienbereich der Anlage ist ein abklappbares Szenenstück vorgesehen. Ein solider Beschlag sollte für zuverlässige Verriegelung sorgen.

Hier wird veranschaulicht, wie sich in Zell die Position des Spinnerei-Gebäudes neben den Gleisen von DB und MEG vollständig darbot.

oben: Als Kombination aus Rundum- und Zungenanlage präsentiert sich dieser zimmerfüllende H0/H0m-Vorschlag. Den angenommenen Zeitrahmen bilden die späten 1950er-Jahre. Zwar waren die gezeigten Fahrzeuge wohl nicht gleichzeitig hier eingesetzt; sie gelangten aber früher oder später alle einmal auf die Gleise im Wiesental.

rechts: Die verdeckten Gleisanlagen der DB wurden für 15°-Material durchgeplant. Die Abfolge der Zugfahrten wird mit orangenen Pfeilen veranschaulicht.
Ein im Unterdeck zugänglich belassenes „Fiddle-Gleis" dient der Zurechtbildung von Garnituren zur erneuten Ausfahrt.

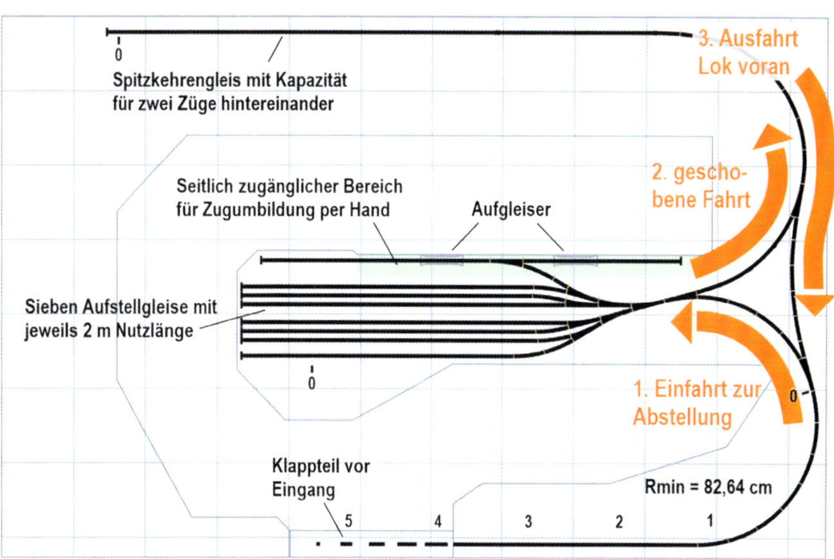

# Müglitztalbahn

Auch das hier aufgezeichnete Projekt wird aufgrund seiner Größe und Komplexität wohl kaum für eine unmittelbare Umsetzung herangezogen werden – aber es könnte gut als Anregung für ein ähnliches Vorhaben dienen.

Ein forderndes und anspruchsvolles Vorhaben ist es, gleich eine gesamte Bahnstrecke ins Modell umsetzen zu wollen. Doch bei der Entwicklung eines Gleis-Imperiums wird selbst in einem großzügig geschnittenen Zimmer immer noch oft unliebsam an Grenzen gestoßen. Einen gewissen Ausweg könnte hier jedoch ein Ausweichen „in die vierte Dimension" bieten: Will heißen, mehrere Abschnitte der Modellszenerie werden übereinander auf verschiedenen Decks gestaffelt angeordnet. Zur Realisierung eines solchen Konzepts ist allerdings Entschlossenheit gefordert.

Ausgewählt wurde die als „Müglitztalbahn" bekannte Strecke Heidenau–Altenberg nahe Dresden. Sie besitzt schon einen gewissen Bekanntheitsgrad aufgrund des hier einst eingesetzten speziellen Fahrzeugmaterials:

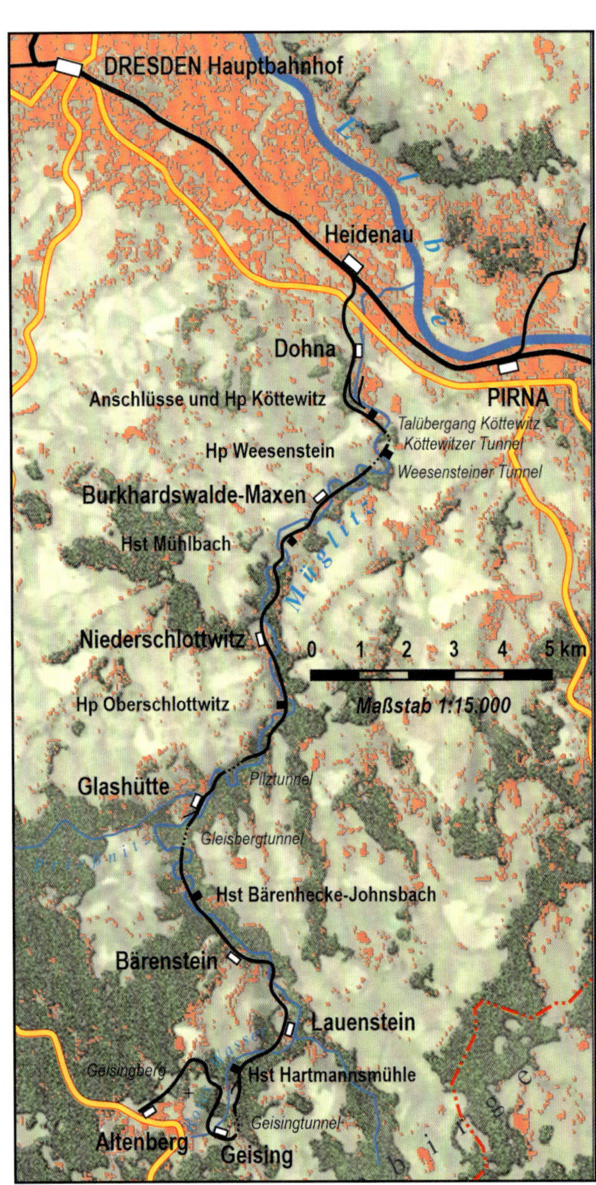


Die Müglitztalbahn Heidenau–Altenberg nahe Dresden ist ursprünglich mit 750-mm-Schmalspurgleis angelegt worden, wurde aber 1938 zur Normalspur umgebaut und teilweise neu trassiert. Schwierige Streckenverhältnisse blieben aber bestehen, so etwa gibt es Bogenradien von lediglich 150 Metern.

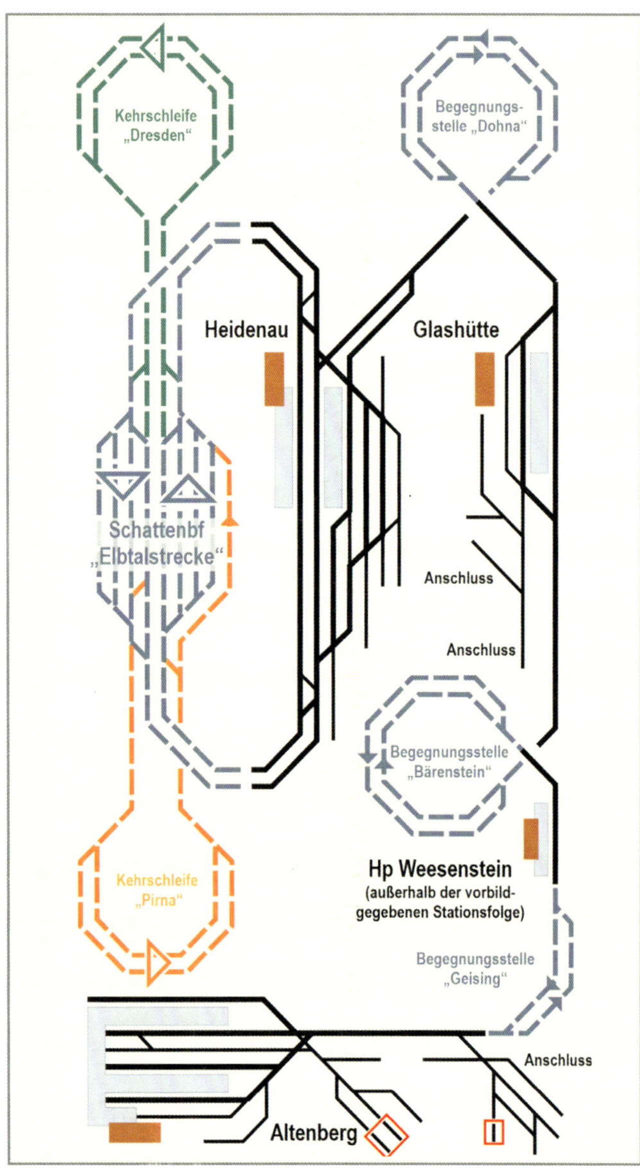


Die Streckenentwicklung der Müglitztal-Mehrdeck-Anlage in schematisierter Übersicht.
Die unterschiedlichen verwendeten Kennfarben finden sich auch in den Plandarstellungen der verdeckten Abschnitte auf den nachfolgenden Seiten wieder.

den sogenannten „Altenberger Wagen", Leichtbau-Mitteleinstieg-Vierachsern, und den 1'E1'-Tenderloks Baureihe 84. Auch im Baustil ihrer Stationsgebäude zeigte sich die Strecke mit einem gewissen eigenständigen Charakter.

Bei der Elbtalstrecke in Heidenau fand die Müglitztalbahn ihren „Anschluss an die Weite Welt". Auf der Anlage wird das durch einen Abschnitt durchlaufender Gleise samt Fiddle- und Aufstell-Kapazitäten repräsentiert. Es wird also auch ein Hauptbahn-Parade-Verkehr geboten. Das Hauptgewicht des Betriebs liegt

oben: Schnittansicht der Anlage in der im Schattenbahnhofsplan vermerkten Blickrichtung. Rasternetz 50 cm

rechts: Diese Sicht aus Richtung Eingang will nur die Höhenentwicklung verdeutlichen. Die tatsächlichen Positionen der Gebäude und die Stellung der Anlagenelemente zueinander gestalten sich ein wenig anders.
Zur Beaufsichtigung der hochgelegenen Szenen empfiehlt sich ein, eventuell verschiebbares, Aufstiegspodest.

unten: Schematisches Blockbild der in mehrere Schauebenen und unteres Schattendeck gegliederten Anlage

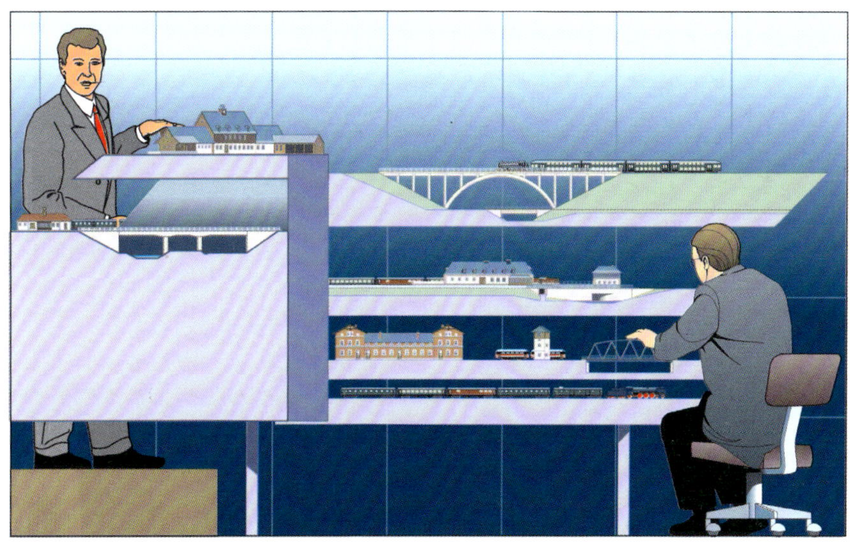

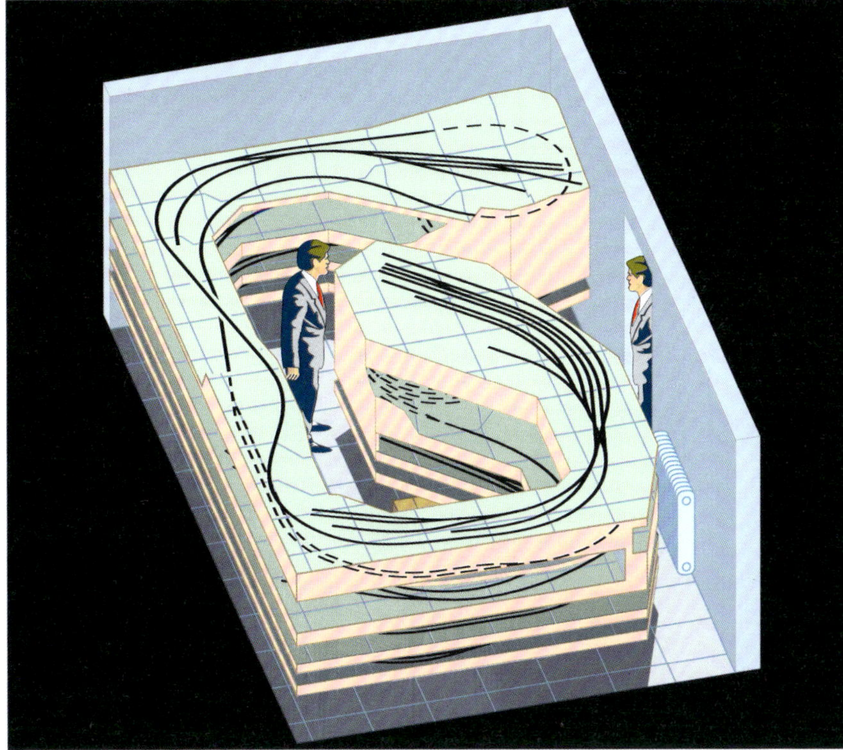

aber eindeutig auf der eingleisigen Strecke, die zum Endpunkt Altenberg „in die Höhe" führt.

Nicht immer wurden die Bahnhöfe und Gelände-Abschnitte in der gleichen Reihenfolge angeordnet, wie sie bei der echten Müglitztalbahn gegeben ist. Doch die Gleisfiguren und auch die bauliche Ausstattung der Stationen halten sich im Modell eng an die Verhältnisse beim Vorbild. Etwas freier interpretiert wurde lediglich die Stein-Verladestelle vom Oberdeck, die dafür aber für etwas mehr an belebendem Güterverkehr sorgt ... Ansonsten überwiegt auf dieser Strecke der Personenverkehr, der insbesondere zur kalten Jahreszeit von den Tourismus-Strömen zum

Wintersport hinauf in die Erzgebirgsregion bestimmt wird.

Obwohl der Modell-Schienenweg über die Szenendecks hinweg mit bereits beachtlicher Länge aufwartet, konnten dort noch nicht alle Stationen, die sich entlang der Vorbildstrecke finden, sichtbar repräsentiert werden. In gewissen Abständen sind hier darum verdeckt eingefügte Begegnungsstellen vorgesehen. Dort können Züge eine vom Eindruck her erwünschte längere Fahrtdauer „aussitzen" und auch könnte die Zugfolge insgesamt sich etwas flexibler gestalten lassen.

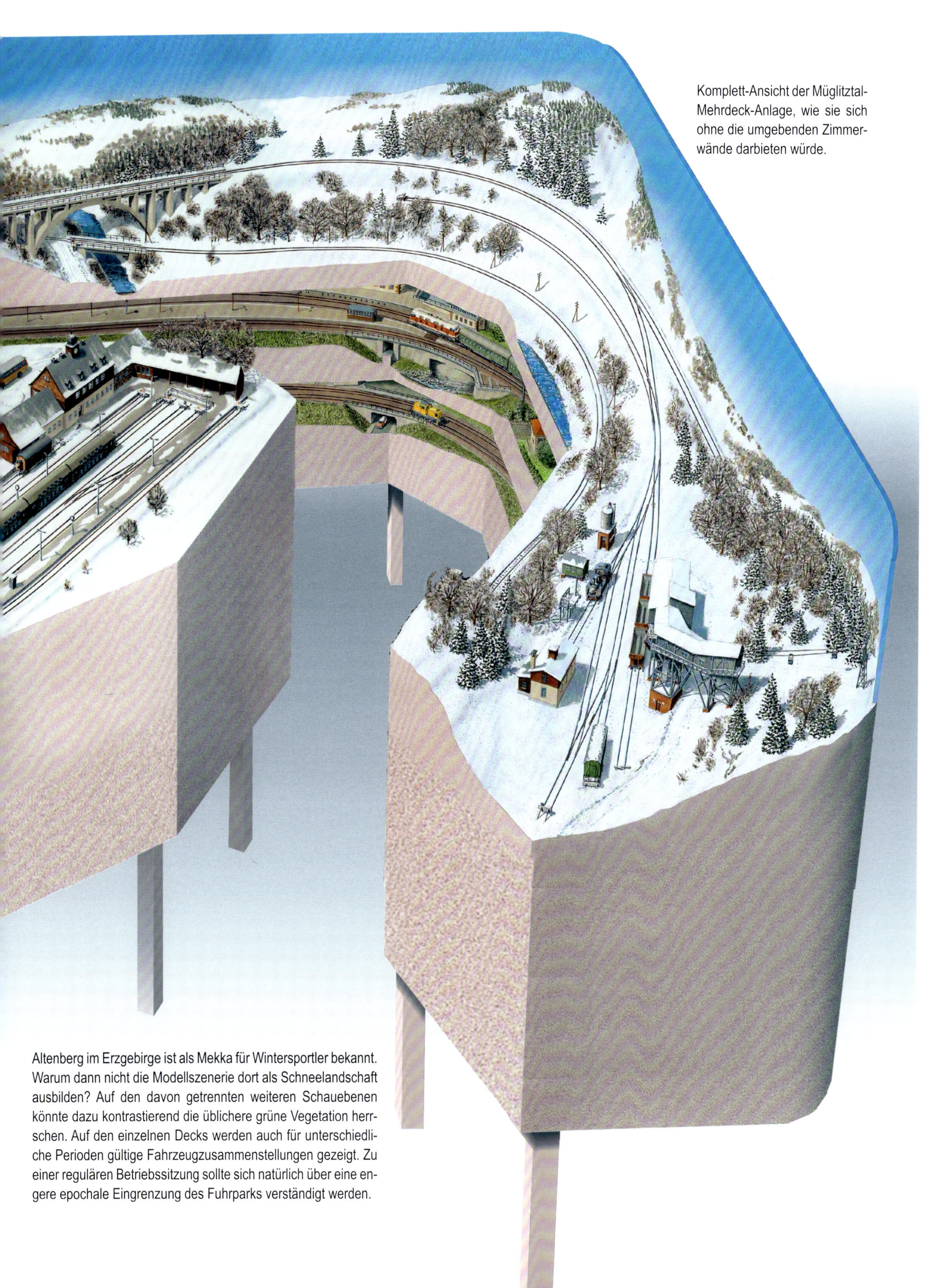

Komplett-Ansicht der Müglitztal-Mehrdeck-Anlage, wie sie sich ohne die umgebenden Zimmerwände darbieten würde.

Altenberg im Erzgebirge ist als Mekka für Wintersportler bekannt. Warum dann nicht die Modellszenerie dort als Schneelandschaft ausbilden? Auf den davon getrennten weiteren Schauebenen könnte dazu kontrastierend die üblichere grüne Vegetation herrschen. Auf den einzelnen Decks werden auch für unterschiedliche Perioden gültige Fahrzeugzusammenstellungen gezeigt. Zu einer regulären Betriebssitzung sollte sich natürlich über eine engere epochale Eingrenzung des Fuhrparks verständigt werden.

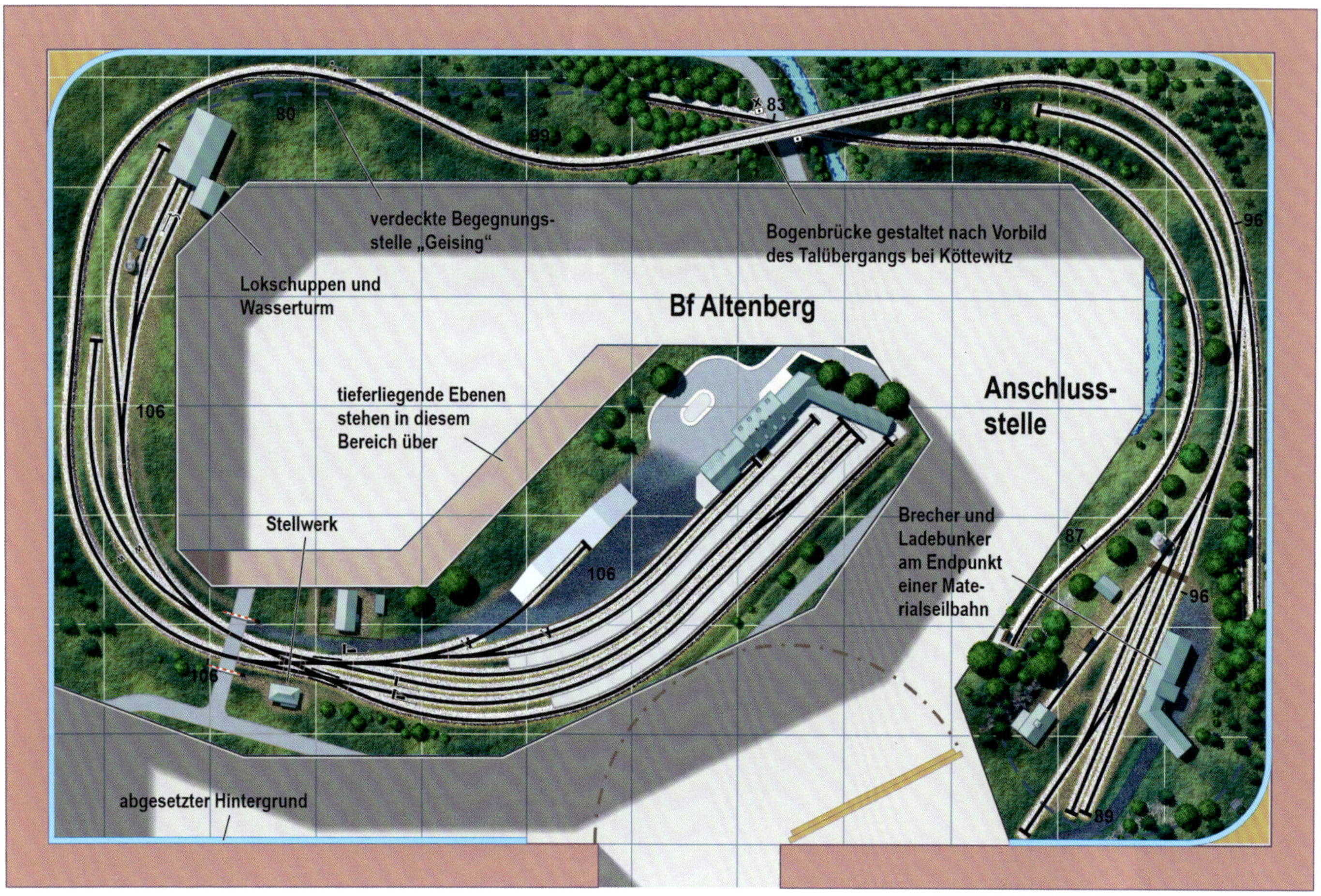

oben: Die oberste Ebene mit dem Endbahnhof Altenberg und Anschluss einer Ladestelle mit Material-Seilbahn

unten: Die Szenen von Glashütte und Hp Weesenstein werden durch einen beidseitigen Hintergrund getrennt.

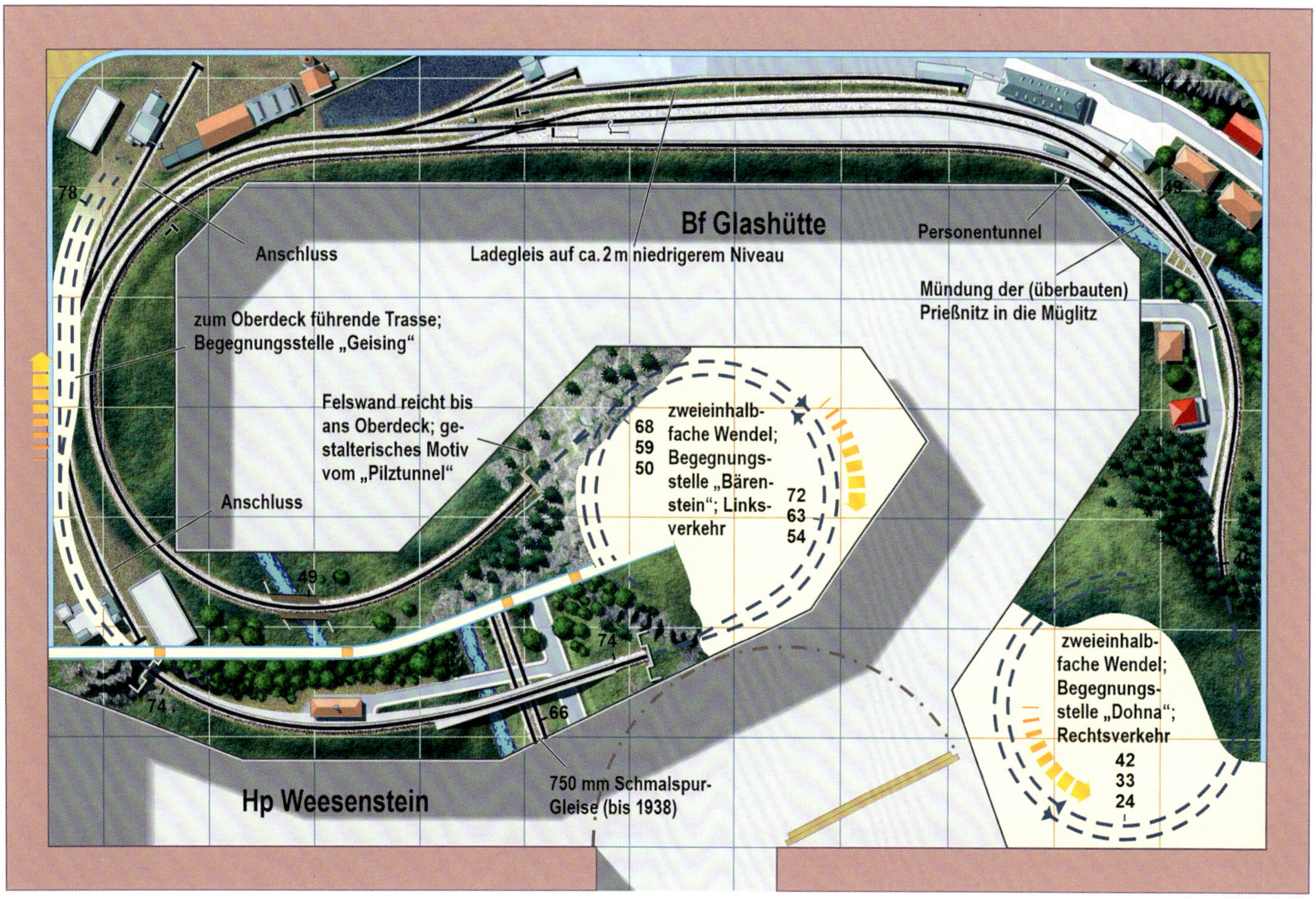

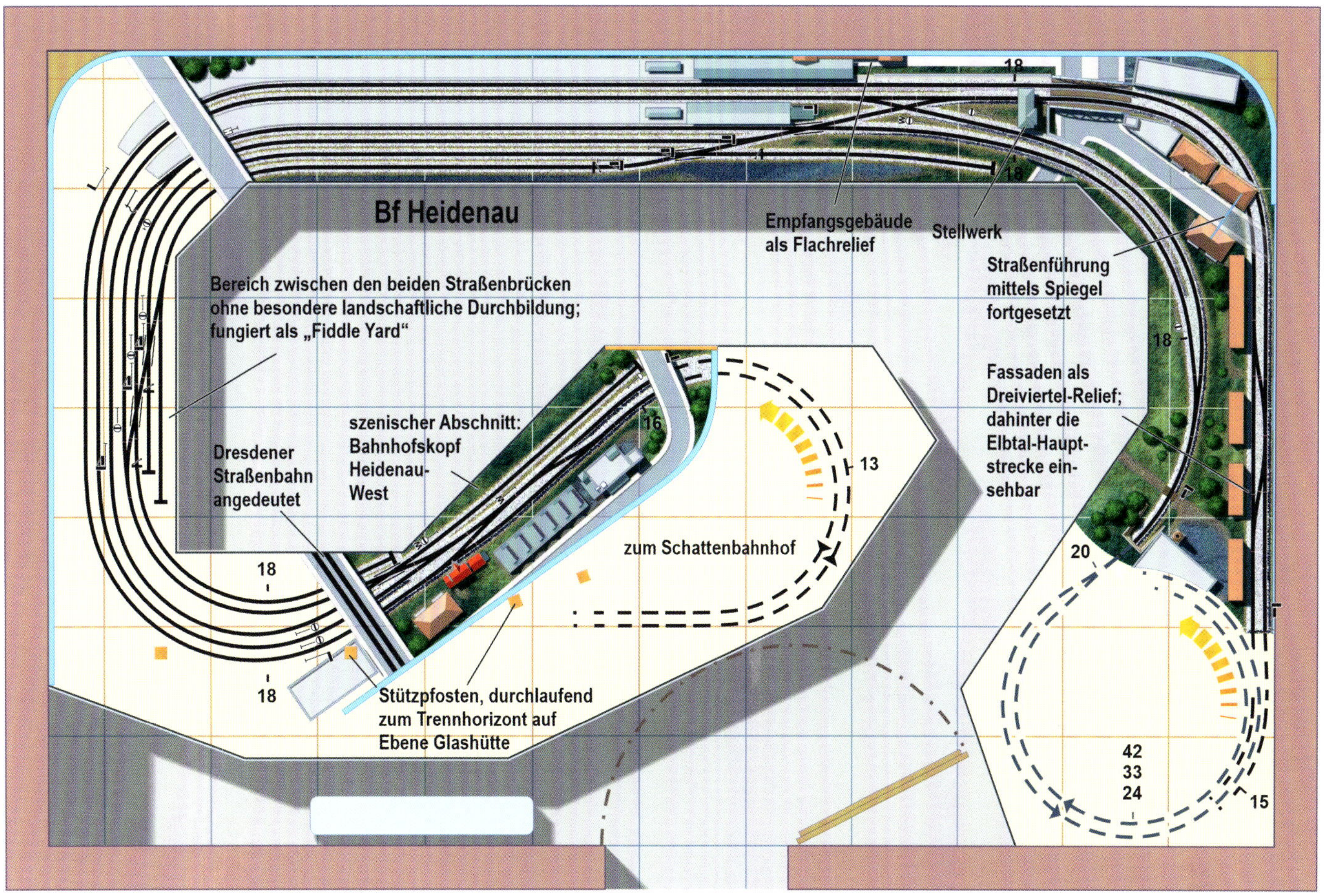

Bf Heidenau
Empfangsgebäude als Flachrelief
Stellwerk
Straßenführung mittels Spiegel fortgesetzt
Bereich zwischen den beiden Straßenbrücken ohne besondere landschaftliche Durchbildung; fungiert als „Fiddle Yard“
Fassaden als Dreiviertel-Relief; dahinter die Elbtal-Hauptstrecke einsehbar
szenischer Abschnitt: Bahnhofskopf Heidenau-West
Dresdener Straßenbahn angedeutet
zum Schattenbahnhof
Stützpfosten, durchlaufend zum Trennhorizont auf Ebene Glashütte
18
16
13
20
42
33
24
15


oben: Ebene Heidenau und unten die Ebene des Schattenbahnhofs. Alle Pläne dieser Doppelseite im Maßstab 1:33,3 für H0 (3 cm = 1 m) Höhenangaben in cm über niedrigsten Gleisen. Dieses 0-Niveau wird hier mit 54 cm über Fußboden angesetzt.

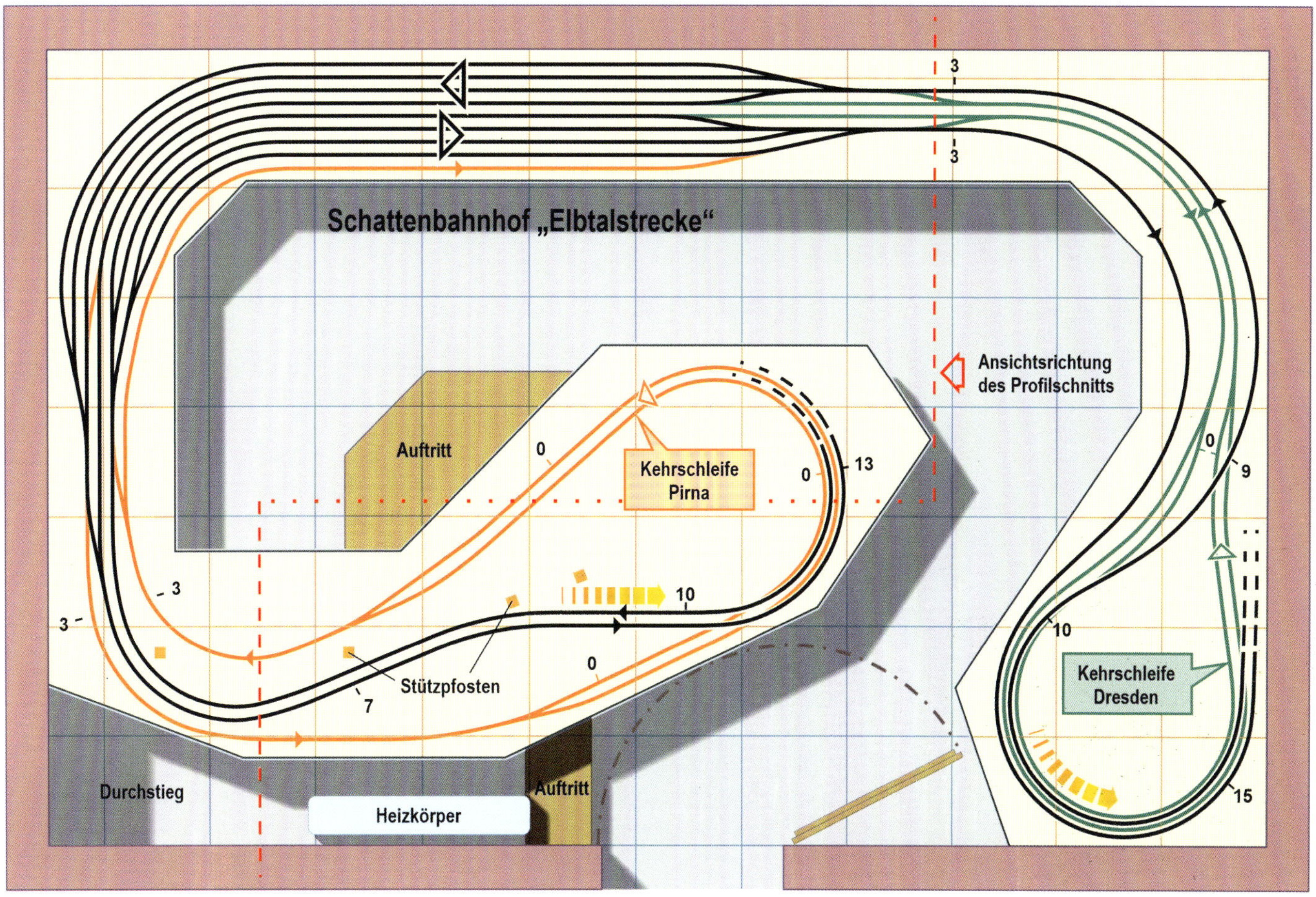

Schattenbahnhof „Elbtalstrecke“
Ansichtsrichtung des Profilschnitts
Auftritt
Kehrschleife Pirna
Kehrschleife Dresden
Stützpfosten
Durchstieg
Heizkörper
Auftritt
3
0
13
10
9
7
15

# Die alte Spessart-rampe

Kurz vor dem Westportal des Schwarzkopf-Tunnels endet der steilste Abschnitt der Spessartrampe. Am Zugende schiebende Loks halten hier an und wechseln zurück aufs Gegengleis, Richtung Laufach. Fallweise müssen sie aber noch auf dem seitlichen Gleisstutzen die Vorbeifahrt weiterer Zugläufe abwarten. Im Modell wurden für die Betriebsstelle Heigenbrücken-West noch Wasserkran und Bekohlung „hinzuerfunden".

Im Jahr 2017 endete der Verkehr auf einem traditionsreichen Abschnitt im Deutschen Bahnnetz, der Steilstrecke Laufach–Heigenbrücken im Verlauf der Bahn (Frankfurt)–Aschaffenburg–Gemünden–(Würzburg) über den Kamm des Spessarts. An dessen Stelle trat ein Stück Neubaustrecke mit deutlich geringeren Steigungsverhältnissen. Hingegen ist dieser Modellanlagen-Entwurf noch dem früheren Zustand gewidmet, der häufig den Einsatz von Schiebeloks über die bis zu 2,17 Prozent betragende Steigung erforderte. Bei dem fürs Modell gewählten Zeitraum, der unmittelbaren Nachkriegszeit, ist noch die Zugförderung mit Dampf maßgebend. Anfänglich hier im Schiebedienst eingesetzte schwere Mallet-Loks der Baureihe 96, vormals bayrische Gt2x 4/4, wurden abgelöst von der Baureihe 95, frühere preußische T 20, zuweilen auch einer 94. Zeitweilig fanden hier auch die ehemaligen Wehrmachts-Doppel-Dieselloks V 188 Beschäftigung.

Während im regulären Durchgangs-Zugverkehr sporadisch auch bereits weitere Dieselfahrzeuge ihren Auftritt hatten, wurde 1957 die Elektrifizierung der Strecke abgeschlossen. Von da ab war über viele Jahre der Schiebedienst zwischen Laufach und der Betriebsstelle beim Schwarzkopf-Scheiteltunnel gekennzeichnet vom Einsatz schwerer Elloks der Baureihe E 50. Später waren auch noch die Typen 151 und E 94, zum Teil auch von privaten Betreibern, auf der 1:50-Rampe im Einsatz.

Für die Umsetzung dieses Vorbilds in eine Modellbahnanlage wurde eine recht ungewöhnliche Konzeption gewählt. Zwar wird bereits eine recht ansehnliche Zimmerfläche als gegeben angenommen, doch schon war absehbar, dass es schwierig sein würde, die Vorbildstrecke einzig auf die gegebene Grundfläche hinbiegen zu wollen. Denn erstens muss ja ein beträchtlicher Höhenunterschied bewältigt werden, zweitens wollen gleich zwei nicht ganz kleine Stationen wiedererkennbar eingefügt werden, und drittens verlangt ein tatsächlich nachgestellter Schiebe-

Das Anlagenprojekt ist noch der historischen Rampenentwicklung zwischen Laufach und Heigenbrücken einschließlich des alten 926 m langen Schwarzkopf-Tunnels gewidmet. Mit der jüngsten Streckenführung wurde auch der seinerzeitige Schiebebetrieb hinfällig.

betrieb nach großzügig angesetzten Gleisradien – und zwar durchgängig, auch auf den in Tunneln geführten Abschnitten.

Der vorbildentsprechende Verkehr will auch angemessen in verdeckte Zonen abgeleitet werden. Dabei ist ein erheblicher Höhenunterschied zwischen den vorgezeichneten Abgängen zu möglichen Speicherebenen zu berücksichtigen.

Als eine Erfolg versprechende Lösung für die aufgezählten Probleme bot sich letzten Endes jene hier aufgezeigte Konfiguration an: Die nachgebildete Strecke führt in mehreren übereinander gelegten Szeneabschnitten von einem tiefgelegenen Schattenbahnhof in die Höhe bis zum Bahnhof Heigenbrücken im Scheitel – und von dort aus wieder eine Windung herab in einen verdeckten Zugspeicher im Zwischendeck. Die zwischendurch berührten Stationen zeichnen sich beide mit großzügigen Nutzlängen aus, zumal ihre Gleise weit entlang der Wandflächen herumgebogen wurden. So können denn auch ansehnlich lange Garnituren eingesetzt werden, mit denen erst das rechte Flair vom geschäftigen Verkehr auf der Spessart-Magistrale herübergebracht wird.

Es kann allerdings nicht verschwiegen werden, dass sich mit der gewählten Ausführung auch einige recht problematische Aspekte auftun: Die Auflagerung des Geländes auf von der Wand auskragenden Konsolen erfordert eine stabile gewissenhafte Durchbildung; gleichzeitig stellt sich die darauf machbare Szenentiefe begrenzt dar. Der Zugriff auf die verdeckt laufenden Gleise ist nur möglich, wenn in ausreichendem Maße zu öffnende und abnehmbare Teile in den Seitenpaneelen und Kulissen vorgesehen werden – und selbst hiernach bleibt das immer noch eine ziemlich vertrackte Angelegenheit. Die größte Komplikation des Ganzen stellt jedoch die Schaffung einer Zugangsmöglichkeit zum Inneren der ringsum an den Wänden entlang laufenden Anlage dar. Dort müssen an geeigneter Stelle mehrere querende Abschnitte zeitweilig zur Seite geschafft werden. Das könnte natürlich durch das schrittweise Herausnehmen der auf den verschiedenen Etagen angeordneten Überbrückungen geschehen. Aber das stellt sich freilich, ebenso wie das spätere Wiedereinsetzen der Stücke, ziemlich zeitraubend dar, was höchst unangenehm sein kann, wenn im Moment dringlichere Bedürfnisse anstehen. Hier nun für ein rascheres Durchkommen sorgen soll der zum Vorschlag kommende herausrollbare „Zugangs-Stöpsel". Doch dieser stellt wiederum eine recht anspruchsvolle konstruktive Aufgabe dar, zu deren Umsetzung wohl schon Fähigkeiten im Metallbau vorauszusetzen wären.

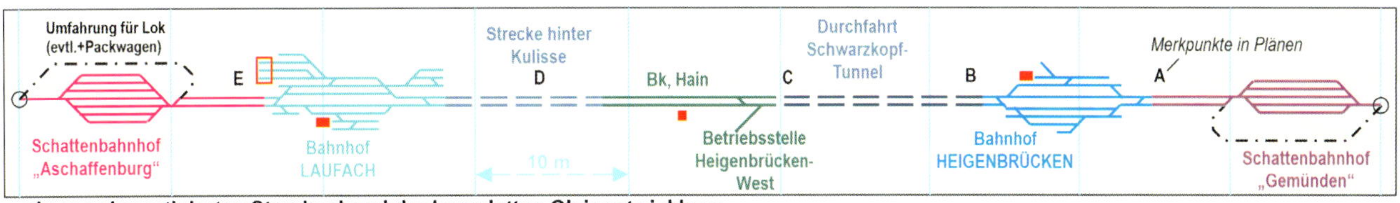


oben: schematisiertes Streckenband der kompletten Gleisentwicklung

unten: Höhenentwicklung (Längen/Höhen im Verhältnis 1:10)

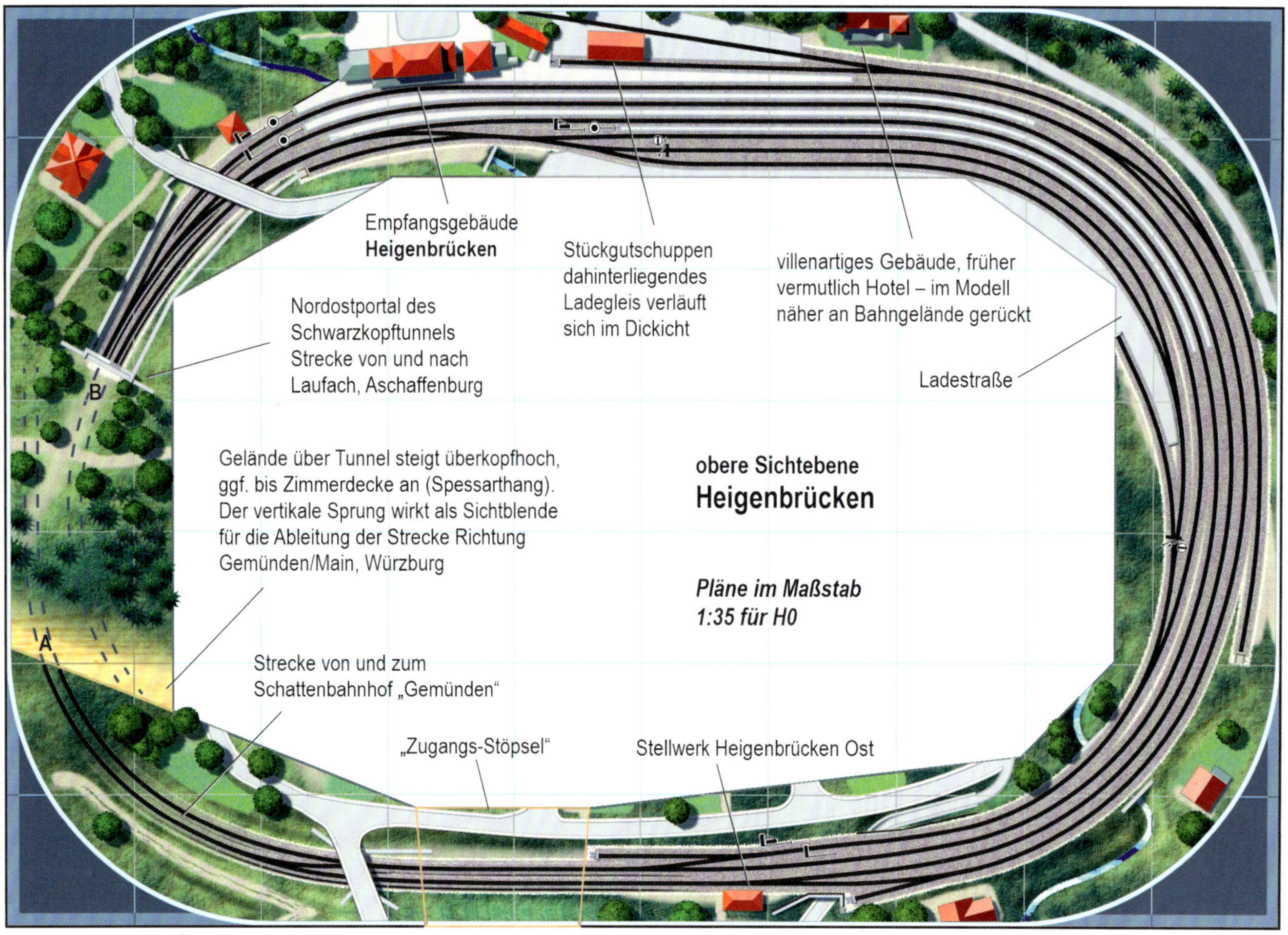

Empfangsgebäude
**Heigenbrücken**
Stückgutschuppen
dahinterliegendes
Ladegleis verläuft
sich im Dickicht
villenartiges Gebäude, früher
vermutlich Hotel – im Modell
näher an Bahngelände gerückt
Nordostportal des
Schwarzkopftunnels
Strecke von und nach
Laufach, Aschaffenburg
Ladestraße
B
Gelände über Tunnel steigt überkopfhoch,
ggf. bis Zimmerdecke an (Spessarthang).
Der vertikale Sprung wirkt als Sichtblende
für die Ableitung der Strecke Richtung
Gemünden/Main, Würzburg
obere Sichtebene
Heigenbrücken
Pläne im Maßstab
1:35 für H0
A
Strecke von und zum
Schattenbahnhof „Gemünden“
„Zugangs-Stöpsel“
Stellwerk Heigenbrücken Ost

ansteigendes Gelände des Spessarthangs südwestlich Heigenbrückens

Blende zum Deckenbereich, günstig auch zur Installation von Leuchtkörpern dahinter zur Aufhellung der Hintergrunddarstellung

Blendenausschnitt für die angeschnittene Darstellung des Streckenverlaufs innerhalb des Schwarzkopf-Tunnels

Hintergrundkulisse möglichst mit Ausrundung an den Wandecken

EG Heigenbrücken
Villa / Hotel
Schattenbahnhof „Gemünden“
2,00
1,50
wiederauftauchende Strecke
Durchlass B 26
Blockstelle Hain
1,00
Eisenwerk Laufach
Lokschuppen Laufach
0,50
ggf. Ausschnitte für
die Schwenkwinkel
Strecke durch Blende und
Hintergrundkulisse verdeckt

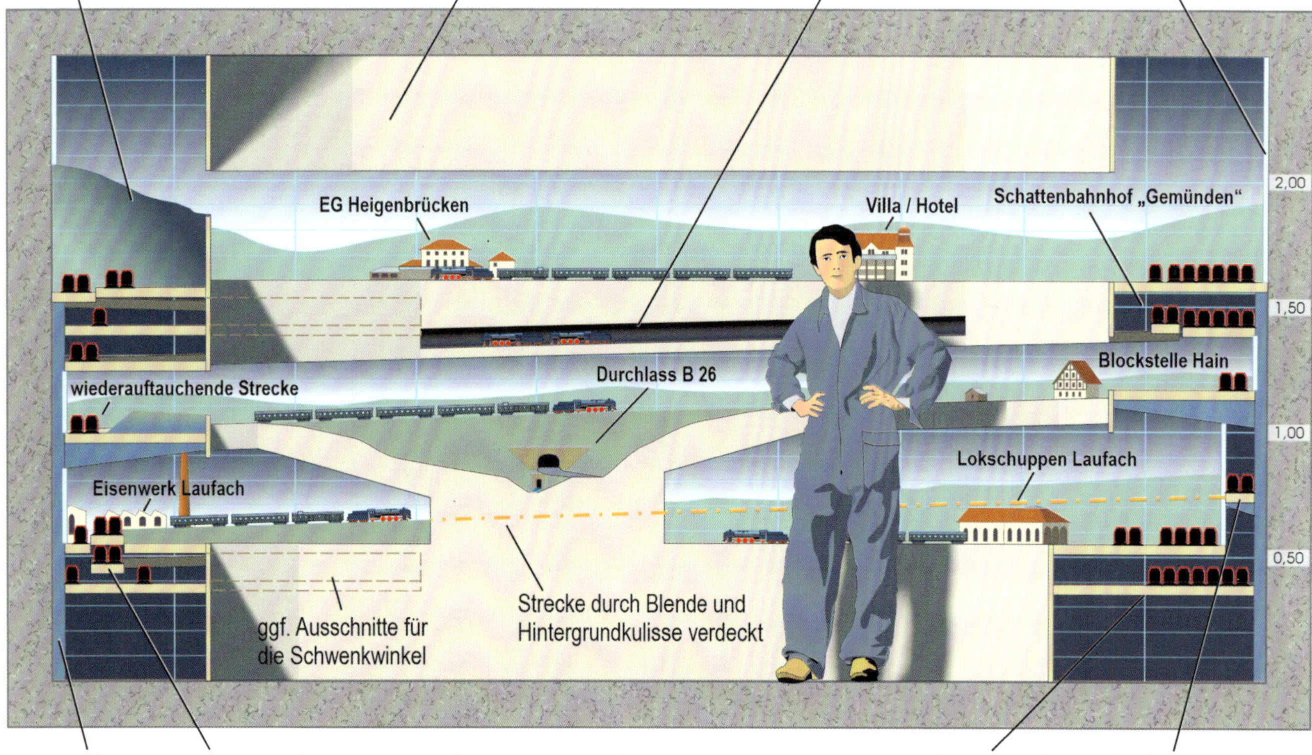

an Wand befestigte Stützelemente

verdeckte geneigte Streckenverbindung zwischen Laufach und Schattenbf Aschaffenburg

**Ansicht im Querschnitt auf die dem Eingang gegenüberliegende Anlagenhälfte. Raster 50 cm Breite und 10 cm in der Höhe**

Schattenbahnhof „Aschaffenburg“ (Symbole jeweils für Lichtraum pro Gleis)

Strecke zwischen Hintergrundkulisse und Wand geführt

gemeinsamer Durchlass der B 26 und Bachlauf unter Dammschüttung; Gelände sackt stark nach unten und begrenzt darunterliegende Sichtfenster

**Blockstelle Hain**; Wärterwohnhaus hier an Gebäude bei Bk. Eisenwerk orientiert

Strecke Richtung Laufach taucht im Einschnitt aus dem Blickfeld ab

**mittlere Sichtebene**

**Blockstelle Hain**

Übergang Ri. Heigenbrücken zum oberhalb gelegenen Deckkasten mit integriertem Schattenbahnhof

Blende begrenzt sichtbaren Streckenabschnitt Ri. Laufach

Betriebsstelle **„Heigenbrücken-West“**

Signal Ts 1 (Nachschieben einstellen) – beleuchtet

Südwestportal des Schwarzkopf-Tunnels

Behandlungsgleis für Schiebelokomotiven

„Zugangs-Stöpsel“

D

C

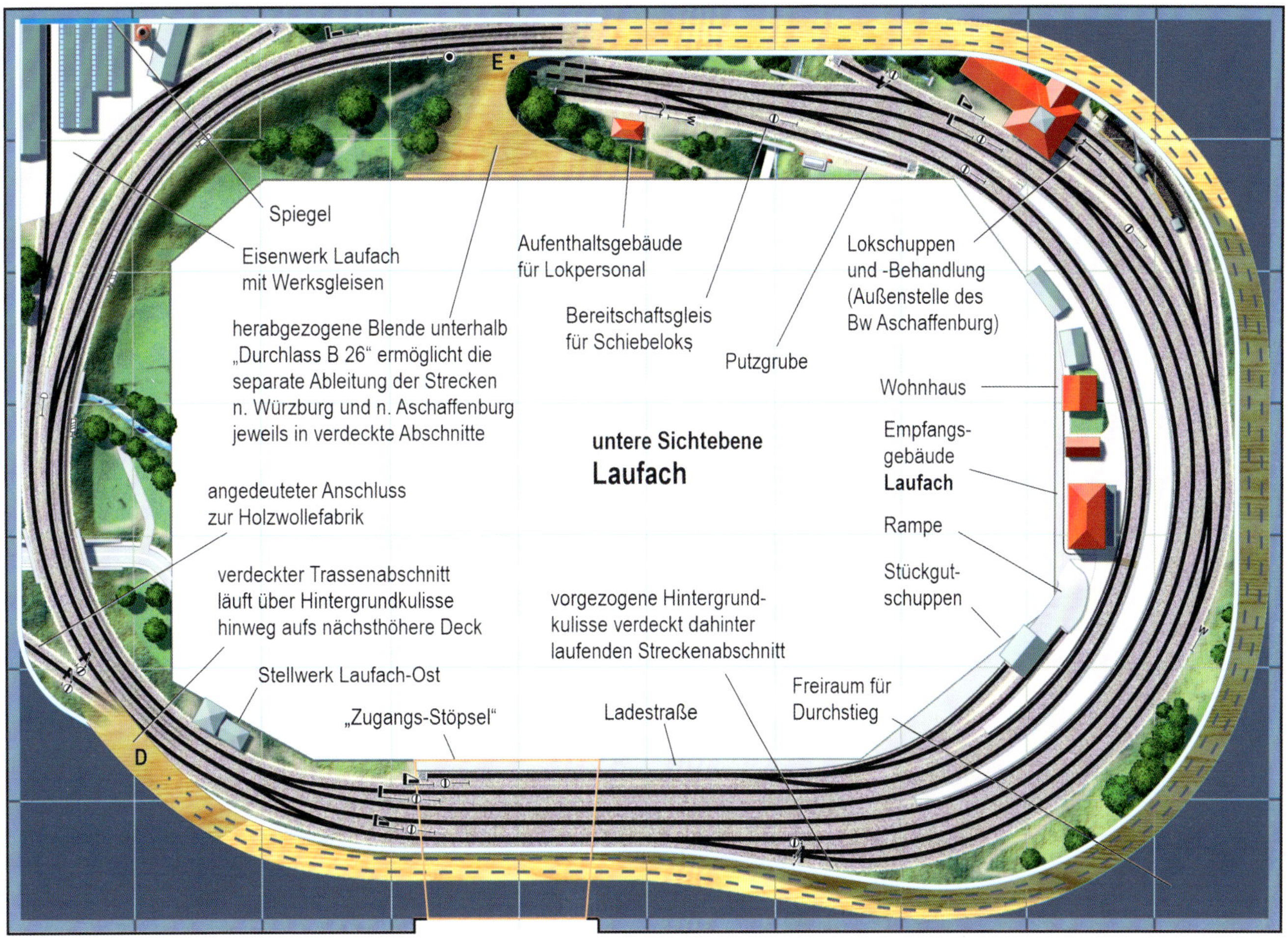

E

Spiegel

Eisenwerk Laufach mit Werksgleisen

Aufenthaltsgebäude für Lokpersonal

Lokschuppen und -Behandlung (Außenstelle des Bw Aschaffenburg)

herabgezogene Blende unterhalb „Durchlass B 26“ ermöglicht die separate Ableitung der Strecken n. Würzburg und n. Aschaffenburg jeweils in verdeckte Abschnitte

Bereitschaftsgleis für Schiebeloks

Putzgrube

Wohnhaus

Empfangs-gebäude **Laufach**

**untere Sichtebene**

**Laufach**

angedeuteter Anschluss zur Holzwollefabrik

Rampe

verdeckter Trassenabschnitt läuft über Hintergrundkulisse hinweg aufs nächsthöhere Deck

vorgezogene Hintergrund-kulisse verdeckt dahinter laufenden Streckenabschnitt

Stückgut-schuppen

Stellwerk Laufach-Ost

„Zugangs-Stöpsel“

Ladestraße

Freiraum für Durchstieg

D

„Zugangs -Stöpsel“ (soll in die Zimmermitte gerollt werden)

Zimmerwände und -decke

ansteigender „Spessart-Hang“ mit gewolltem landschaftlichen Bruch

Portale Schwarzkopf-Tunnel

Türöffnung

Sichtebene „Heigenbrücken“

Sichtebene „Laufach“

Schattenebene „Gemünden“

Trassenverlauf „Schwarzkopf-Tunnel“

Rampenstrecke Bereich „Bk. Hain“

Schattenebene „Aschaffenburg“

verdeckter Abschnitt der Rampenstrecke hinter umlaufender Kulisse

Der Bahnhof Heigenbrücken war stets ein beliebtes Fotomotiv. Bei der in Aufnahmen zu erblickenden prächtigen Villa handelte es sich um das einstige Bahnhofshotel. Die hinter den Betriebsgebäuden und der Villa auftauchenden Gebäude sind hier Bestandteil der Hintergrunddarstellung.
Kennzeichnend für die Station Heigenbrücken waren die schmalen Bahnsteige und langen Überholgleise. Ein SVT hatte hier auf jeden Fall Vorfahrt, bevor eine 44 den Schwarzkopftunnel vollräuchern durfte. Zugleistungen mit Vorspann waren nicht unüblich, um den Verkehr über die Spessartstrecke flüssig zu halten.

links: Schematisches Blockbild der Anlage (unmaßstäblich). Der „Zugangsstöpsel“ würde im konkreten Planungsfall in den inneren Zimmerbereich verschoben werden.

rechts: Auf der rechten Seite wird gezeigt, wie eine derartige mobile Überbrückung des Zugangs möglicherweise durchzubilden und einzusetzen wäre.

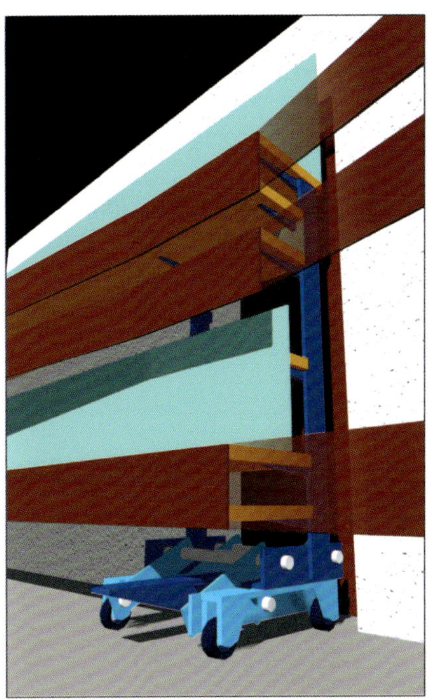

Zugangs-Stöpsel in der Position für den laufenden Anlagenbetrieb eingefahren

Tritt auf Pedal hebt den Tragrahmen an, die Trassenbretter werden aus Lager gehoben

Herausgerollter Zugangs-Stöpsel gibt Weg zwischen Tür und Bedienungsraum frei

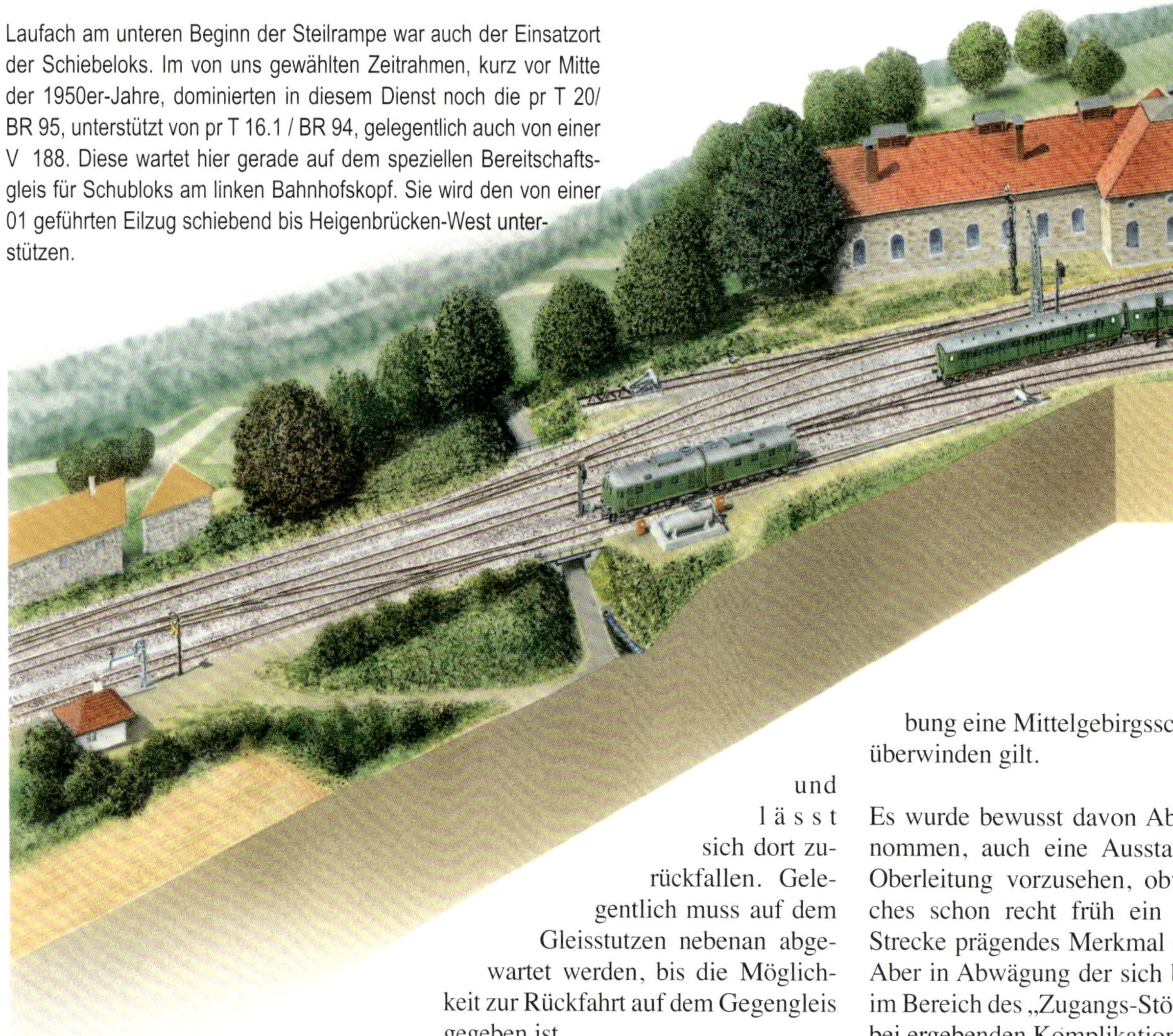

Laufach am unteren Beginn der Steilrampe war auch der Einsatzort der Schiebeloks. Im von uns gewählten Zeitrahmen, kurz vor Mitte der 1950er-Jahre, dominierten in diesem Dienst noch die pr T 20/ BR 95, unterstützt von pr T 16.1 / BR 94, gelegentlich auch von einer V 188. Diese wartet hier gerade auf dem speziellen Bereitschaftsgleis für Schubloks am linken Bahnhofskopf. Sie wird den von einer 01 geführten Eilzug schiebend bis Heigenbrücken-West unterstützen.

Das hervorstechende Merkmal dieser Anlage ist der Schiebelok-Einsatz. Das stellt sich im Modell, ebenso wie beim Vorbild, als nicht gänzlich unproblematischer Vorgang dar. Es ist offensichtlich, dass dabei mit Umsicht vorgegangen werden muss und dass an Fahrverhalten der eingesetzten Loks und die Güte der Regeleinrichtungen hohe Ansprüche gestellt werden. Weiterhin dürfte sich Bedarf zu allerlei Modifikationen bezüglich Kupplungen, Puffern und Waggongewicht einstellen, damit die Beförderung über die Rampe wirklich glatt und ohne Crash vonstatten gehen kann.

In Laufach setzt sich die Schiebelok ans Ende eines wartenden Verbands, ohne fest anzukuppeln. Sie schiebt bis kurz vor Einfahrt in den Schwarzkopftunnel und lässt sich dort zurückfallen. Gelegentlich muss auf dem Gleisstutzen nebenan abgewartet werden, bis die Möglichkeit zur Rückfahrt auf dem Gegengleis gegeben ist.

Die beiden vollwertigen Stationen, sowohl das Modell-Laufach wie der Bahnhof Heigenbrücken am oberen Ende der Steilstrecke, halten sich in der Gleisausstattung eng an ihre jeweiligen Vorbilder. Unvermeidlich hingegen war ein „Hinbiegen“ der eigentlich gestreckten Formationen in die von den Wänden diktierten Begrenzungen. Dabei konnten aber, wie bereits angesprochen, noch recht großzügige Nutzlängen gewahrt bleiben. Es wurde sich bemüht, auch mit den Bauten und dem Gelände möglichst nah den tatsächlichen Gegebenheiten zu folgen. Beim gewählten Thema sollte auch einer einfühlsamen Gestaltung des Hintergrunds Beachtung geschenkt werden. Der beschränkten szenischen Tiefe zum Trotz sollten die Kulissen doch einen einigermaßen überzeugenden Eindruck davon liefern, wie es in der gezeigten Umgebung eine Mittelgebirgsschwelle zu überwinden gilt.

Es wurde bewusst davon Abstand genommen, auch eine Ausstattung mit Oberleitung vorzusehen, obwohl solches schon recht früh ein für diese Strecke prägendes Merkmal darstellte. Aber in Abwägung der sich besonders im Bereich des „Zugangs-Stöpsels“ dabei ergebenden Komplikationen wurde dann doch darauf verzichtet und sich mit dem in der frühen Epoche III maßgebenden Betrieb mit Dampf und Diesel begnügt.

In der angedachten Ausführung der Zugspeicher würden größere Segment-Drehbühnen zum Einsatz gelangen, um damit die vom Kopfende abgekoppelten Fahrzeuge zu wenden und dann in die für die Ausfahrt richtige Position zu bringen. Der Richtungswechsel eines Zuglaufs an seinem angenommenen Zielort wird auf diese Weise sogar sinnfälliger nachvollzogen, als es sonst üblicherweise, mit der Fahrt des kompletten Verbands durch eine Kehrschleife, gehandhabt wird. Aber es kann nicht verschwiegen werden, dass dieses Verfahren auch mit einer Reihe von Unsicherheitsfaktoren behaftet ist. Außerdem wird dadurch die Flüssigkeit der Fahrtenfolge ziemlich beeinträchtigt.

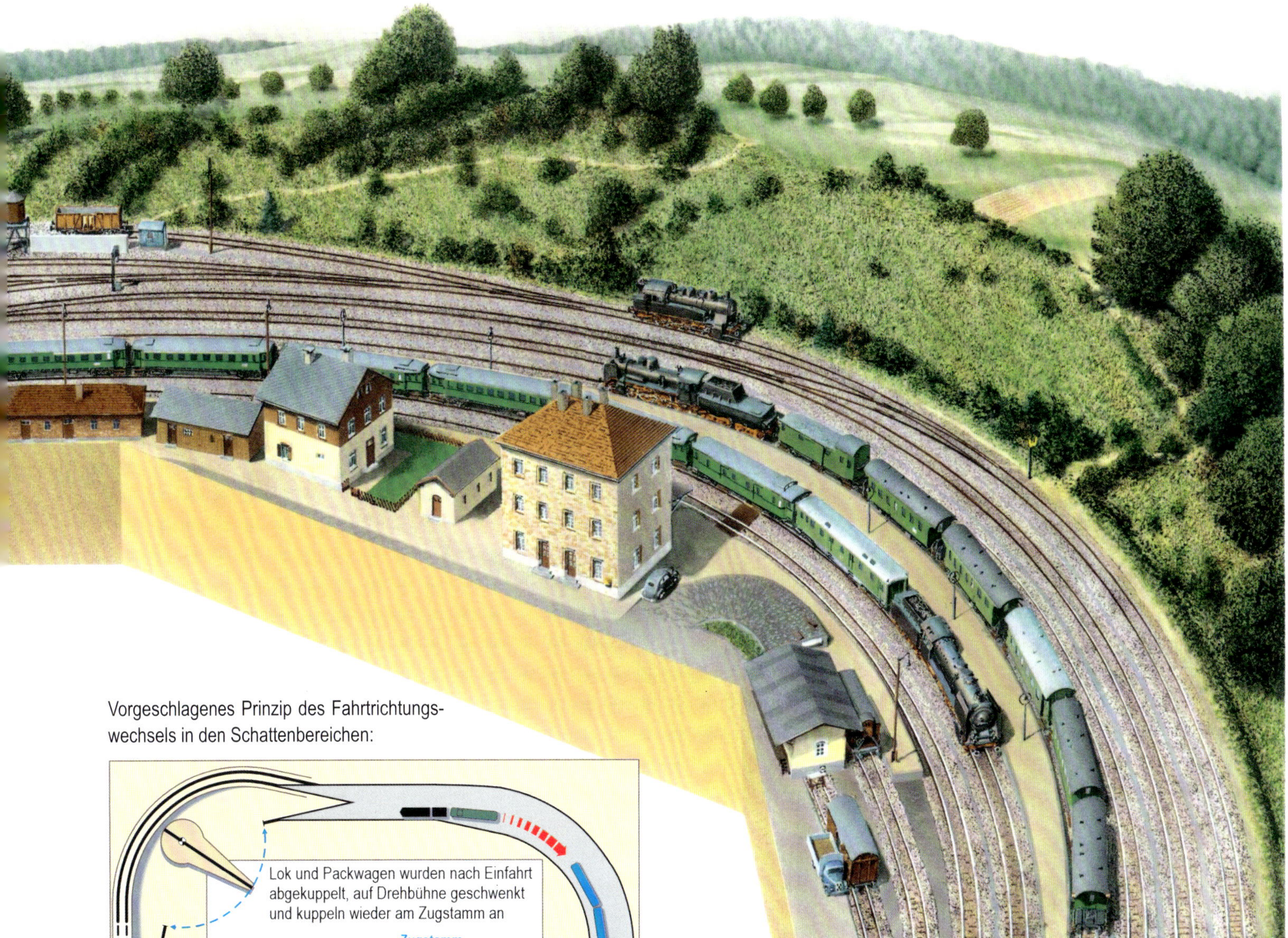

Vorgeschlagenes Prinzip des Fahrtrichtungswechsels in den Schattenbereichen:

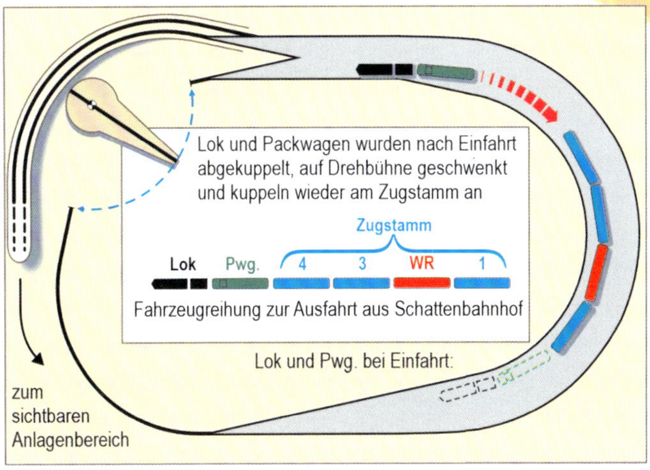

Lok und Packwagen wurden nach Einfahrt abgekuppelt, auf Drehbühne geschwenkt und kuppeln wieder am Zugstamm an

Zugstamm

Lok Pwg. 4 3 WR 1

Fahrzeugreihung zur Ausfahrt aus Schattenbahnhof

Lok und Pwg. bei Einfahrt:

zum sichtbaren Anlagenbereich

Bei der Grundrissfigur ist das Einfügen von Kehrschleifen praktisch ausgeschlossen. Für einen Wechsel der Fahrtrichtung im Schattenbereich müsste das Umsetzen der Zugloks vorgesehen werden. Schlepptender-Dampfloks sollten auch gewendet werden können, um dann wieder „Schornstein voran" auszufahren.

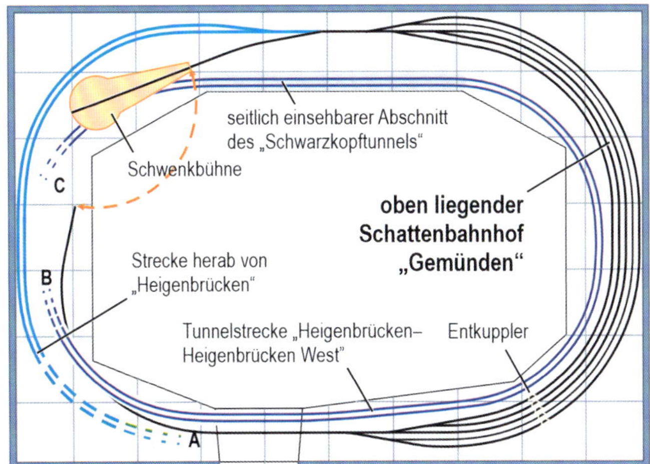


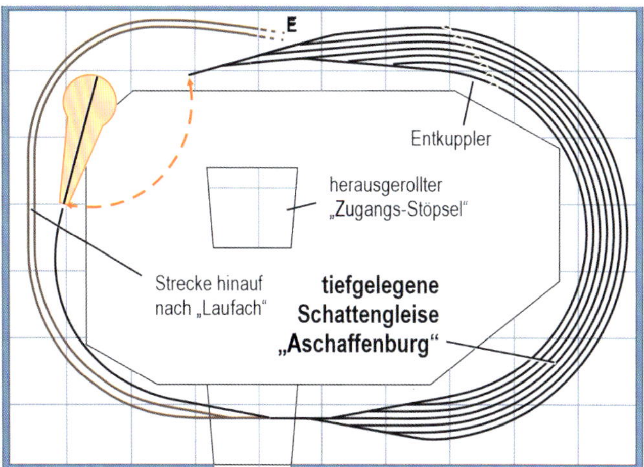

# Bahnlandschaft am Meißner

Bei diesem ungewöhnlichen Clubanlagen-Entwurf sind nicht nur einzelne Szenendecks übereinander gestaffelt, auch die Betreiber- und Zuschauerbereiche gliedern sich in unterschiedliche Ebenen.

Die komplexe Streckenentwicklung zwischen Walburg und Großalmerode könnte für eine interessante Mehrpersonen-Betriebs-Anlage im H0-Maßstab „gefügig gemacht werden“. Angenommenermaßen in einem ehemaligen Güterschuppen aufgestellt, finden sich nahezu alle bahntechnischen Einzelheiten der Vorbildstrecken bei praktisch unverkürzten Stationslängen wieder.

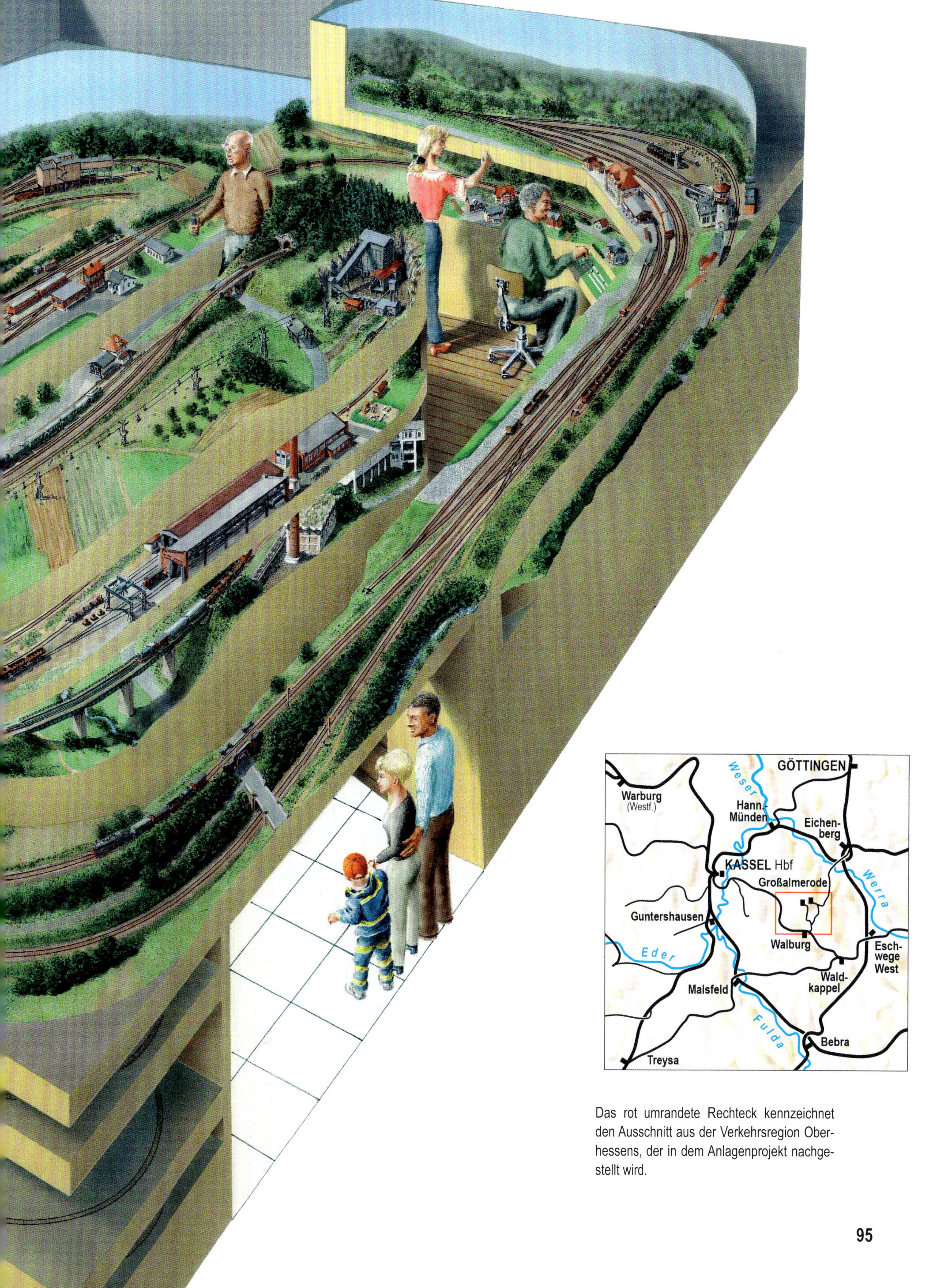


Das rot umrandete Rechteck kennzeichnet den Ausschnitt aus der Verkehrsregion Oberhessens, der in dem Anlagenprojekt nachgestellt wird.

Die Pläne zu den verschiedenen Anlagenebenen sind hier im Maßstab 1:50 aufgezeichnet. Das Rasternetz beträgt 50 cm für H0. Sichtbare Streckengleisradien sind mit minimal 1,20 m vorgesehen; verdeckte Radien 0,60 m. Bei 10 cm Ebenenabstand in den Wendeln stellt sich ein maximales Steigungsmaß von 27 ‰ ein (Vorbild: 30 ‰ !)
Für sichtbare Weichen ist ein vorbildentsprechender 1:9-Abzweig berücksichtigt.

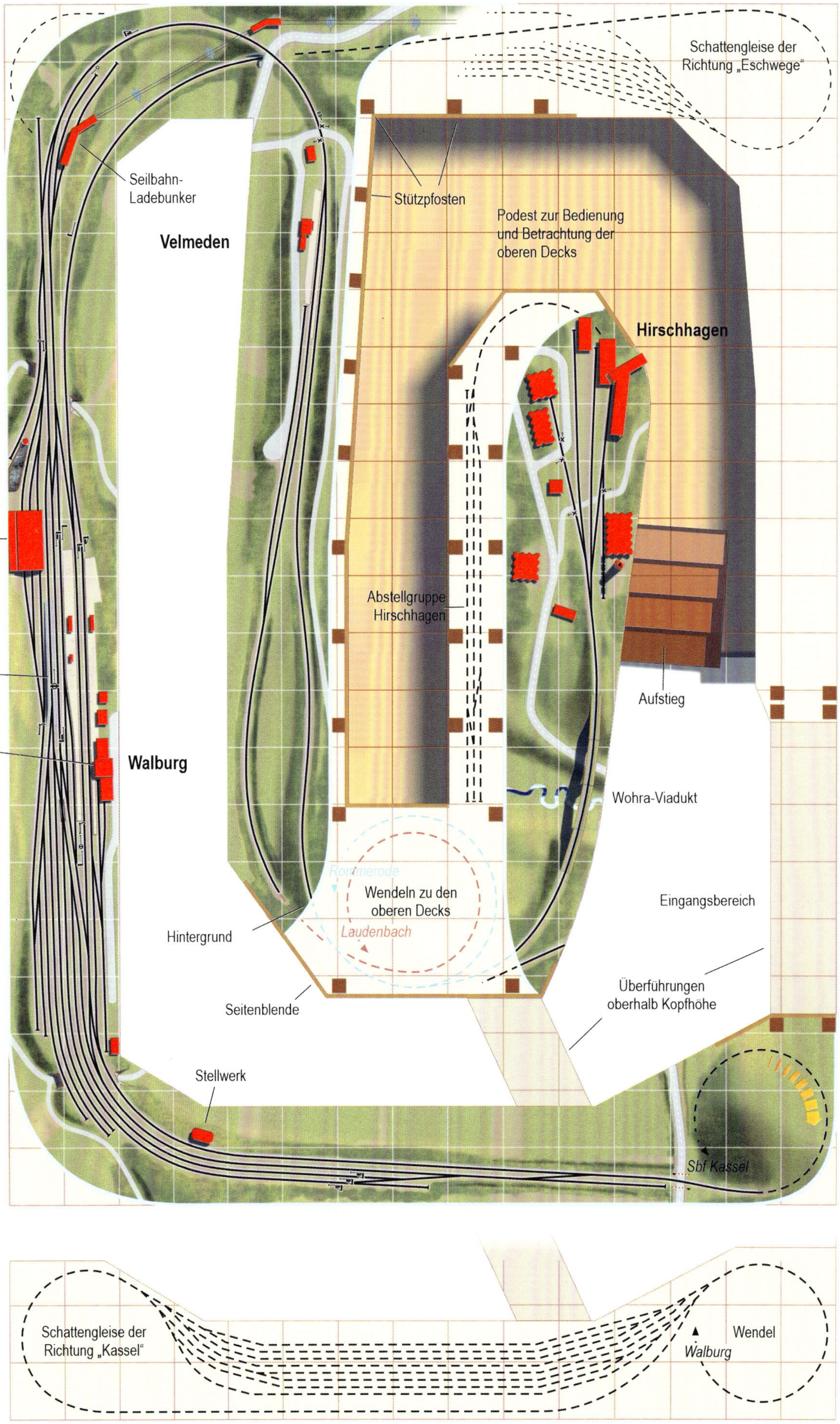

Schattengleise der Richtung „Eschwege“
Seilbahn-Ladebunker
Stützpfosten
Velmeden
Podest zur Bedienung und Betrachtung der oberen Decks
Hirschhagen
Lokschuppen
Abstellgruppe Hirschhagen
Ablaufberg
Aufstieg
Empfangsgebäude
Walburg
Wohra-Viadukt
Rommerode
Wendeln zu den oberen Decks
Laudenbach
Eingangsbereich
Hintergrund
Seitenblende
Überführungen oberhalb Kopfhöhe
Stellwerk
Sbf Kassel

***verdeckte Anlagenbereiche***

***erhöhtes Bedienungspodest***

***Überbrückungen des Gangbereichs***

Auf der unteren Ebene werden der Bahnknoten Walburg und die Abzweigstelle Velmeden dargestellt. Angedeutet wird auch die Industriezone Hirschhagen samt dem dort hinführenden Stammgleis.
Von Walburg aus führen die Streckenabgänge in ausreichend dimensionierte Schattengleisgruppen, welche die benachbarten Regionen repräsentieren.

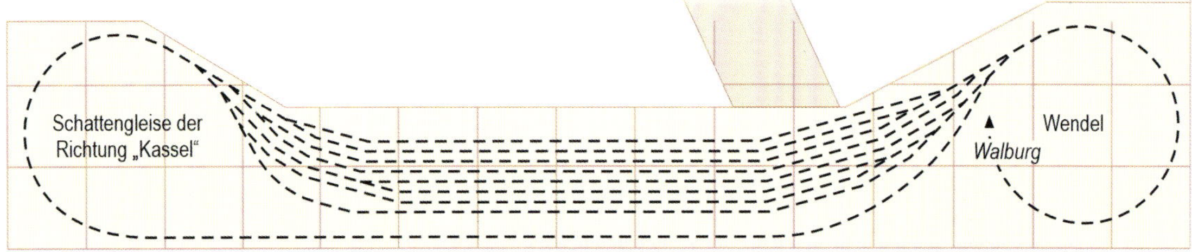

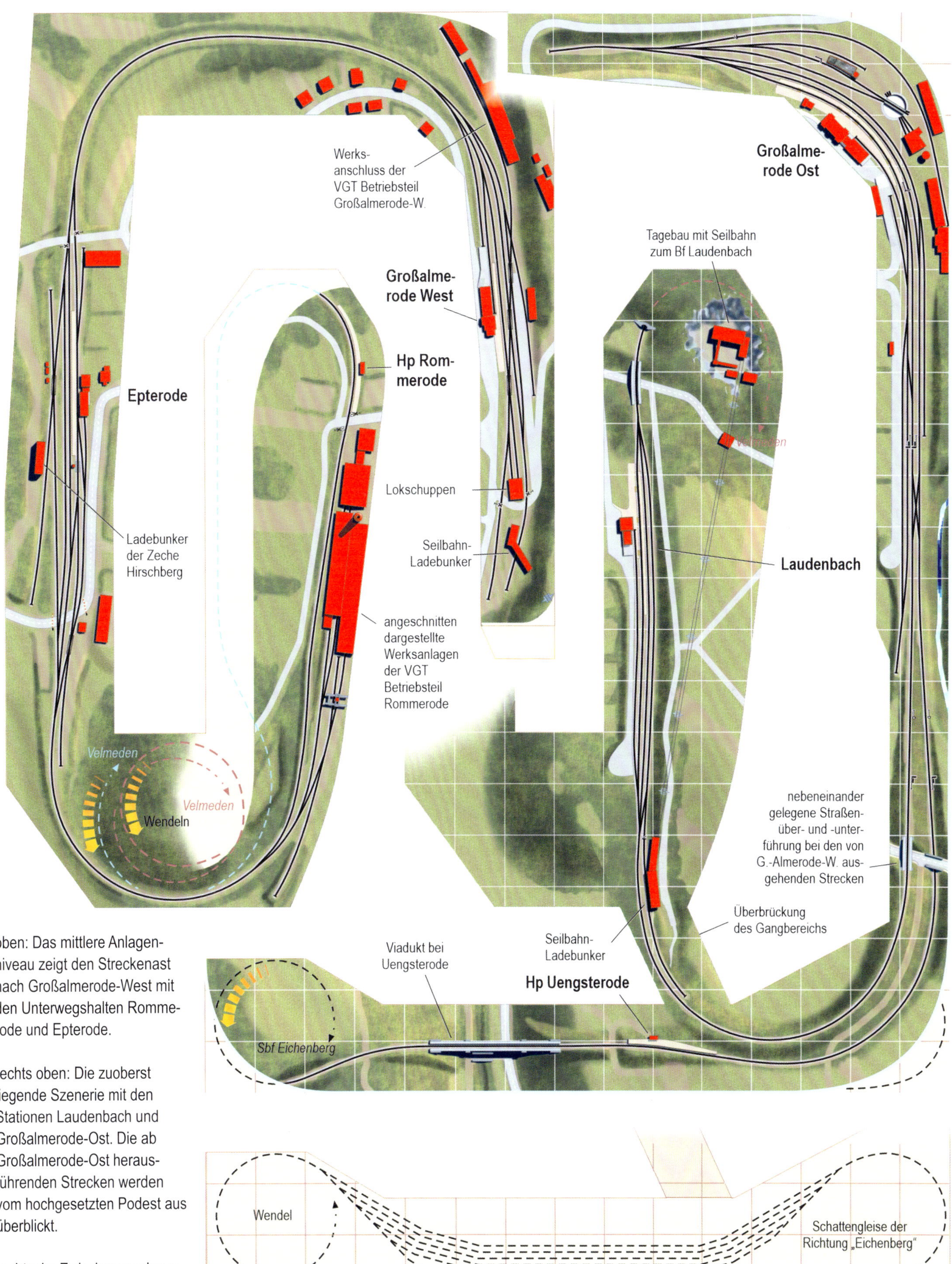


oben: Das mittlere Anlagenniveau zeigt den Streckenast nach Großalmerode-West mit den Unterwegshalten Rommerode und Epterode.

rechts oben: Die zuoberst liegende Szenerie mit den Stationen Laudenbach und Großalmerode-Ost. Die ab Großalmerode-Ost herausführenden Strecken werden vom hochgesetzten Podest aus überblickt.

rechts: Im Zwischengeschoss liegt noch ein Schattenbahnhof.

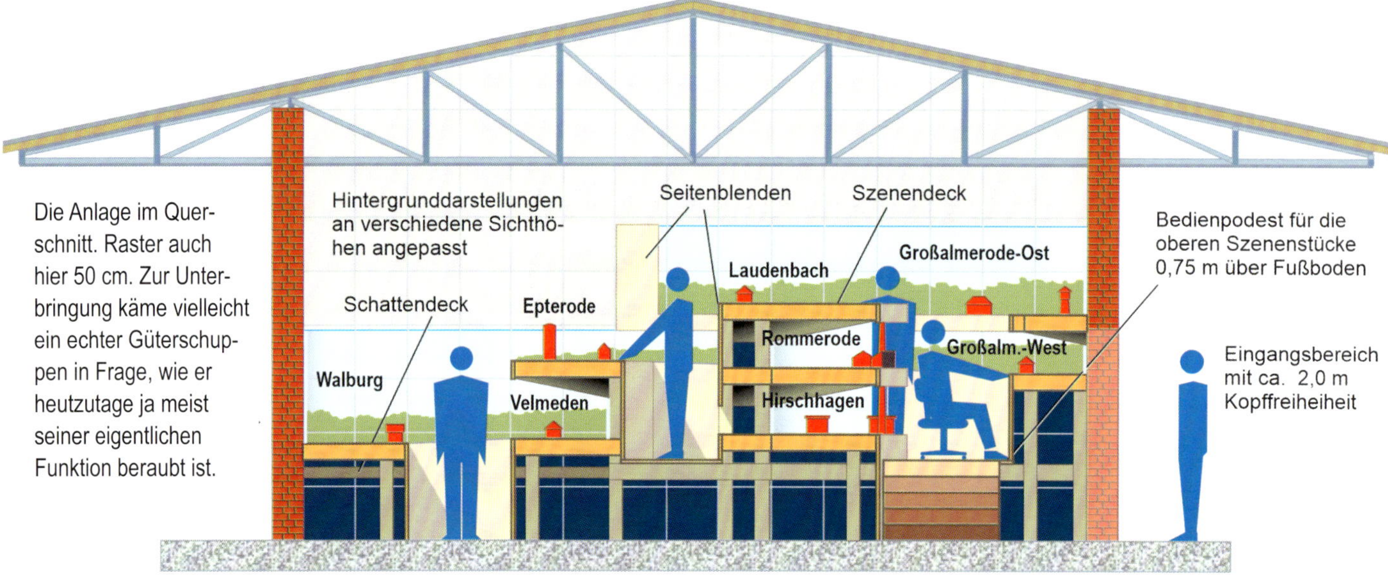


Die Anlage im Querschnitt. Raster auch hier 50 cm. Zur Unterbringung käme vielleicht ein echter Güterschuppen in Frage, wie er heutzutage ja meist seiner eigentlichen Funktion beraubt ist.

Ein Anlagenprojekt mit dem hier gezeigten Umfang dürfte wohl nur von einer entschlossenen Gruppe realisiert werden können. Es kann aber gut als Anregung für eine im Konzept ähnliche kleinere raumfüllende Anlage dienen. Gegenüber der sonst gewohnten Erscheinung zeichnet sich dieser Entwurf durch mehrfach in der Höhe gestaffelte und obendrein gegeneinander versetzte Szenen- und Bedienbereiche aus. Mitunter dient ein Mittelgang auf erhöhtem Podest zur Betrachtung der oberen Schauebene. Teilweise kragt diese wie der Hut eines Pilzes über darunter gelagerte Szenen hinweg, die von der Seite zu betrachten sind. In Amerika, wo das Ganze erfunden wurde, bezeichnete man das alsbald dann auch als „mushroom concept“, also Pilz-Konzept. Die Vorlage für unsere Modellszenerie lieferte eine heutzutage weitgehend verschwundene Streckenentwicklung zu Füßen des Hohen Meißners im Oberhessischen Bergland. Bis in die 1990er-Jahre traf man hier noch auf Reste einer einstmals vielgestaltigen Industrie, wobei der Abbau von Ton, Steinen, Kohlen eine wichtige Rolle spielte. Eine ganze Reihe von Gleisen und eine große Anzahl von Material-Seilbahnen fügten sich seinerzeit zu einem eigentümlich verästelten und verzahnten Transportkomplex. Hinzu kam noch die aufwendige Anbindung eines für Rüstungszwecke erschlossenen Areals auf der Anhöhe Hirschhagen.

Bevorzugt in der Epoche III angesiedelt, würde sich der Verkehr auch im Modell noch mit lohnender Vielfalt zeigen. Zwar wären Schnellzüge und überlange Güterwagenverbände hier nicht so recht am Platze. Das Ganze ist aber bestens geeignet, gleich eine ganze Anzahl von Mitspielern mit vorbildgemäßen unterschiedlichen Aufgaben zu betrauen.

Karte des für den Anlagenvorschlag betrachteten Gebiets im Nordosten Hessens. Der gezeigte Bestand von Bahnstrecken und Seilbahnen (1950er-Jahre) muss sich zeitlich nicht mit den anderen Einträgen decken.

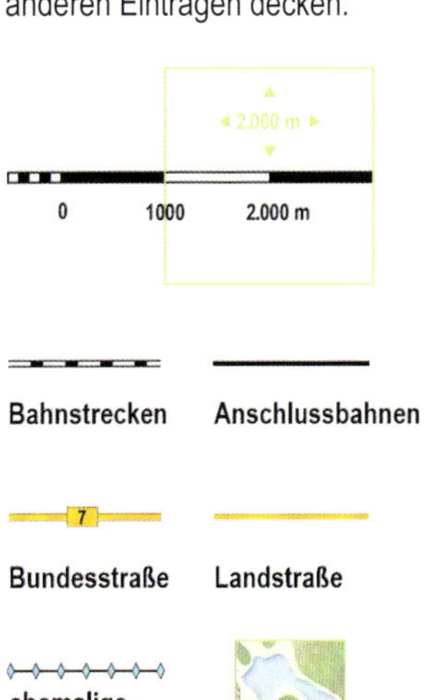


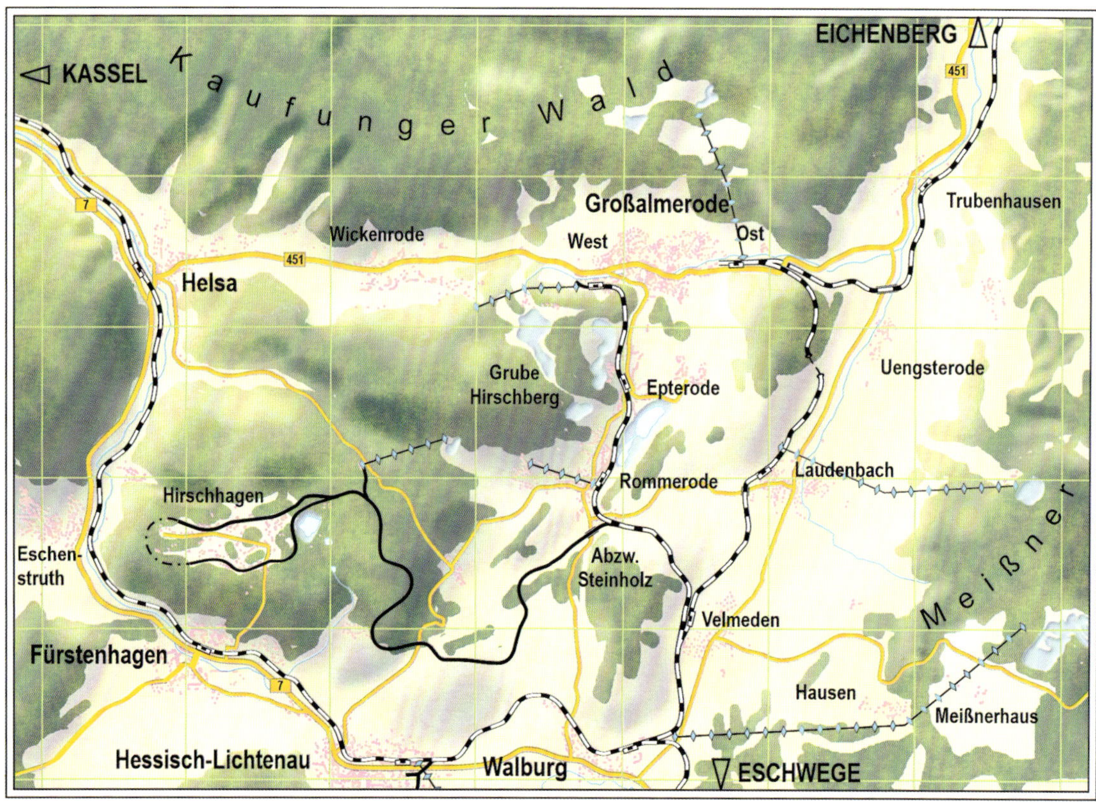

# Schienenwege nach Pirmasens

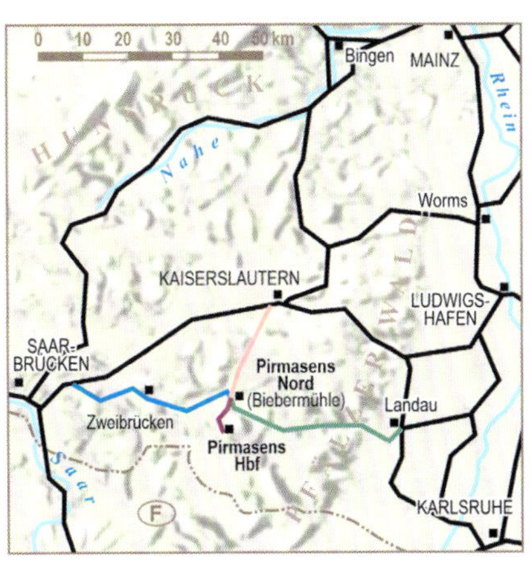


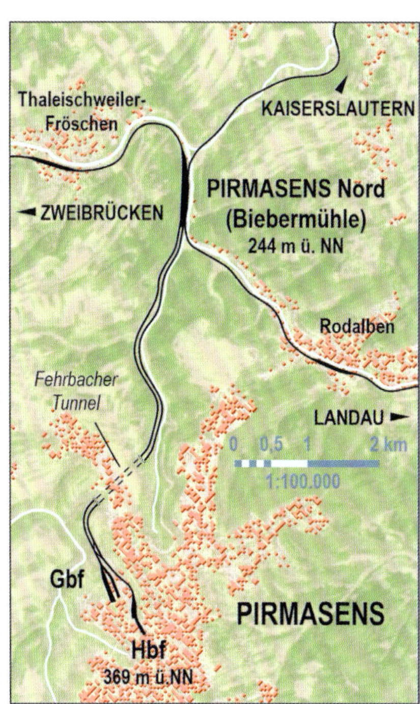


rechts: Pirmasens mit seinen beiden Stationen. Durch Pirmasens-Nord (früher Biebermühle) führt die heute eingleisige Südpfalz-Hauptstrecke (Zweibrücken–Landau). Gleichwohl war eine von Kaiserslautern kommende Nebenstrecke – ab hier bis zum Hbf – in zwei Richtungsgleise aufgeteilt.

links: Die wesentlichen Bahnlinien der vormaligen Pfalz um 1960. Die für das Anlagenprojekt maßgebenden Strecken sind durch unterschiedliche Farbgebung hervorgehoben, wie sie auch in den nachfolgenden Plänen der verdeckten Gleisführung verwendet wird.

Wer eine Fahrkarte nach Pirmasens gelöst hat, sollte wissen, wo er aus dem Zug steigt. Denn ab der Station „Nord" bis ins Zentrum wären es noch steile sieben Kilometer Weges, besser fährt man da noch weiter bis zum „Hauptbahnhof" der pfälzischen kreisfreien Stadt.

Auch die Bahn muss sich hier über ein erkleckliches Stück Steigung mühen. Die früheren Verhältnisse erforderten sogar einen regelmäßigen Einsatz von Schiebeloks. Bemühungen, die für eine weniger anstrengende Bergfahrt sorgen sollten, brachten zeitweilig sogar eine zweigleisige Streckenführung für die eigentliche Nebenbahn mit sich.

Die sich einstellende Verkehrssituation erscheint hinreichend interessant, um auch als eine Empfehlung für die Nachstellung im Modell dienen zu können. Um die gegebenen Verkehrsbeziehungen allesamt konfliktarm unterbringen zu können, lag auch für diesen Entwurf eine Ausführung als „Multideck-Anlage" mit verschiedenen Sichtebenen nahe.

Die Szenerie auf dem obersten Deck sollte sich mit einer angemessenen Modell-Durchbildung darbieten. Der Personenbahnhof von Pirmasens samt dem daran angeschlossenen Postbezirk wird mit vollständiger gleismäßiger Ausstattung wiedergegeben. Die Gleisbereiche des benachbarten Güterbahnhofs zeigen sich im Vergleich zu den einst gegebenen Verhältnissen dann allerdings etwas reduziert.

Auf dem darunter angeordneten Deck gelangt der Bahnhof Pirmasens-Nord zur Darstellung. Diese Kreuzungsstation – zuvor hieß sie noch „Biebermühle" – hatte in den 1930er-Jahren tiefgreifende Umbauten erfahren. Weil

Eine Besonderheit stellte der Abschnitt zwischen Pirmasens-Nord und dem Stadtbahnhof dar. Nachdem die ursprüngliche Verbindung um ein nebenan gelegenes Gleis mit günstigeren Steigungsverhältnissen ergänzt worden war, bestand hier die für eine Nebenstrecke ungewöhnliche Möglichkeit des Richtungsbetriebs auf zwei Gleisen.

Auf einen routinemäßigen Schiebelok-Einsatz sollte bei diesem konkret aufgezeigten Modellprojekt allerdings besser verzichtet werden. Angesichts der in engen verdeckten Wendeln geführten Strecke kann nicht für den sicheren Ablauf garantiert werden.

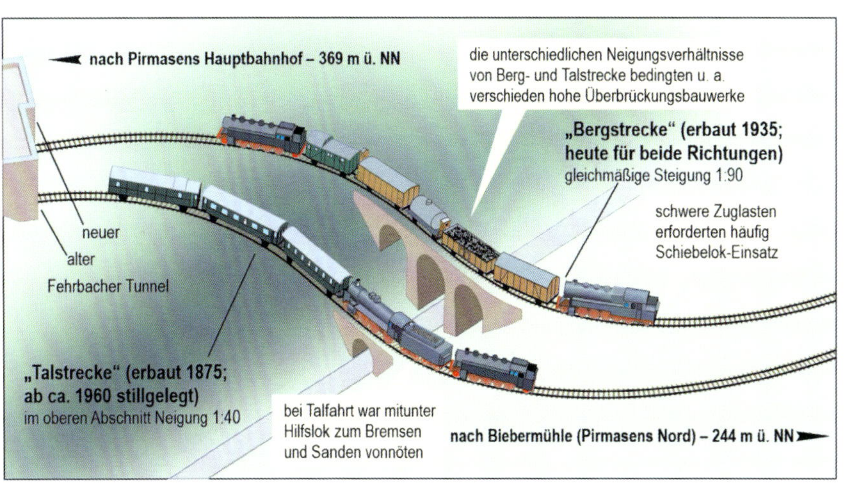

Planansicht für die obere Ebene des Mehrdeck-Anlagenentwurfs. Zur Darstellung gelangen die im Stadtbereich gelegenen Bahnanlagen von Pirmasens. Namentlich der eigentliche Hauptbahnhof, der im Umfang etwas reduzierte Güterbahnhof, und links der recht bestimmend wirkende Bahnpost-Bezirk.

Rmin: verdeckt: 54,2 cm, Strecken: 82 cm, Anschlussgleise: 67cm Steigung max 1:35 = 2,86 %
Weichen sichtbar 12°; Weichen verdeckt 15°

Anlagengröße 450 x 380 cm, Maßstab Anlagenplan 1:15 für H0

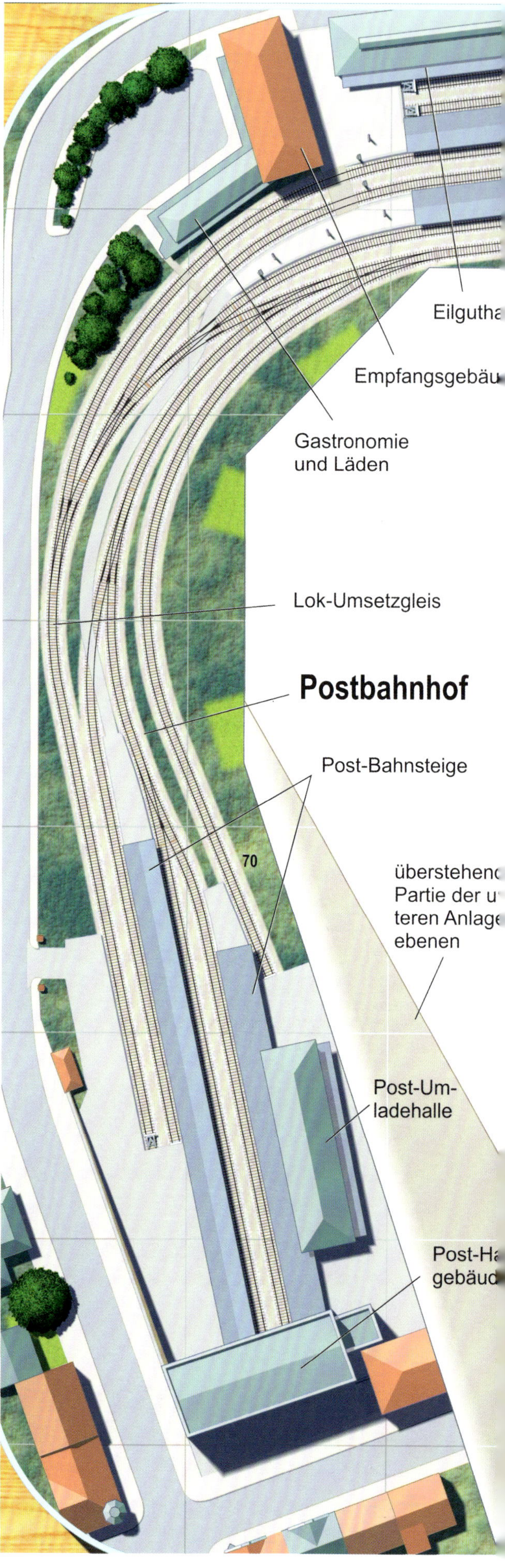


keine verlässlichen Angaben mehr vorliegen, wurden hier die Einrichtungen zur Lokbehandlung freier interpretiert.

Im Prinzip werden die sonstigen Gleisanlagen vollständig erfasst, doch mussten hier und dort Vereinfachungen getroffen werden, um das Wesentliche innerhalb der begrenzten Grundfläche unterbringen zu können. So kann auch das Stationsgebäude bestenfalls als flaches Relief, wenn nicht gleich als bloße Abbildung dargestellt werden. Dies ist letztlich nicht gar so tragisch, da die Szenerie im Unterdeck ohnehin nur in flachem Winkel eingesehen werden kann.

Ebenfalls noch weitgehend einsehbar, nun aber ohne szenische Durchbildung, zeigt sich der Zugspeicherbereich auf abermals tiefer gelegenem Deck. Besondere Beachtung bei einer „Multideck"-Konzeption verlangt die Dimensionierung und gegenseitige Anordnung von Szene- und Bedienbereichen.

Es liegt auf der Hand. dass die großteils frei von den Wänden auskragenden Anlagenkonstruktionen keine besonders große szenische Erstreckung aufweisen können. Bei einer mit maximal 65 cm angesetzten Tiefe wird schon eine solide konstruktive Durchbildung vorausgesetzt. Außerdem werden bei diesem Maß schon bald die Grenzen der Eingriffsmöglichkeiten von der Seite erreicht, das gilt auch unabhängig vom gewählten Modell-Maßstab. Ebenfalls nicht in solch knappen Maßen, wie sie bei rein flächigen Anlagen noch erlaubt wären, sollten die Bedienbereiche vorgesehen werden. Schließlich muss man sich dort abwechselnd bücken oder recken, um die verschiedenen Niveaus einsehen zu können. Von Vorteil könnte hier die Nutzung eines rollenden Möbels sein, was aber auch eine gewisse Mindestbreite der Gänge voraussetzt.

Mit der hier aufgezeigten Entwicklung im Schattenbereich soll den vorbildgegebenen Beziehungen Rechnung getragen werden. Alle drei von Biebermühle ausgehenden Fernverkehre werden jeweils in einer eigenen Abstellgruppe aufgefangen und per Kehrschleife wieder zurück geleitet. Besondere Berücksichtigung finden in diesem Konzept die Kohletransporte, wie sie vom Saar-Revier ausgehend einstmals in Ganzzügen zu beobachten waren. Im Modell würden dabei aus Richtung Zweibrücken Garnituren mit beladenen Waggons und leere auf entgegengesetztem Kurs von Landau herkommend auftauchen. Im Untergrund wurden dafür spezielle Gleisformationen vorgesehen, um diese gerichteten Verkehre sinnfällig für den sichtbaren Teil abrufen zu können.

Zusammengenommen bedingt das zugegebenermaßen eine recht komplexe Durchbildung des verdeckten Bereichs, was dann auch eine recht aufwendige Beschaltung und Überwachung voraussetzt. Bestimmt aber

Bahnsteige
Stellwerk
Stückgutschuppen
PIRMASENS
Hauptbahnhof
Tanklager
(ex Kohlen-
bansen etc.)
Laderampe
Freiladegleis
Lademaß u.
Gleiswaage
74
~90
Güterbahnhof
Zugbildungsgleis
70
Anschluss
Industriebetrieb
Stellwerk
Ziehgleis für
Güterbereich
69
71
Anschluss-Anbindung
(gegenüber Vorbild
verlängert)
neuer
alter
Fehrbacher Tunnel
74
72
70
73
Richtung Pirmasens
Nord (Biebermühle):
„Talgleis“
„Berggleis“

lassen sich hier Vereinfachungen finden, die bei lediglich geringen Einbußen an fahrplantechnischer „Sauberkeit" noch hinreichend betriebliche Abwechslung mit sich bringen.

Gemäß gängigem Brauch wurden zur Verbindung der gestaffelten Ebenen mehrfach Wendelabschnitte eingefügt. Dabei empfiehlt es sich, mehrere im Bogen geführte Streckenabschnitte – sei es in Wendel oder Kehrschleife – möglichst kompakt in einer einzelnen Konstruktion in- und übereinandergelegt als „Wendelturm" zusammenzufassen. Das spart letztlich Grundfläche, die man andernorts zur Entwicklung von Gleisbereichen und Gangbreiten nutzen könnte.

Ansicht von schräg oben auf das Zimmeranlagen-Mehrdeck-Projekt. Die zuoberst liegenden Szene-Bestandteile auf dieser Seite repräsentieren die unmittelbar zum städtischen Umfeld von Pirmasens-Stadt gehörigen Bahnanlagen: Links unten der Postbahnhof, der mit einem imposanten Querbau die Gleise abschließt und teilweise sogar überbaut. Empfangsgebäude des eigentlichen Personenbahnhofs ist demhingegen das ebenfalls in nüchternem Baustil gehaltene Quergebäude hier weiter oben.

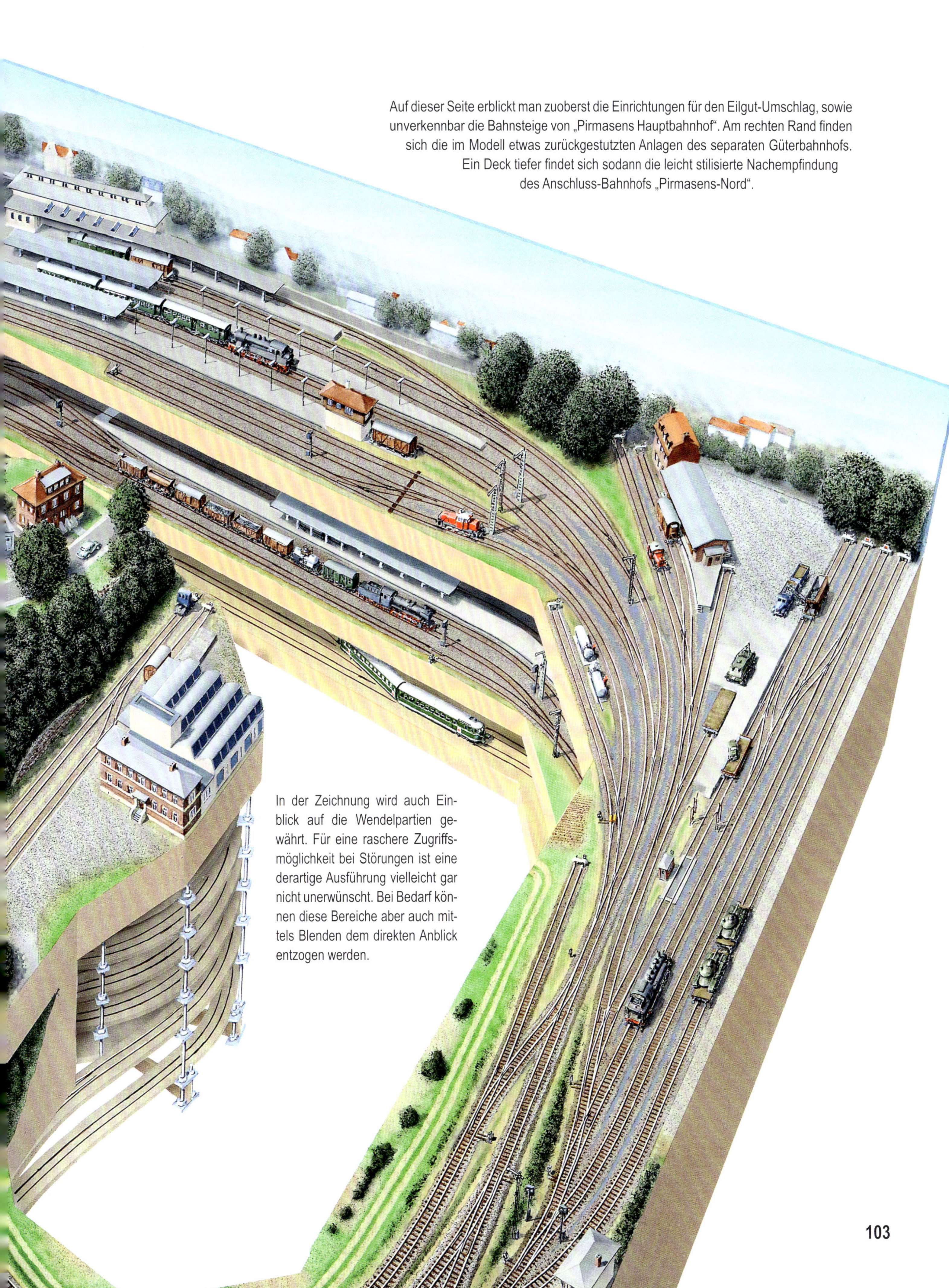

Auf dieser Seite erblickt man zuoberst die Einrichtungen für den Eilgut-Umschlag, sowie unverkennbar die Bahnsteige von „Pirmasens Hauptbahnhof". Am rechten Rand finden sich die im Modell etwas zurückgestutzten Anlagen des separaten Güterbahnhofs. Ein Deck tiefer findet sich sodann die leicht stilisierte Nachempfindung des Anschluss-Bahnhofs „Pirmasens-Nord".

In der Zeichnung wird auch Einblick auf die Wendelpartien gewährt. Für eine raschere Zugriffsmöglichkeit bei Störungen ist eine derartige Ausführung vielleicht gar nicht unerwünscht. Bei Bedarf können diese Bereiche aber auch mittels Blenden dem direkten Anblick entzogen werden.

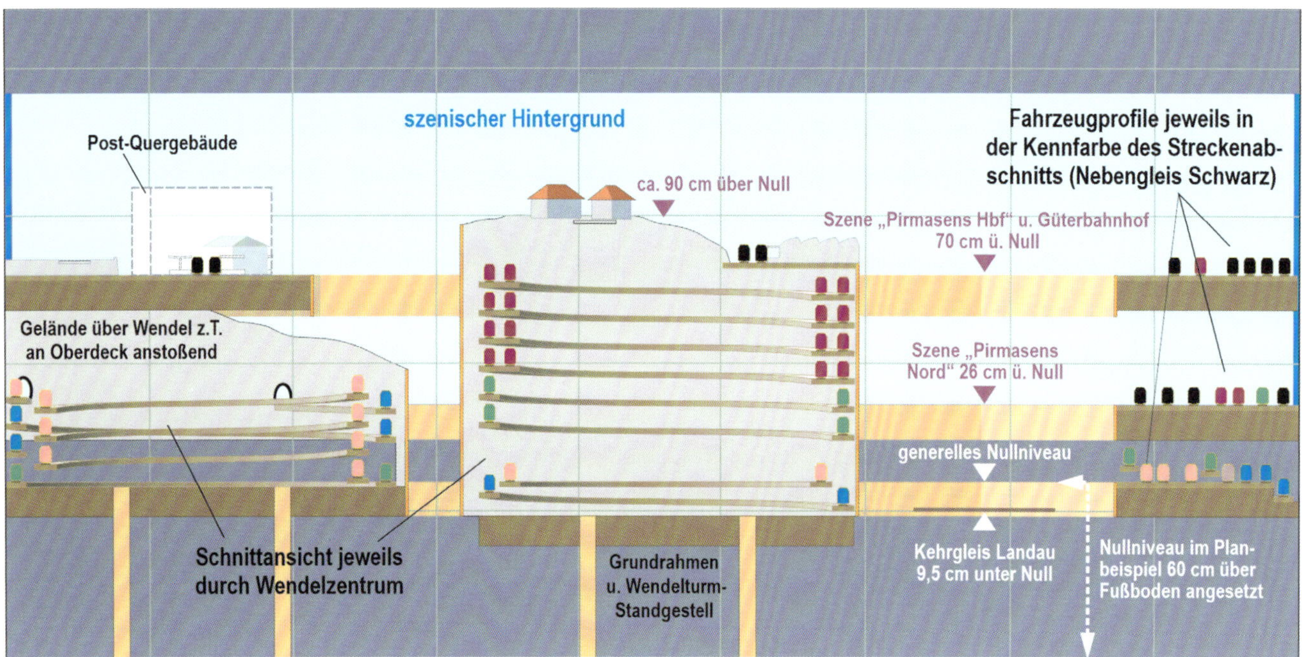


Die Anlage im Querschnitt

Gleisschemata der Vorbild-Stationen, die für das Anlagenprojekt jeweils leicht modifiziert wurden (ohne Maßstab):

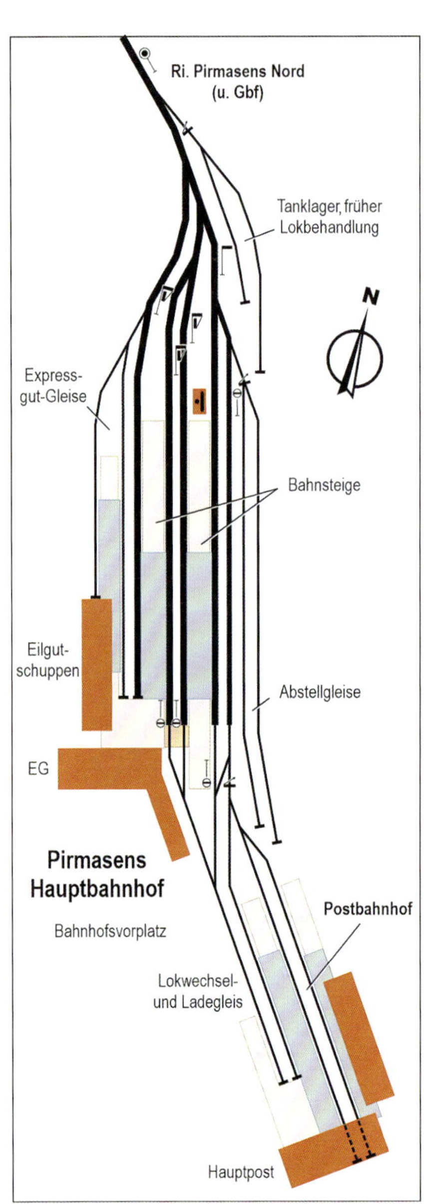


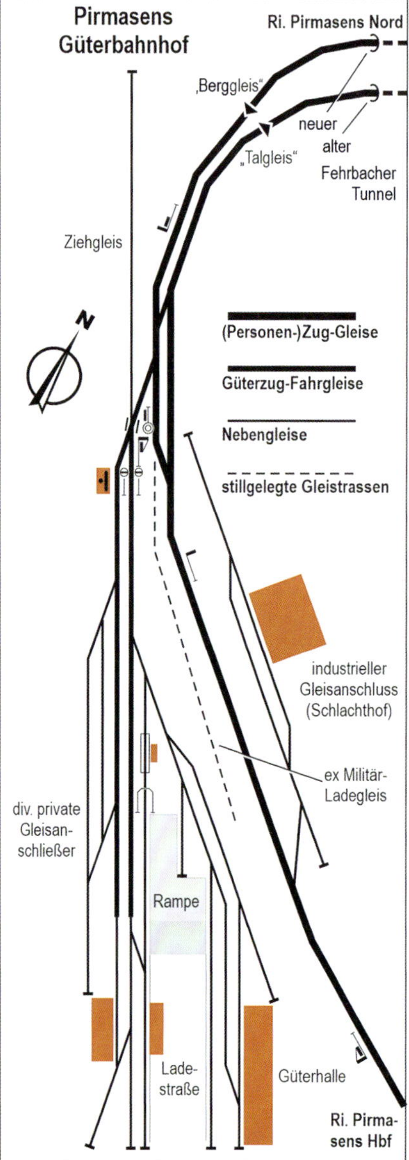


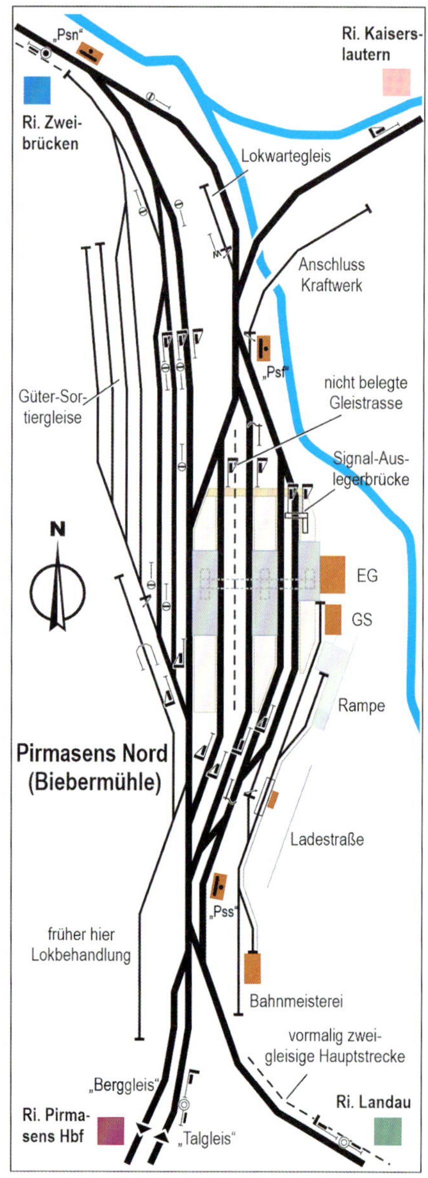

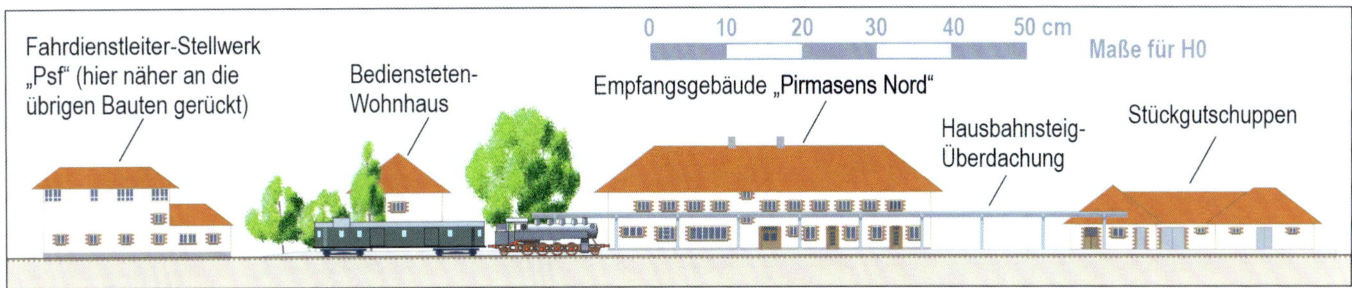


oben: Weitgehend als Flachrelief könnten Stations- und Nebengebäude des Bahnhofs „Pirmasens-Nord“ auf dem mittleren Anlagendeck ausgeführt werden.
Die Abbildung will nur eine ungefähre Vorstellung von einer entsprechenden Hintergrundgestaltung vermitteln. Die Dimensionen der aufgezeichneten Gebäude entsprechen aber den Gegebenheiten beim Vorbild.

rechts: Gleisplan des mittleren Anlagendecks mit der dargestellten Station „Pirmasens-Nord“ (vormals „Biebermühle“)
Die verdeckt geführten Strecken sind in den Kennfarben der unterschiedlich vorgegebenen Fernziele ausgewiesen. Höhenzahlen in cm.

unten: Das tiefstgelegene Deck mit den Schattengleis-Entwicklungen. Diese generelle Abstellebene ist als Null-Niveau gekennzeichnet. Der Abstand zum darüberliegenden Deck erlaubt noch den Zugriff von der Seite. Zusätzlich ist ein Abschnitt tiefer liegender Gleise vorgesehen (mit Minuswerten ausgewiesen).

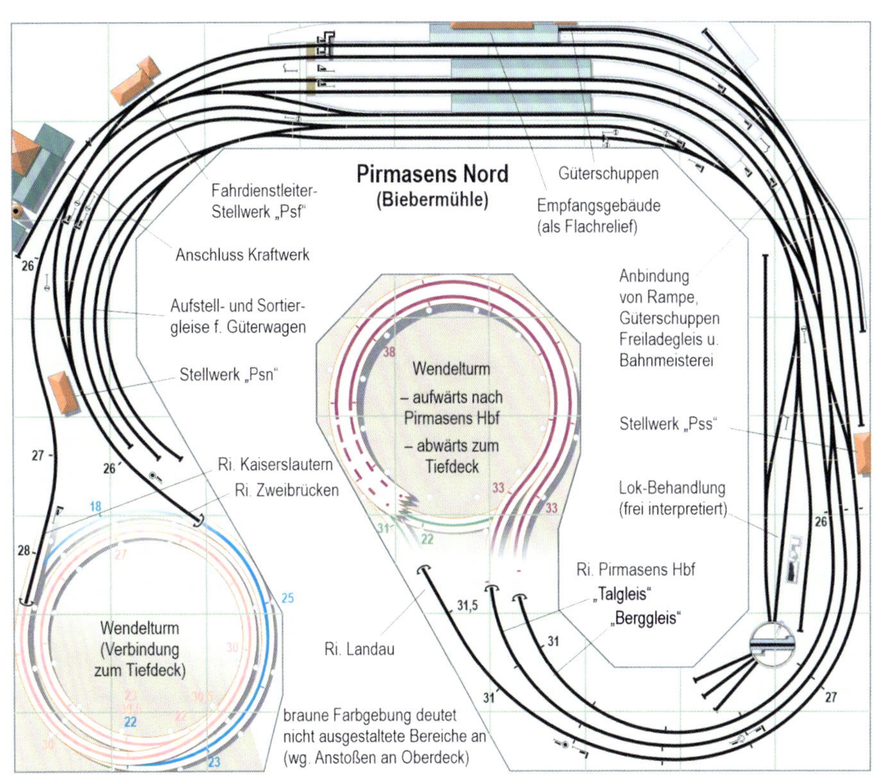


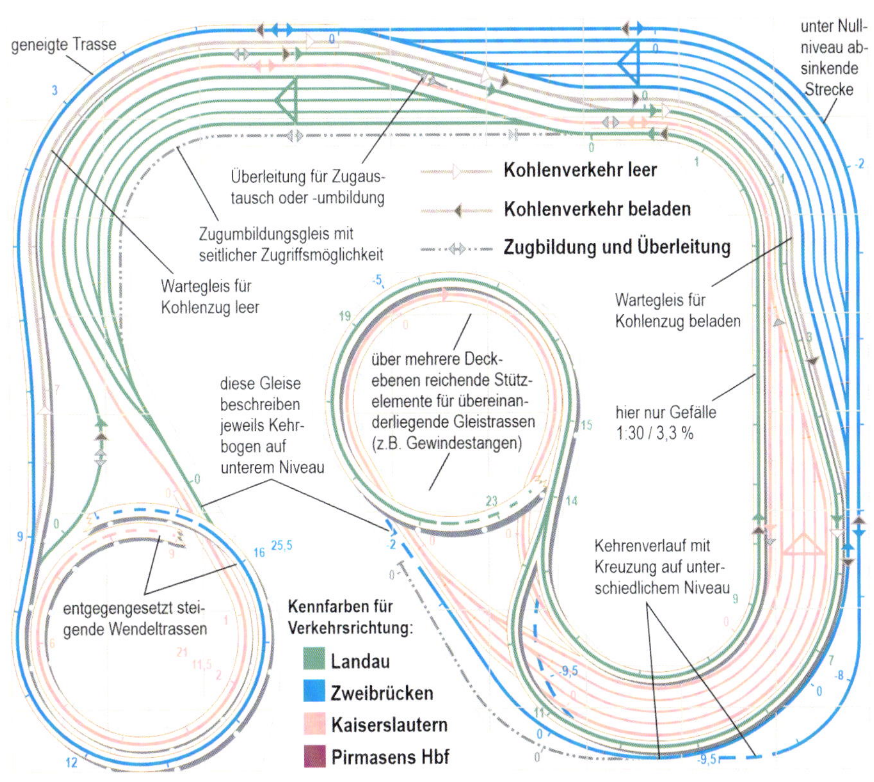


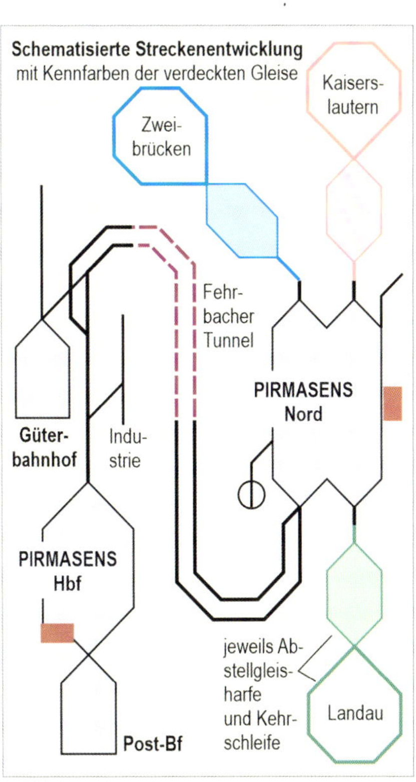

# Rund um Lüdenscheid

Im Zentrum der Anlage steht die breite Anlagenzunge mit den umfangreicheren Normalspur-Anlagen des Lüdenscheider DB-Bahnhofs und der kleinen Endstation der meterspurigen Kreis Altenaer Eisenbahn (KAE) im Vordergrund. Weit hinten erblicken wir noch die Station „Wehberg" – Übergabestelle zwischen DB und KAE. Den dargestellten Zeitrahmen bilden die späten 1950er-Jahre, als es auch auf den Kleinbahngleisen noch hoch herging.

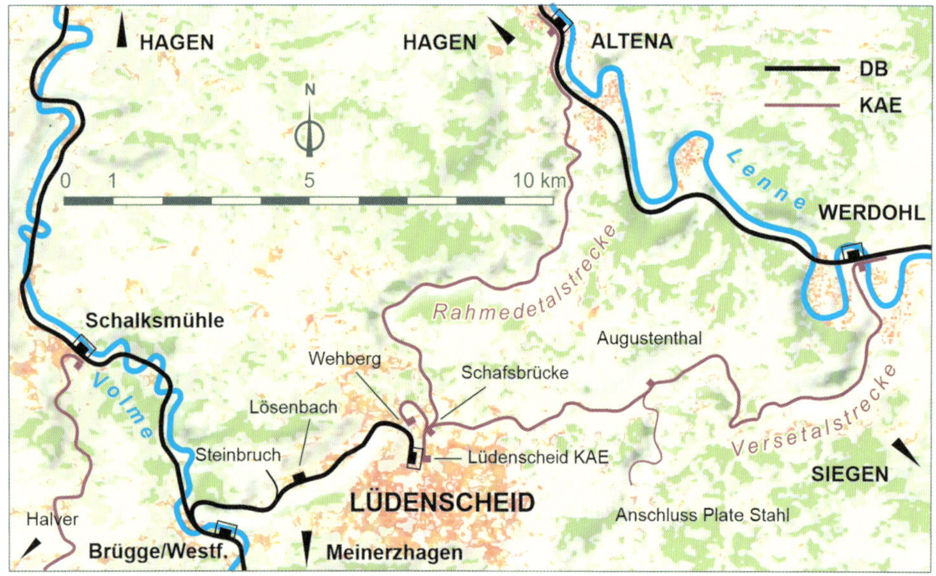


Von den durch die Täler von Volme und Lenne verlaufenden Hauptstrecken aus mussten sich alle Bahnen nach Lüdenscheid kräftig aufwärts mühen.

Heute liegt nur noch die normalspurige Strecke mit Anschluss im Ortsteil Brügge. Die meterspurigen Abschnitte der „Kreis Altenaer Eisenbahn“ (KAE) sind längst verschwunden.

Maßstab der Karte 1:150.000

Für ein ein ganzes Dachgeschoss ausfüllendes Modellprojekt wurde hier die einstmals bei Lüdenscheid gegebene Bahnsituation ausgewählt.

Der Ort wurde gleich von drei aus unterschiedlicher Richtung hereinkommenden Bahnstrecken angefahren. Sie mussten sich dabei allesamt kräftig aufwärts mühen, denn die märkische Kreisstadt findet sich – wie der mit „-scheid“ endende Name andeutet – auf einem zwischen zwei Fluss-Systemen gelegenen Bergrücken. Auf der vom Ort Brügge ausgehenden normalspurigen Stichstrecke mit 2,8% Steigung war zu Dampflokzeiten häufig Schiebelok-Einsatz gefordert. Darin, ebenfalls in geneigtem Abschnitt, lag eine ausschließlich zur Zugkreuzung dienende Station. Außerdem wurde Lüdenscheid dann von gleich zwei Zulaufstrecken mit Meterspurgleis erreicht. Die Bahnen endeten zwar nahe beieinander, doch bestand zwischen den Personenbahnhöfen von DB und KAE ein beträchtlicher Höhenunterschied. Für den Frachtenübergang zwischen beiden Spurweiten sorgte die etwas abseits gelegene Güterumschlagsstelle namens Wehberg.

Im Modellprojekt sind praktisch alle Gleisentwicklungen im Bereich von Lüdenscheid bis hin zum Bahnhofskopf von „Brügge/Westfalen“ erfasst worden – so, wie sich dieser im Kursbuch unter der Nummer 404 vermerkte Abschnitt etwa bis Beginn der Siebziger Jahre darstellte. Für einen sinnfälligen Anschluss „an die weite Welt“ sorgen übliche Schattengleis-Formationen. Darüber hinaus sollen die offen zugänglichen, aber lediglich angedeuteten Gleisbereiche von Brügge als eine Art Fiddle-Yard für einen gelegentlichen Austausch von Rollmaterial per Hand dienen.

Dieser Anlagenvorschlag präsentiert sich gewiss im Widerspruch zu sonst gängigen Empfehlungen zur Nutzung eines derart großzügigen Raumangebots. So kann aber vielleicht einmal illustriert werden, wie eine vorbildgemäß weitläufigere Situation ohne allzu unzuträgliches Stauchen und ohne gravierende Abstriche in der Betriebsführung umgesetzt werden könnte. Dies sollte für hinreichend Beschäftigung auch einer gewissen Zahl von Personen in unterschiedlichen Tätigkeitsbereichen hinreichen. Aber auch der in ruhigen Momenten allein zu Werke gehende Modellbahner könnte hier willkommene Ablenkung und Entspannung finden. Großzügig angesetzte Planungsdaten sollten auch den Einsatz höherwertiger Fahrzeugmodelle erlauben.

Als Aufstellungsort der Anlage nach Motiven rund um Lüdenscheid wird ein großzügig dimensionierter Dachboden-Raum angenommen.

rechts: Ein Blick durch die transparent gehaltene Dachstuhl-Konstruktion.

rechts unten: Die Darstellung soll einen Eindruck von der Raumwirkung vermitteln. Der Blick erfolgt aus der Ecke oberhalb vom Fiddle-Yard.
Eine weit in den Raum ragende breite Zunge bildet das Zentrum der Anlage.
Entlang der Dachschrägen finden sich schmalere Szenenstreifen.
Nach oben abschließende Blenden ermöglichen die wirkungsvolle Installation geeigneter Leuchtmittel.

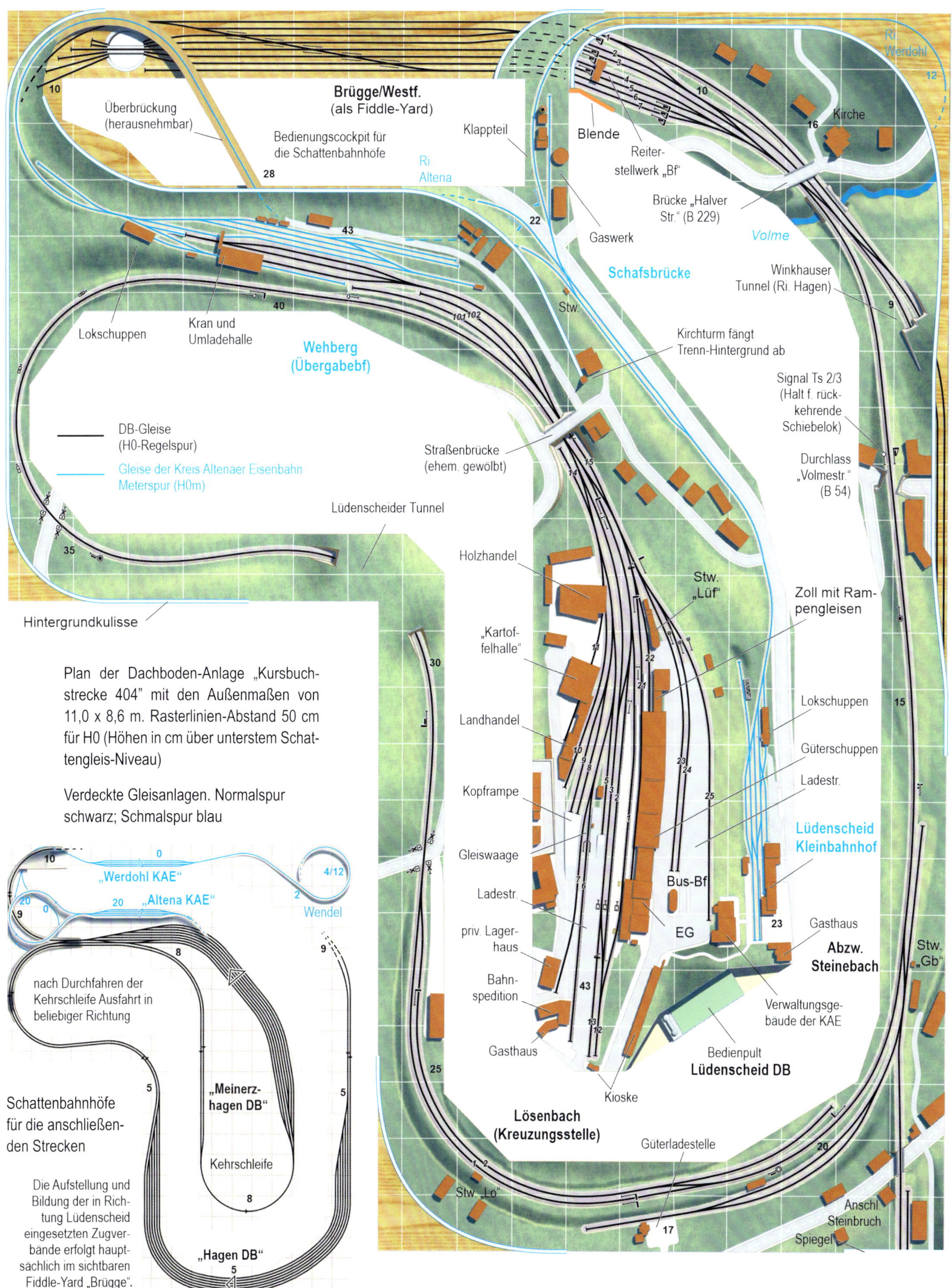


Plan der Dachboden-Anlage „Kursbuchstrecke 404" mit den Außenmaßen von 11,0 x 8,6 m. Rasterlinien-Abstand 50 cm für H0 (Höhen in cm über unterstem Schattengleis-Niveau)

Verdeckte Gleisanlagen. Normalspur schwarz; Schmalspur blau

Schattenbahnhöfe für die anschließenden Strecken

Die Aufstellung und Bildung der in Richtung Lüdenscheid eingesetzten Zugverbände erfolgt hauptsächlich im sichtbaren Fiddle-Yard „Brügge“.

# In Waldeck im Dreieck

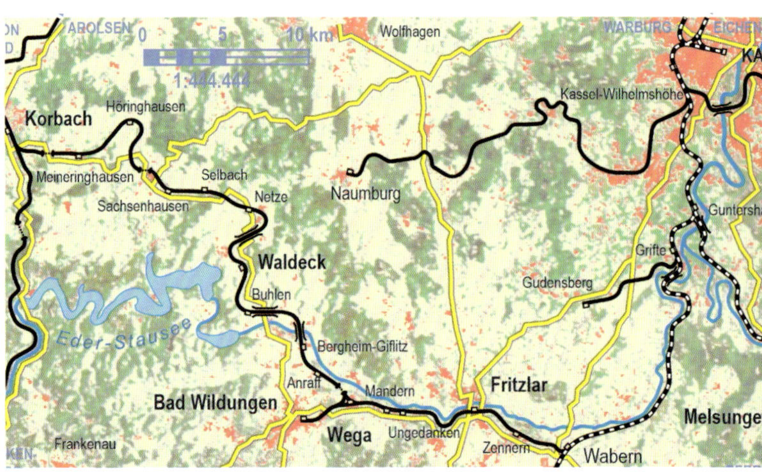


Im Waldecker Land fand sich eine interessante Bahnsituation: Die aus dem bekannten Kurort Bad Wildungen herausführende Stichstrecke verzweigte sich beim Ort Wega in entgegengesetzt weiterführende Richtungen. Dabei ergab sich eine bemerkenswerte Gleisführung im Dreieck.

Wenn in relativer Nähe zueinander gleich zwei interessante „noch handliche" Bahnstationen angetroffen werden, ist das sicherlich wert, für eine Nachstellung im Modell hin überprüft zu werden. Wie eigentlich für fast jedes eng am Vorbild gehaltene Projekt, sollte zur Umsetzung schon eine angemessen große Räumlichkeit gegeben sein. In diesem Beispiel wird von einem sich acht Meter in Firstrichtung erstreckenden Dachbodenraum ausgegangen, zu dem sich ein Zustieg an günstiger Stelle im Fußboden findet. Bei Baugröße H0 besteht allemal die Möglichkeit, im sichtbaren Bereich mit großzügigen Radien (120 cm) und schlanken Weichenwinkeln (10°-Abzweige) zu operieren; und auch in den verdeckt angelegten Kehrbögen geht es mit Radien von wenigstens 70 cm nicht unzuträglich eng zu.

Die betrachtete Bahnsituation findet sich im Nordwesten Hessens im Waldecker Land. Bad Wildungen ist bekanntlich ein renommierter Kurort. Dessen als Kopfbahnhof angelegte Bahnstation weist sich mit einer überschaubaren und dennoch differenzierten Ausstattung an Gleisen aus. Das Empfangsgebäude zeigt sich recht stattlich – dem anspruchsvollen zur Kur anreisenden Publikum Rechnung tragend. Bemerkenswert ist die Aufteilung in zwei getrennt angelegte Bahnsteigzonen: Hierher lief sogar regelmäßig ein von Amsterdam herkommender Kurswagen. Es fand sich auch eine Übernachtungsmöglichkeit für Lokomotiven. Allerdings stellte sich in jüngerer Zeit auch hier der offenbar unvermeidliche Rückbau vieler Gleise und der Wechsel zum Busverkehr ein. Geradezu eine bahntechnische Rarität stellte die wenige Kilometer streckenabwärts gelegene Station Wega dar. Hier bestand nämlich eine Streckenführung in Form eines Dreiecks. Der verbindende Schenkel zwischen den auseinanderstrebenden Ästen wurde allerdings nur von wenigen Zugläufen befahren. Direkt ans durchgehende Gleis angrenzend lag der Lagerschuppen eines industriellen Anschließers. Als Kuriosität vermerkt: Dessen Ladetor ließ sich nur öffnen, wenn signaltechnisch der vorbeiführende Fahrweg gesperrt worden war.

Für den dargestellten Streckenabschnitt werden hier einmal alle Bewegungen aufgezeichnet, wie sie im Fahrplan um 1965 vorgesehen waren. Auch die maßgebenden Zugbildungspläne und Fahrzeugeinsätze werden angeführt. Danach ließen sich die betrieblichen Abläufe in ihrer Gesamtheit auch im Modell nachvollziehen. Sicherlich wäre dazu die Nutzung einer beschleunigt laufenden Modellzeituhr willkommen; die Beschäftigung gleich mehrerer Personen in vorbildentsprechenden Tätigkeitsfeldern versteht sich dabei von selbst.

Angesichts relativ schmaler entlang der Wände geführter Szenen stellen sich zwar wenig gestalterische Probleme, doch bedingt das mit verträglichen Radien ausgebildete Gleisdreieck eine nicht gerade willkommene Unterteilung des Innenraums. Um hier gelegentlich durchkommen zu können, ohne kriechen zu müssen, empfiehlt sich eine klappbare oder herausnehmbare Überbrückung. Der Fahrstrom der Zufahrten sollte vor dem Öffnen unterbrochen worden sein.

Mittels Klappteil überbrückter Durchgang zwischen den Bedien-Bereichen:

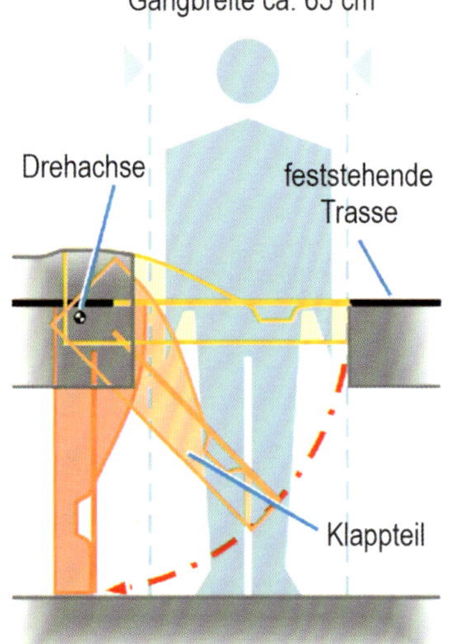


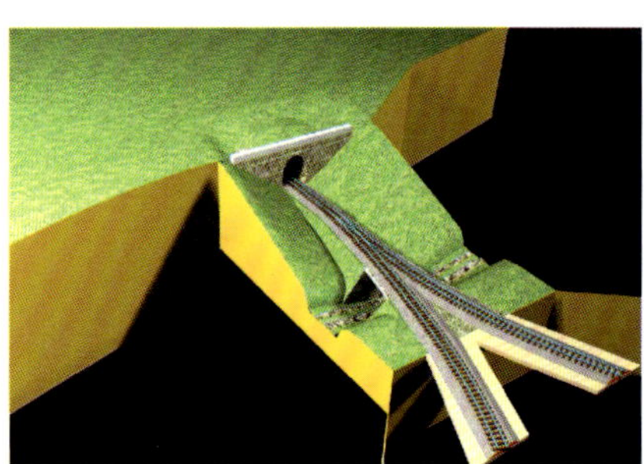

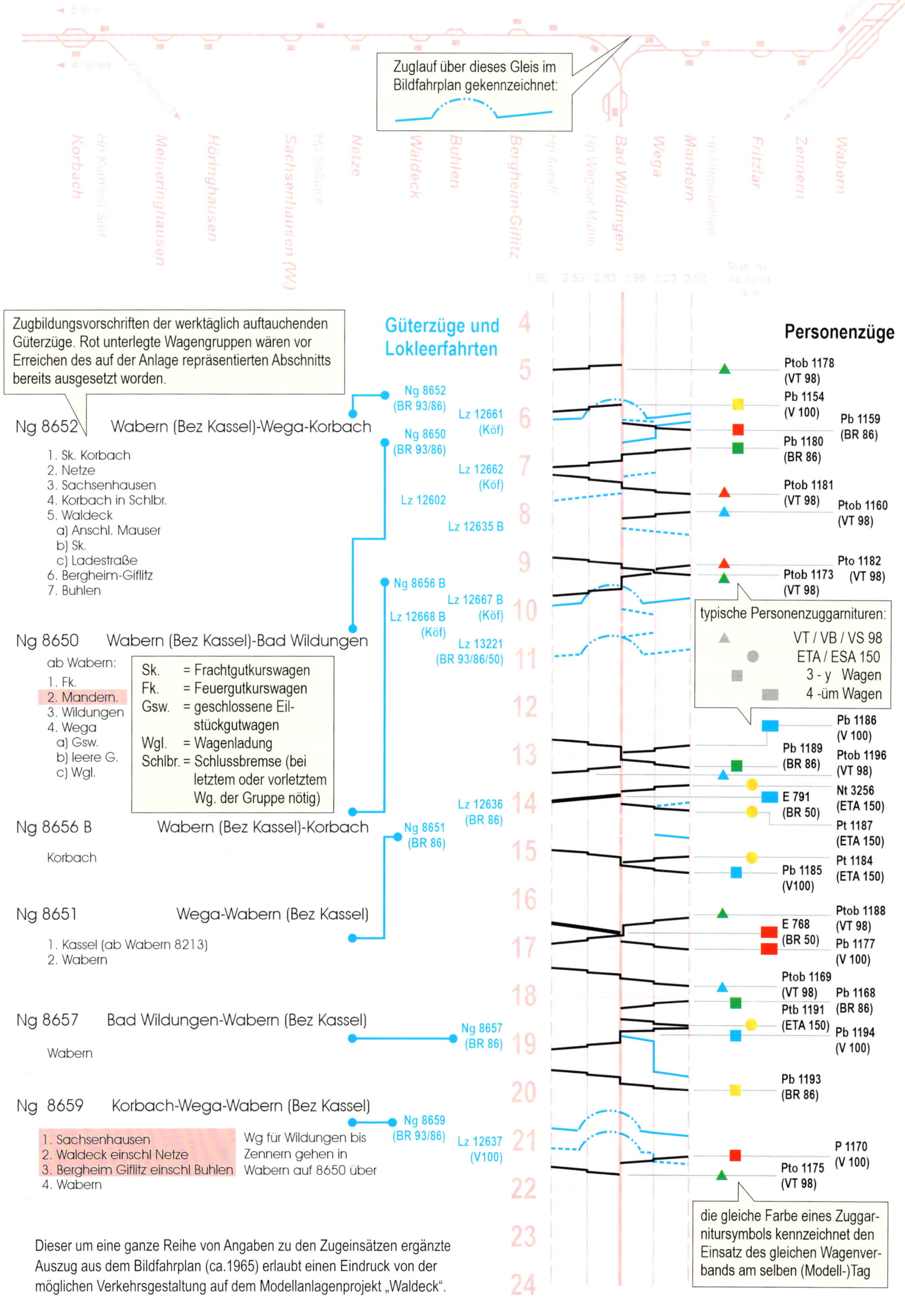


Dieser um eine ganze Reihe von Angaben zu den Zugeinsätzen ergänzte Auszug aus dem Bildfahrplan (ca.1965) erlaubt einen Eindruck von der möglichen Verkehrsgestaltung auf dem Modellanlagenprojekt „Waldeck“.

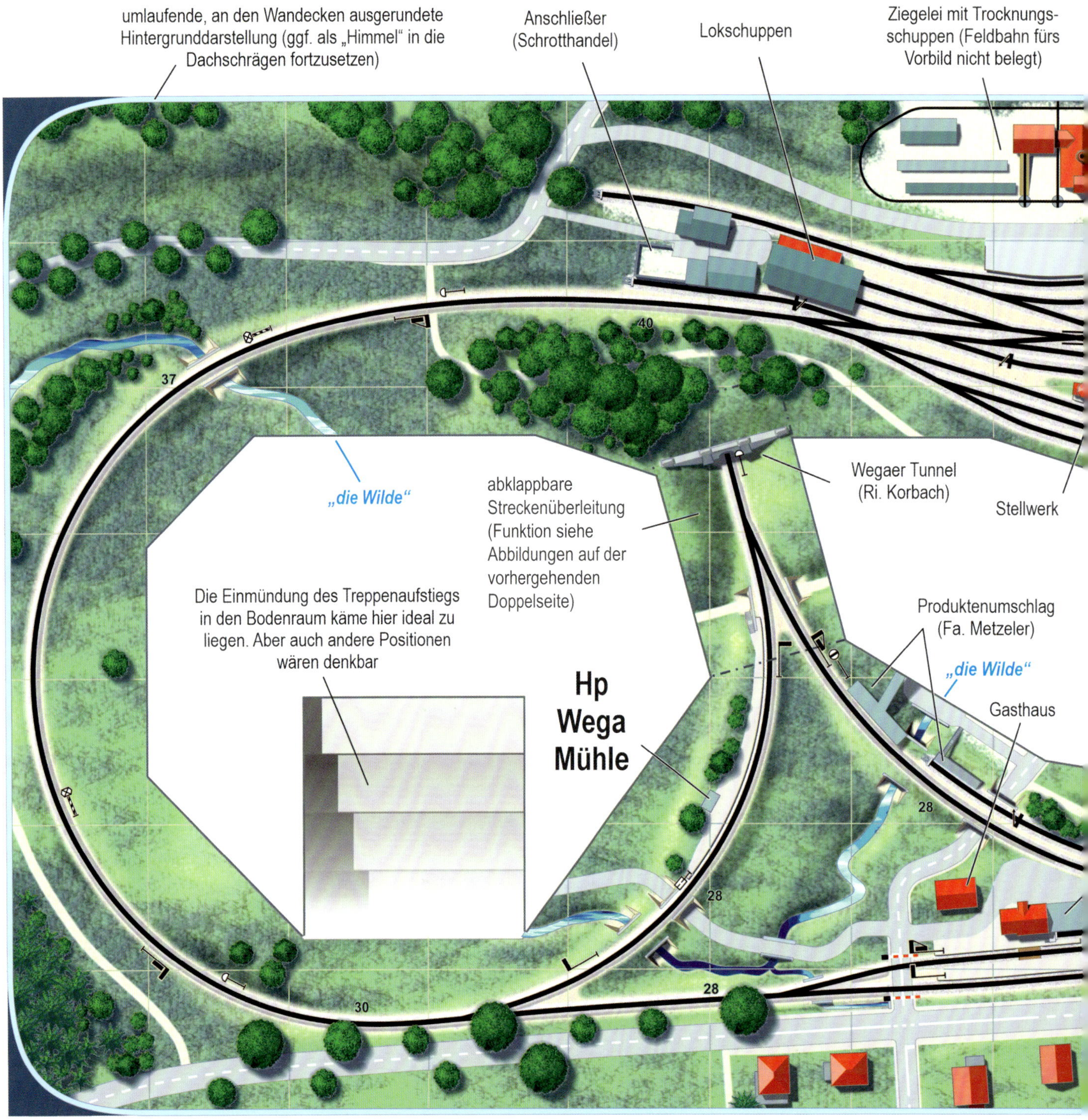

umlaufende, an den Wandecken ausgerundete Hintergrunddarstellung (ggf. als „Himmel“ in die Dachschrägen fortzusetzen)
Anschließer (Schrotthandel)
Lokschuppen
Ziegelei mit Trocknungsschuppen (Feldbahn fürs Vorbild nicht belegt)
40
37
„die Wilde“
abklappbare Streckenüberleitung (Funktion siehe Abbildungen auf der vorhergehenden Doppelseite)
Wegaer Tunnel (Ri. Korbach)
Stellwerk
Die Einmündung des Treppenaufstiegs in den Bodenraum käme hier ideal zu liegen. Aber auch andere Positionen wären denkbar
Hp Wega Mühle
Produktenumschlag (Fa. Metzeler)
„die Wilde“
Gasthaus
28
28
28
30

General-Schattenbahnhof
„Fiddle-Fenster“
Pufferbahnhof „Mandern“
Pufferbahnhof „Anraff“
sichtbarer Bereich

General-Schattenbahnhof
„Fiddle-Fenster“
Pufferbahnhof „Mandern“
Pufferbahnhof „Anraff“
23
15
10
0
0
0
10
20
0

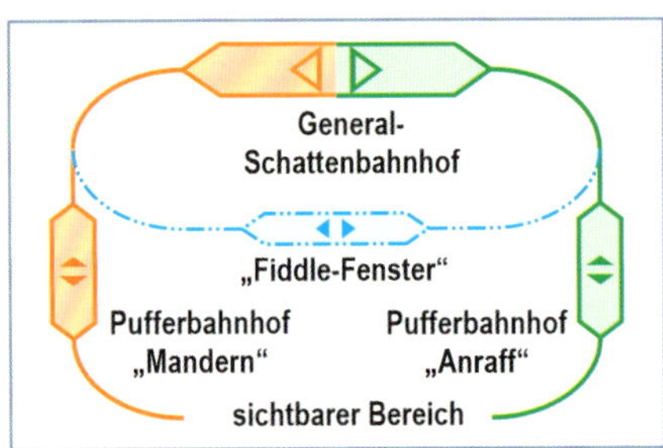

Ausbildung des Schattenbereichs mit einem ringförmig von einem General-Abstellbahnhof ausgehenden Verkehr

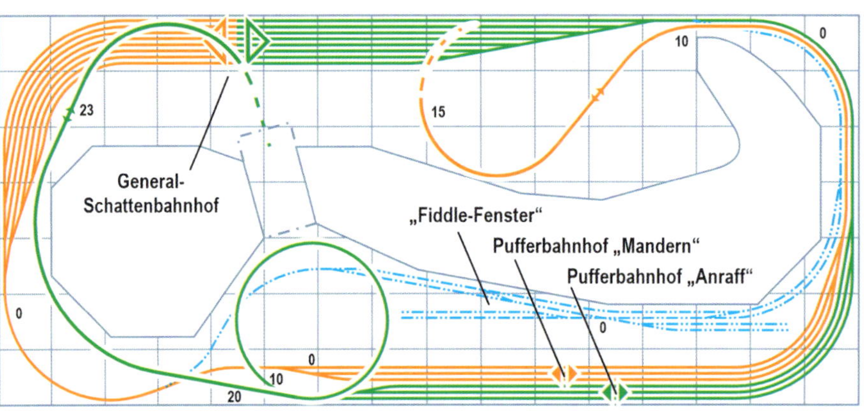

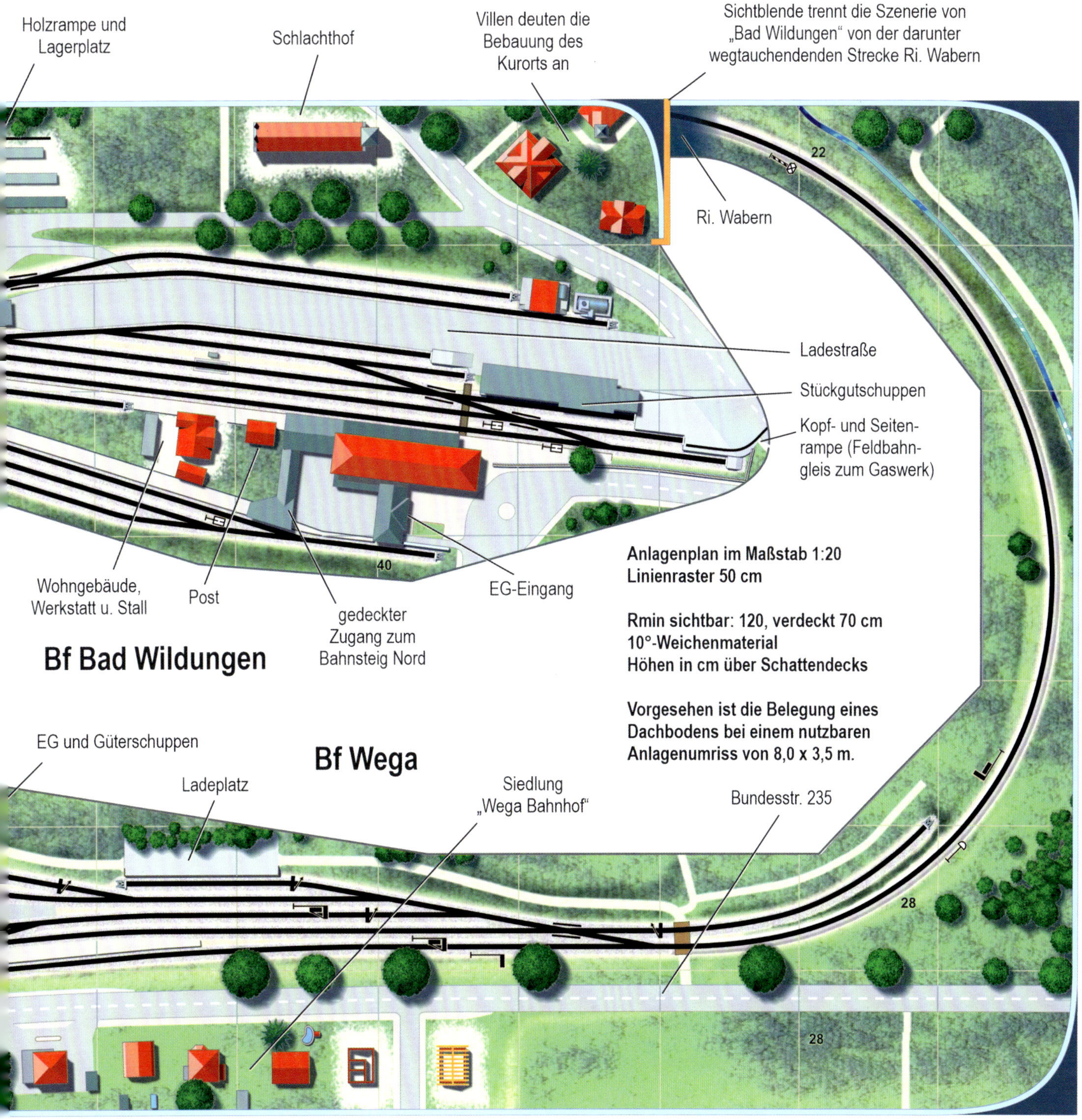

Holzrampe und Lagerplatz
Schlachthof
Villen deuten die Bebauung des Kurorts an
Sichtblende trennt die Szenerie von „Bad Wildungen“ von der darunter wegtauchendenden Strecke Ri. Wabern
22
Ri. Wabern
Ladestraße
Stückgutschuppen
Kopf- und Seitenrampe (Feldbahngleis zum Gaswerk)
40
Wohngebäude, Werkstatt u. Stall
Post
gedeckter Zugang zum Bahnsteig Nord
EG-Eingang
Bf Bad Wildungen
Anlagenplan im Maßstab 1:20
Linienraster 50 cm
Rmin sichtbar: 120, verdeckt 70 cm
10°-Weichenmaterial
Höhen in cm über Schattendecks
Vorgesehen ist die Belegung eines Dachbodens bei einem nutzbaren Anlagenumriss von 8,0 x 3,5 m.
EG und Güterschuppen
Ladeplatz
Bf Wega
Siedlung „Wega Bahnhof“
Bundesstr. 235
28
28

Schattenbf „KORBACH“
Schattenbf „WABERN“
sichtbarer Bereich

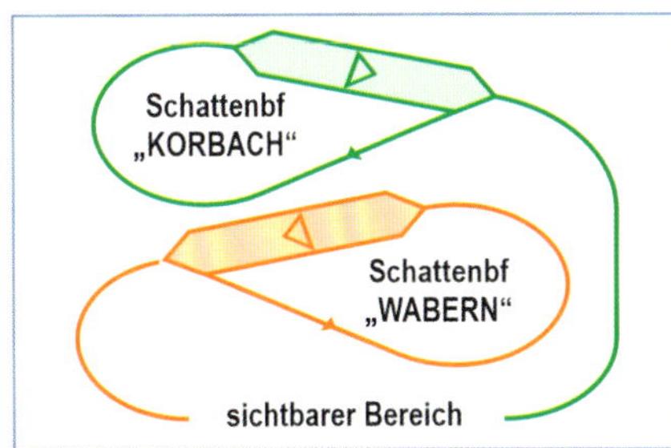

Mögliche alternative Ausbildung für einen „loop-to-loop“-Verkehr zwischen zwei getrennt angelegten Schattenbahnhöfen

20
10
0
23
25
„Fiddle-Fenster“ zur Umbildung von Wagengruppen
Schattenbf „KORBACH“
Schattenbf „WABERN“
„Fiddle-Fenster“
0
20
10
0

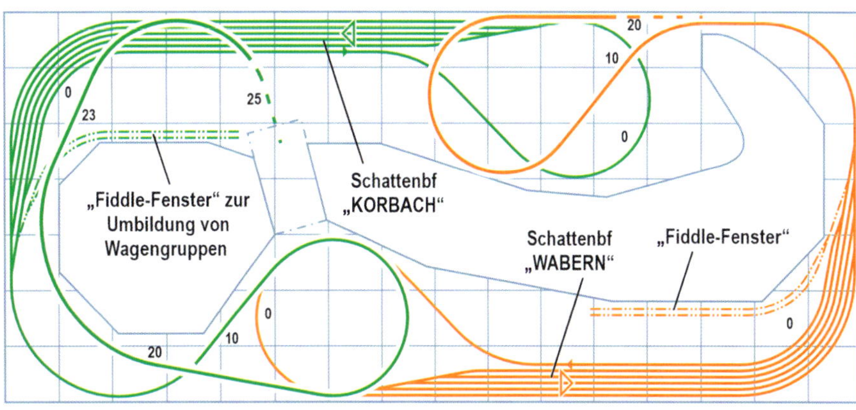

Der obere Anlagenbereich wird weitgehend von der Kopfstation Bad Wildungen bestimmt. Der Fahrzeugeinsatz deutet die späten 1950er-Jahre an. Als prominenteste Verkehrsleistung ist soeben E 597 mit einer BR 93.5 eingetroffen. Dieser Zuglauf wurde nach seinem Startpunkt der „Amsterdamer“ genannt!

Unten im Bild der Abzweig-Bahnhof Wega mit dem angeschlossenen Gleisdreieck. Neben dem einen Schenkel befindet sich noch der Bahnsteig des gesonderten Haltepunkts Wega-Mühle. Dem anderen ist die Ladestelle eines Industriebetriebs angelagert.

# Norwegisches Fjordland

0 100 200 km
N
Flåmsbahn
Bergensbahn
Bergen
OSLO
S
Rjukanbahn


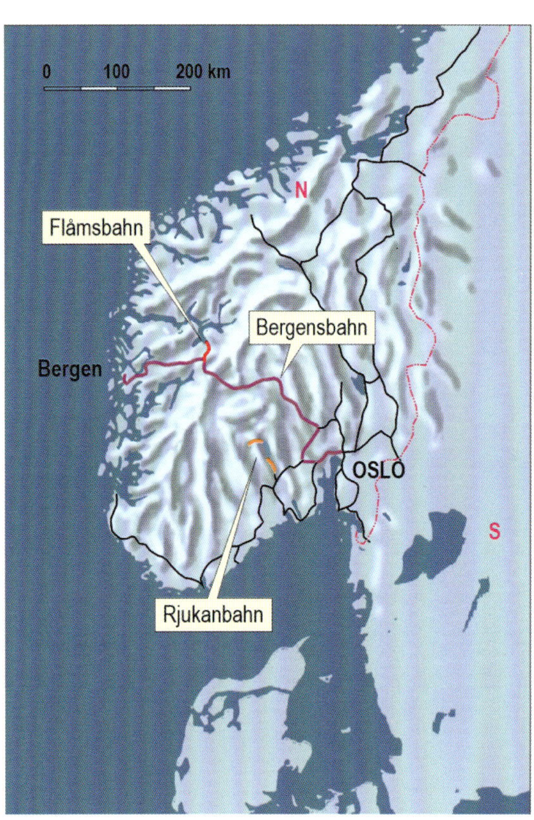

Strecken aus dem Bahnnetz Norwegens, die als Inspiration für das Anlagenprojekt dienten, tauchen in dieser Karte farblich hervorgehoben auf.

In eine Gegend, die von beträchtlicher Höhenentwicklung geprägt wird, will uns dieses Anlagenprojekt entführen. Dabei wird die Nutzung des Raums gleich bis unter die Zimmerdecke vorgesehen. Hierfür bot sich die schroffe Felslandschaft Norwegens als besonders geeignete szenische Inspiration an. Dort gilt es mitunter, sich mit der Bahn von einem auf Meereshöhe gelegenen Fjord bis in eisige Gebirgszonen empor – und wieder herab – zu arbeiten. So wurden fürs Modell Anleihen getroffen bei der so genannten „Bergens-" wie auch der daran anschließenden „Flåmsbahn". Für etwas Abwechslung soll der Einsatz von Kesselwagen für Ammoniak sorgen; die Erzeugung erfolgt in einem Kraftwerks-Komplex, welcher bei der „Rjukanbahn" abgeschaut wurde.

Die bedeutendste Betriebsstelle im Verlauf der vorgesehenen eingleisigen Strecke stellt eine Kopfstation dar, die sich eng an die Durchbildung des realen Bahnhofs Flåm am Sognefjord anlehnt.

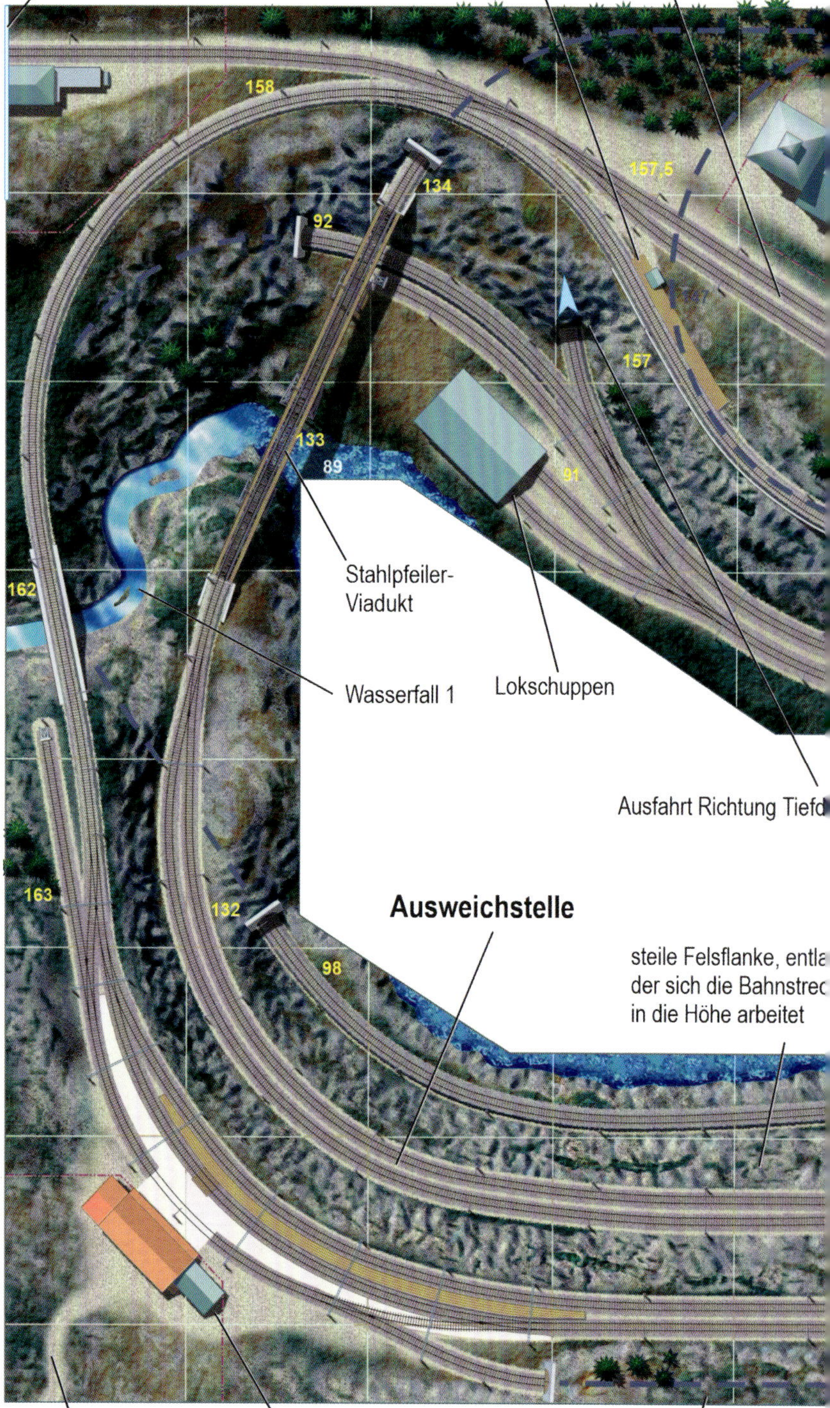

Spiegel zur Fortsetzung des Ammoniak-Labor-Bereichs
Haltepunkt hauptsächlich für Personalverkehr
Ausweich-Anschluss-stelle des Kraftwerks
158
134
157,5
92
157
133
89
91
162
163
132
98
Stahlpfeiler-Viadukt
Wasserfall 1
Lokschuppen
Ausfahrt Richtung Tiefd
Ausweichstelle
steile Felsflanke, entla der sich die Bahnstrec in die Höhe arbeitet
Empfangsgebäude und Stückgutschuppen
herausnehmbare Abdeckung für Durchstiegsöffnung
Station auf dem Fjell
Abstellgleis im Fels – Zwec bestimmung unterliegt milita rischer Geheimhaltung

Der Talboden wird weitgehend von den Bahnanlagen eines Endbahnhofs eingenommen. Zusammen mit seinem Hafenbezirk orientiert er sich eng am Vorbild der Station Flåm am Sognefjord. Darüber thront auf felsigem Plateau das Areal eines Wasserkraftwerks mitsamt Gleisanschluss. Höhenangaben in cm über Fußboden

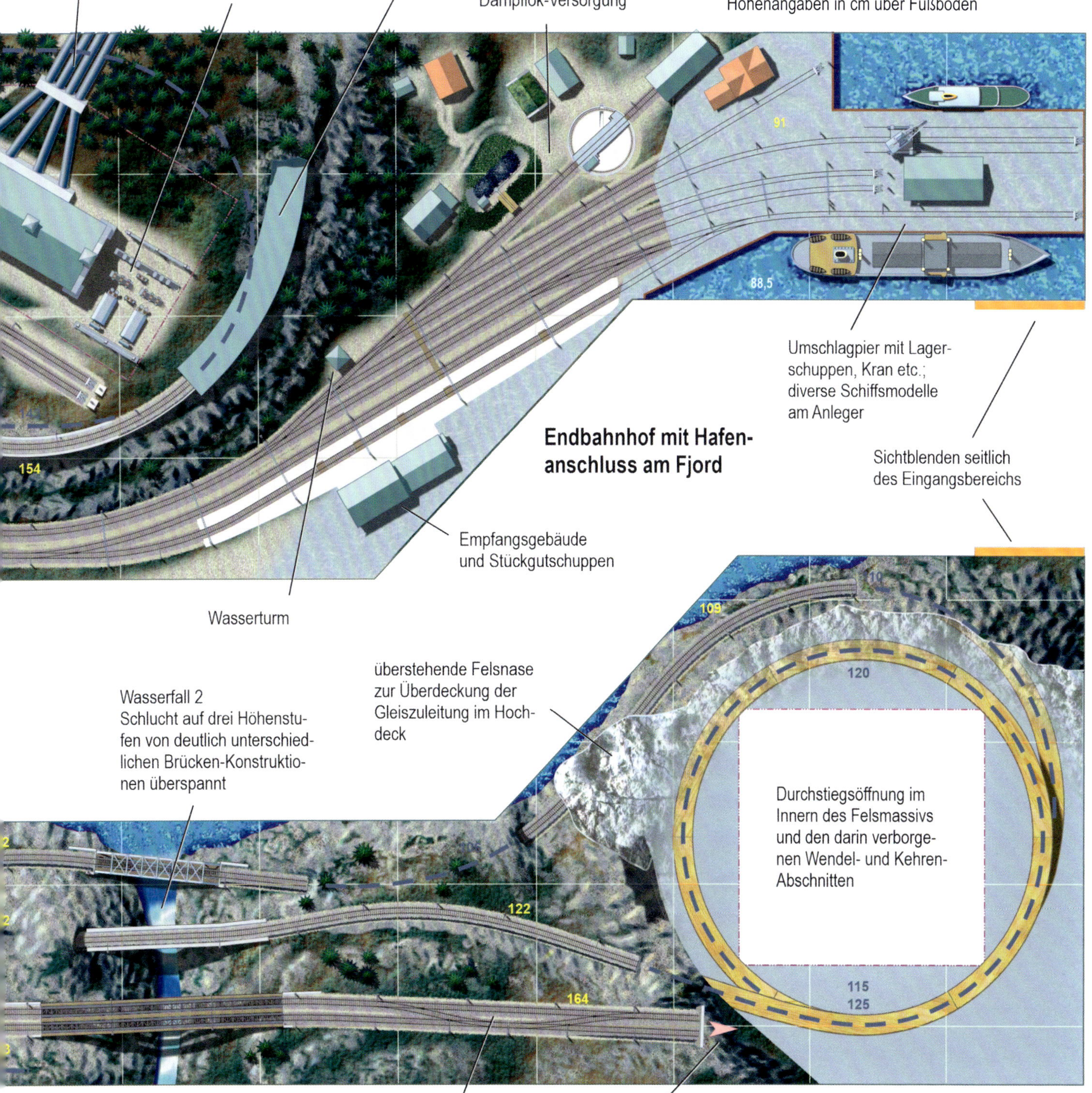


**Diese Hälfte der Anlage bildet hauptsächlich eine steile Felsflanke am Fjordufer ab, entlang derer sich die Bahnstrecke über drei gestaffelte Abschnitte vom Tal in die Höhe arbeitet. Der Geländeverlauf wird durch Wasserfall und Felsvorsprünge konturiert.**

**Anlagengröße 6,50 x 3,70 m; sichtbare Radien mindestens 90 cm; verdeckt 66 cm; Höhenangaben in cm über Fußboden; Gitternetz 50 cm für H0**

**Abbildungsmaßstab des Anlagenplans beträgt 1:20 für die Baugröße H0**

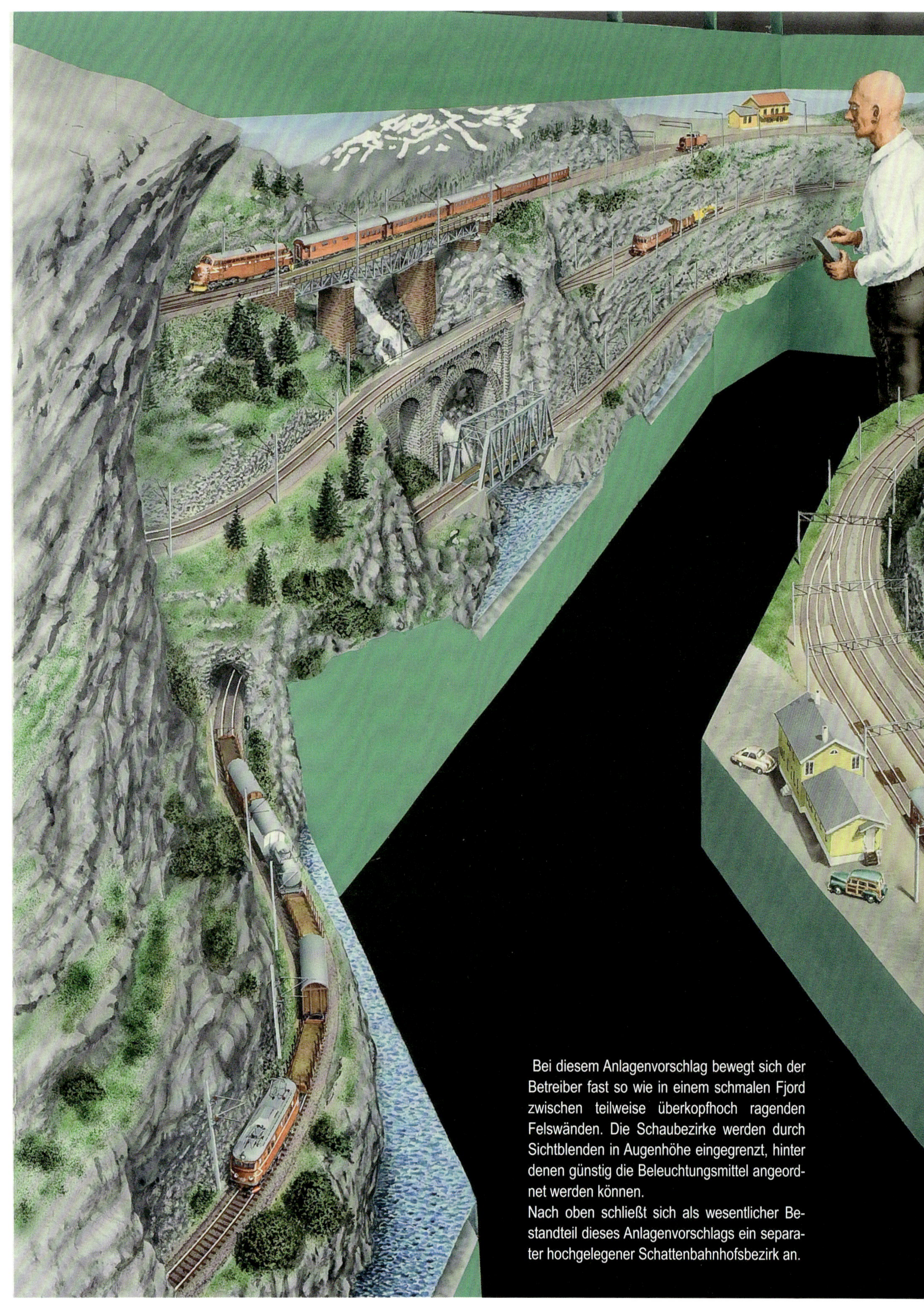

Bei diesem Anlagenvorschlag bewegt sich der Betreiber fast so wie in einem schmalen Fjord zwischen teilweise überkopfhoch ragenden Felswänden. Die Schaubezirke werden durch Sichtblenden in Augenhöhe eingegrenzt, hinter denen günstig die Beleuchtungsmittel angeordnet werden können.
Nach oben schließt sich als wesentlicher Bestandteil dieses Anlagenvorschlags ein separater hochgelegener Schattenbahnhofsbezirk an.

oben: Nachdem man die zentrale Anlagenverdickung passiert hat, eröffnet sich dieser Bereich, der sich nochmals in recht eindrucksvoller Landschaftsgestaltung präsentiert. Von der Höhe stürzt ein Wasserfall, das Tal wird auf mittlerem Niveau von einem grazilen Gerüstpfeiler-Stahlviadukt gequert. Auf dem Plateau rechts erkennt man die Turbinenhalle des Kraftwerkkomplexes, im Talgrund den Lokschuppen des Endbahnhofs

unten: Angelehnt an die Hafenanlagen beim Endbahnhof der Flåmsbahn zeigt sich diese Ecke des H0-Anlagenvorschlags. Hinter der vorgezogenen Blende des Eingangsbereichs ist der Effekt einer sich weiter fortsetzenden Szenerie angedeutet, wie er sich dank eines dort angebrachten Spiegels erzielen ließe.

Allerdings wird diese Vorlage hier durch einen weiteren Streckenabgang ergänzt, der zu einem tiefer gelegenen Schatten-Abstellkomplex führt. Dadurch gewinnt im Modell diese Station den Charakter eines Spitzkehren-Zwischenbahnhofs, somit käme auch der Einsatz von durchgehenden Zugkursen in Betracht, die dann auch etwas abwechslungsreicher zusammengestellt sein dürfen.

Die sichtbar geführte Strecke schraubt sich nun – über eine Ausweichstelle – empor bis zu einer auf Augenhöhe liegenden Zwischenstation. Über eine in einem Felsmassiv verborgene Wendel wird von hier aus das endgül-

Für das gezeigte Anlagenkonzept sind zwei auf völlig unterschiedlichen Höhenstufen angelegte Schattengleis-Entwicklungen vorgesehen. ( Maßstab 1:65, 50 cm Raster für H0):

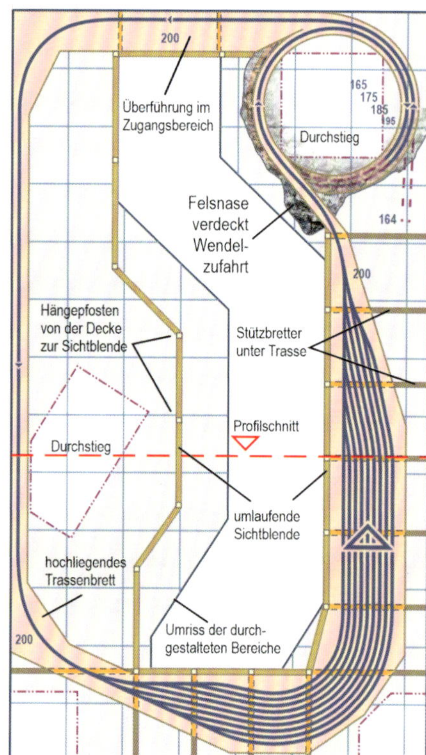


Obenliegende Zugspeicher-Entwicklung (unterhalb Zimmerdecke). Höhenangaben in cm über Fußboden

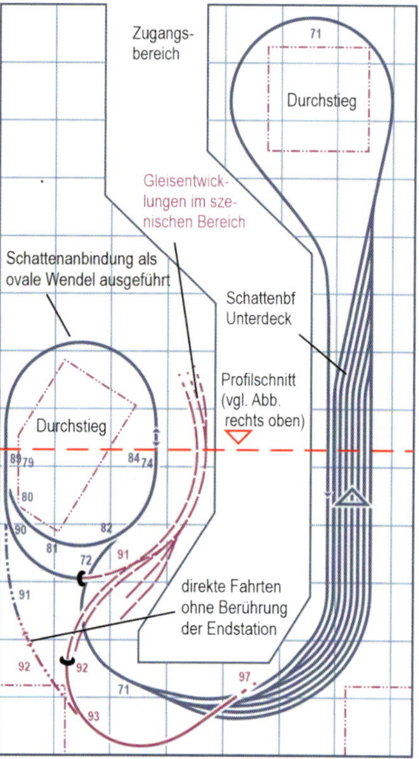


Verdeckte Gleisentwicklungen unterhalb der szenischen Bereiche. Wird hierauf verzichtet, könnte der sichtbare Bahnhof immerhin noch als echte Endstation (à la Flåm im Original) fungieren.

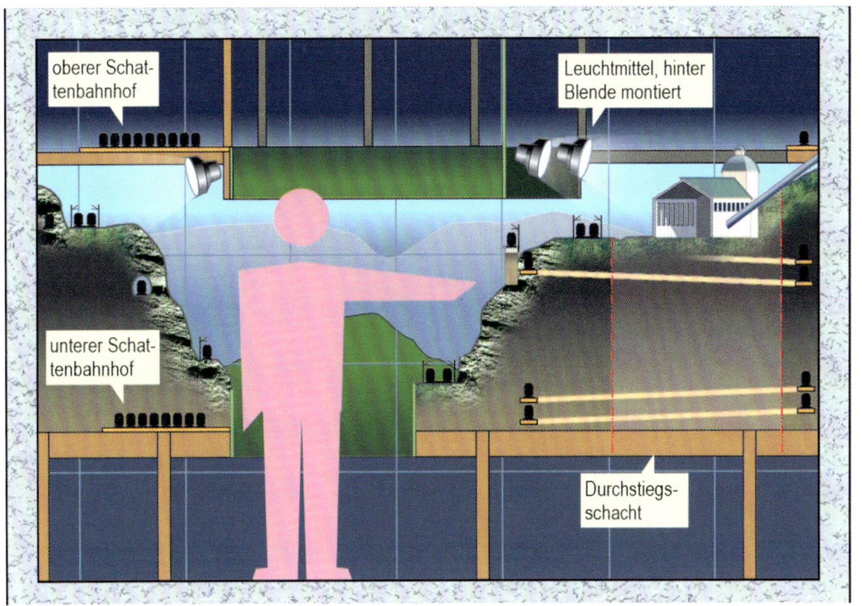


Querschnitt durch die Anlage aus der Richtung vom Eingang her besehen.
Zur direkten Beaufsichtigung des unter der Decke abgehängten Schattendecks müsste auf ein Podest gestiegen werden.

tige Schattenziel erreicht. Es findet sich auf einem unter der Zimmerdecke abgehängten Deck. Schließlich ist dieses von den hoch gelegenen szenischen Bereichen aus schneller zu erreichen, als wenn es dazu erst wieder in die Tiefe ginge. Es ist natürlich geboten, diese „schwebenden" Konstruktionen absolut stabil durchzubilden. Außerdem empfiehlt es sich, die Sicht darauf mit Begrenzungspaneelen ansehnlicher zu gestalten, hinter denen dann auch gleich eine wirkungsvolle Beleuchtungsinstallation ihren Platz finden kann.

Obwohl besonders zur Umsetzung geeignet, muss man sich bei einer Nachempfindung des hier vorgeschlagenen „Vertikalkonzepts" nicht unbedingt an die aufgezeigte nordische Thematik halten. Mit etwas Fantasie lassen sich bestimmt auch Motive aus dem Alpenraum oder anderen gebirgigen Regionen zu einer Anlage mit ähnlicher „Höhendynamik" entwickeln.

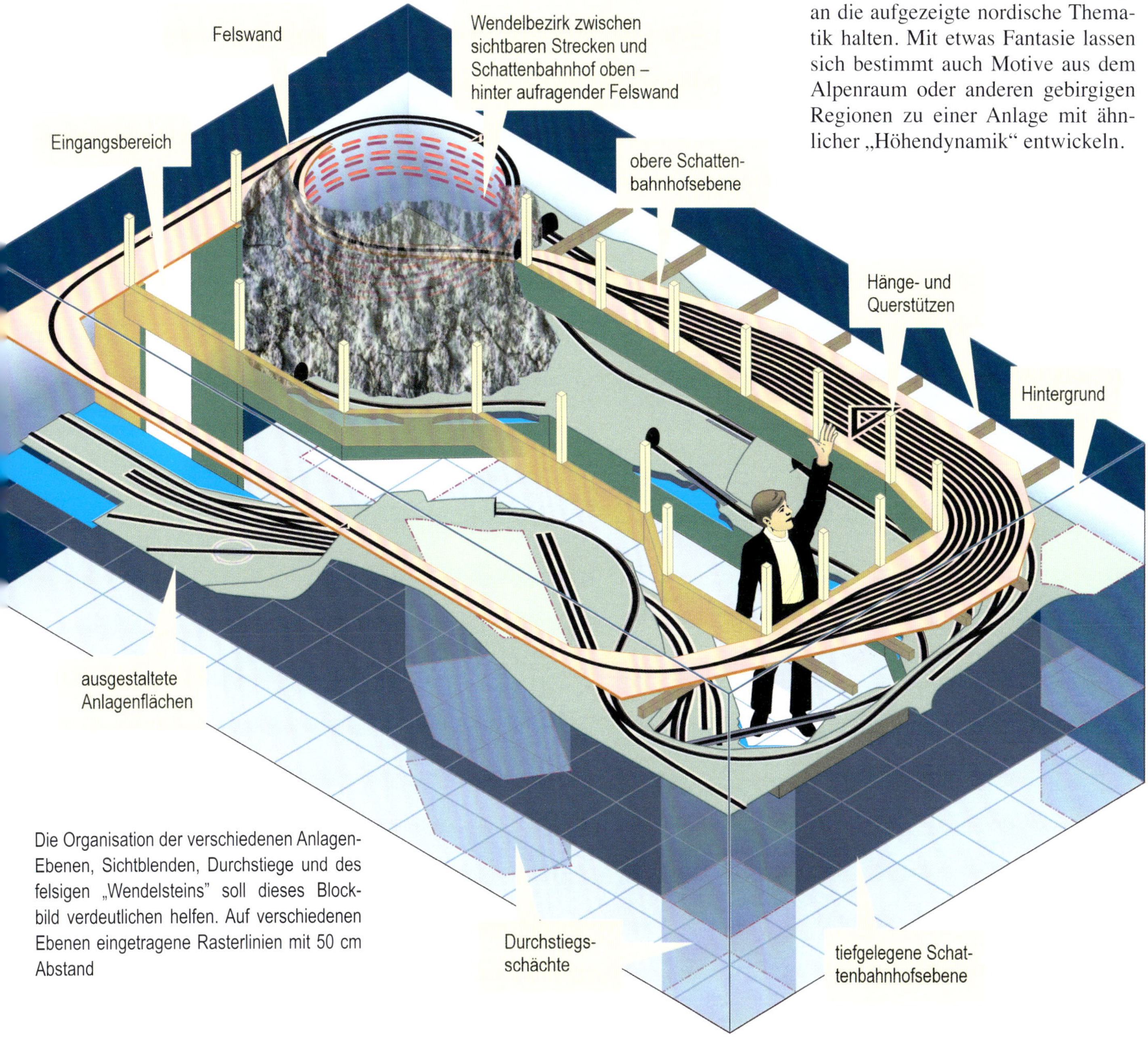

Die Organisation der verschiedenen Anlagen-Ebenen, Sichtblenden, Durchstiege und des felsigen „Wendelsteins" soll dieses Blockbild verdeutlichen helfen. Auf verschiedenen Ebenen eingetragene Rasterlinien mit 50 cm Abstand

# Rauenstein (Thüringen)

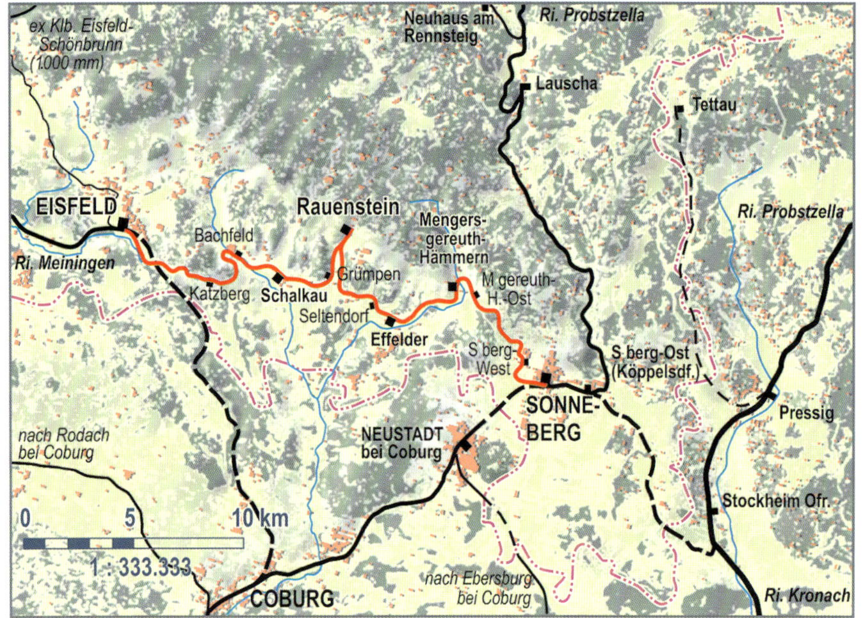


Der Nebenstrecke Eisfeld–Sonneberg (rot) kam zu Zeiten der DDR eine wichtige Funktion für die Versorgung der Region südlich des Thüringer Walds zu. Denn mehrere sonstige hierher führende Bahnen (gestrichelte Linien) waren infolge der Zonengrenzziehung unterbrochen.

Die Verkehrssituation südlich des Thüringer Walds stellte sich nach Kriegsende nicht günstig dar. Sonneberg, der zentrale Ort, lag von den einst hierher führenden Hauptstrecken nun isoliert da. Lediglich zwei Nebenstrecken führten noch hierher. Während es dabei bereits schwierige Geländeverhältnisse zu meistern galt, wurde der Verkehrsfluss auf beiden Relationen überdies durch dort eingefügte Spitzkehren-Stationen gehemmt. Von diesen erfreut sich das nördlich gelegene Lauscha einiger Bekanntheit, wobei jedoch der weiter Richtung Probstzella führende Verkehr mittlerweile zum Erliegen gekommen ist. Weniger prominent ist das weiter westlich gelegene Rauenstein, über das allerdings auch weiterhin noch ein durchlaufender Verkehr in Richtung Meiningen abgewickelt wird.

Die gegebene Bahnhofssituation von Rauenstein (Thüringen) wird mit diesem Zimmeranlagen-Projekt aufgegriffen, wobei weitgehend der noch vor einem tiefgreifenden Umbau im Jahr 1999 bestehende Zustand berücksichtigt wird. Doch wurden ein paar Modifikationen gestattet: So ist eine an früherer Stelle vermutete Drehscheibe beibehalten worden; willkürlich hinzugefügt wurde

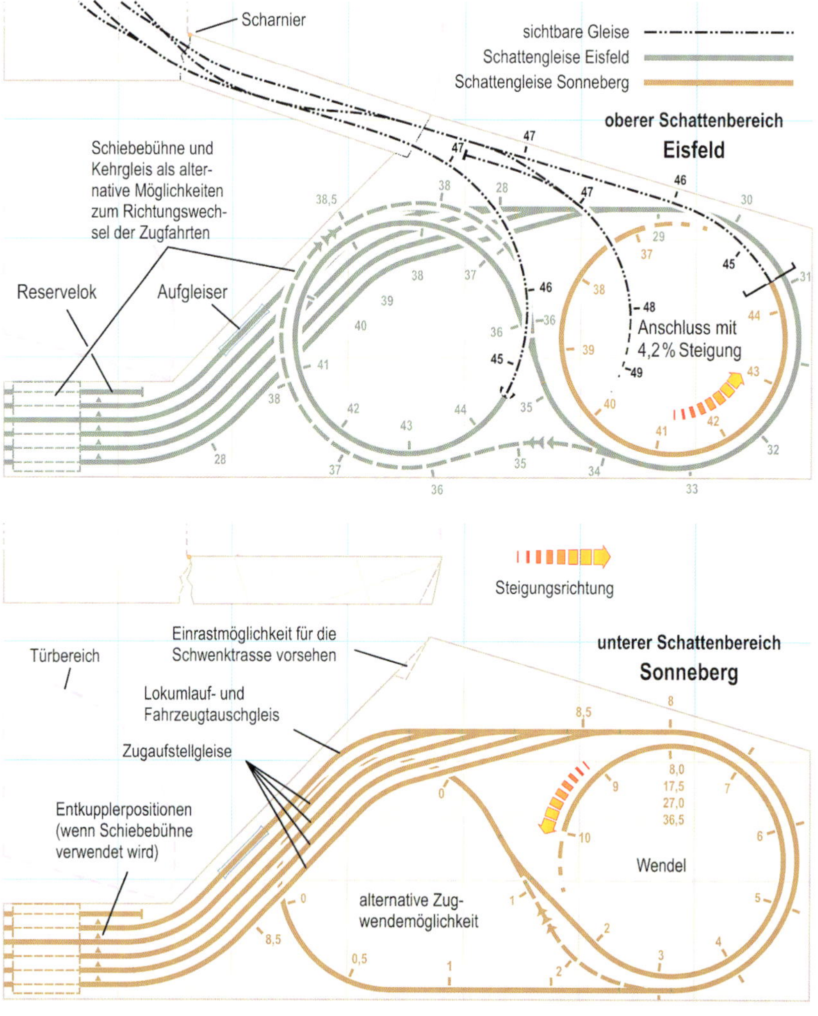


unten: Die beiden verdeckten Schattenebenen des im Plan erscheinenden Anlagenbereichs Strecken-Relationen farblich unterschieden. Rmin 48 cm, maximal 3,15 % Steigung

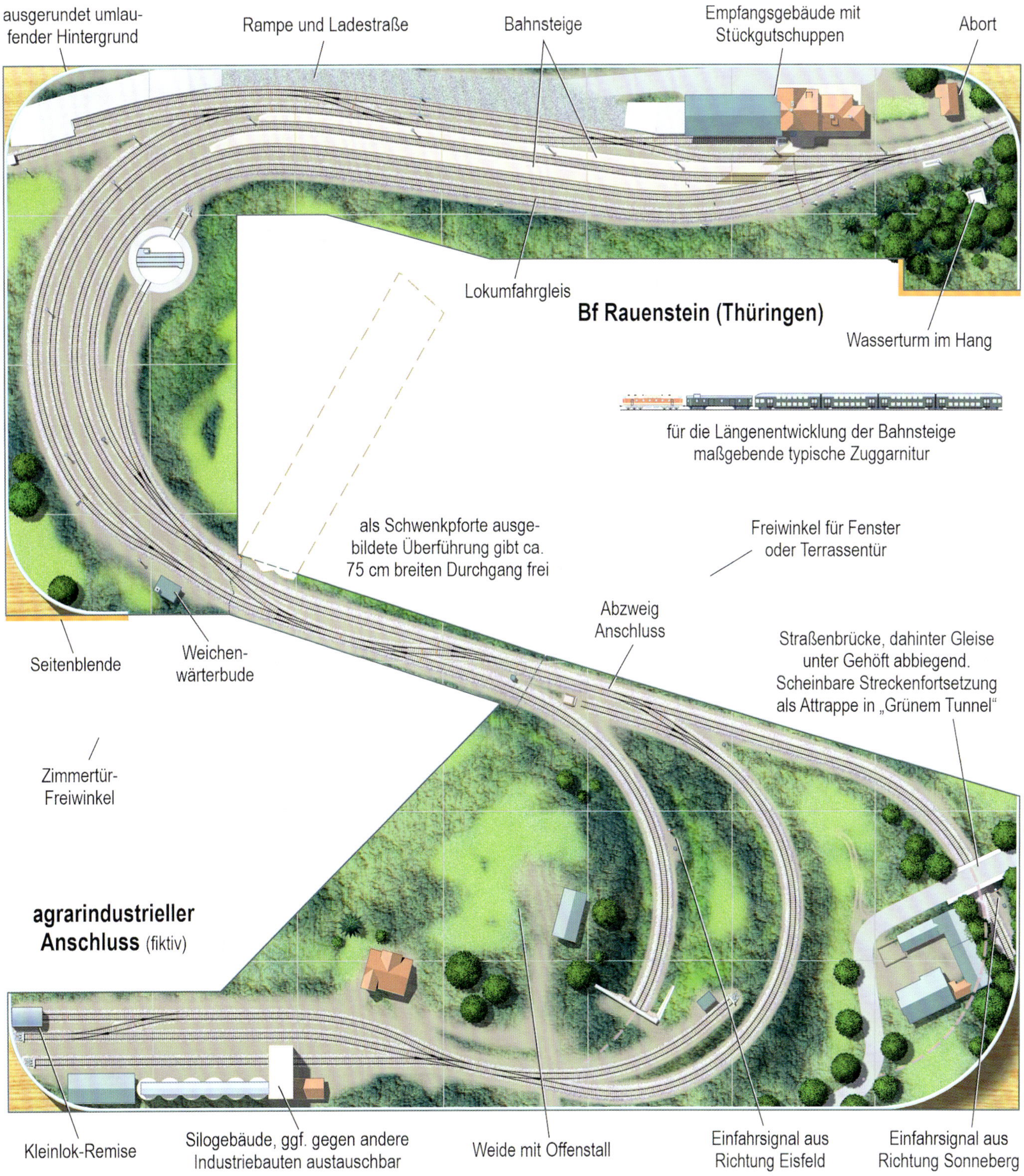

ausgerundet umlaufender Hintergrund
Rampe und Ladestraße
Bahnsteige
Empfangsgebäude mit Stückgutschuppen
Abort
Lokumfahrgleis
Bf Rauenstein (Thüringen)
Wasserturm im Hang
für die Längenentwicklung der Bahnsteige maßgebende typische Zuggarnitur
als Schwenkpforte ausgebildete Überführung gibt ca. 75 cm breiten Durchgang frei
Freiwinkel für Fenster oder Terrassentür
Abzweig Anschluss
Straßenbrücke, dahinter Gleise unter Gehöft abbiegend. Scheinbare Streckenfortsetzung als Attrappe in „Grünem Tunnel“
Seitenblende
Weichenwärterbude
Zimmertür-Freiwinkel
agrarindustrieller Anschluss (fiktiv)
Kleinlok-Remise
Silogebäude, ggf. gegen andere Industriebauten austauschbar
Weide mit Offenstall
Einfahrsignal aus Richtung Eisfeld
Einfahrsignal aus Richtung Sonneberg

H0-Zimmeranlage mit dem Spitzkehrenbahnhof Rauenstein um 1980 als bestimmendes Motiv. Das abzweigende Industrie-Anschlussgleis ist eine frei ersonnene Zutat. Ebenfalls zur betrieblichen Belebung wurde eine nur in früherer Zeit wahrscheinlich vorhandene Drehscheibe im Vorschlag beibehalten.
Außenabmessungen 3,5 x 3,5 m. Sichtbare Radien minimal 61 cm. Weitgehend 12°-Weichen. Raster 50 cm. Abbildungsmaßstab ca. 1:15

Schematisierter Streckenverlauf:
Rauenstein
sichtbare Station und Zulaufstrecken
Schiebebühne zum Lokumsetzen
Schleife für geschobene Kehrfahrt als Alternative oder Ergänzung zur Lok-Schiebebühne
Schattenbahnhof „Eisfeld“
Anschluss
Schattenbahnhof „Sonneberg“

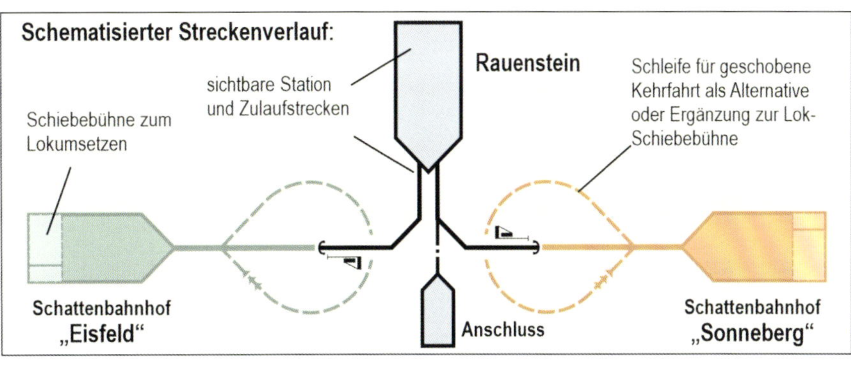

der Gleisanschluss zu einem größeren agrartechnischen Komplex. Ansonsten wird die Betriebsabwicklung in dieser, wie bei den meisten zeitgenössischen Spitzkehrenstationen, in erster Linie von den beim Fahrtrichtungswechsel der Züge notwendigen Umsetzmanövern der Loks bestimmt.

Hier war erwünscht, den Stellraum zwar möglichst vollständig zu nutzen, bei Nichtbetrieb aber dennoch ungehindert passieren zu können. Es sind zwei getrennte Anlagenbereiche vorgesehen, zwischen denen eine Schwenkpforte als verbindendes Element dient. Daraufhin lag es nahe, die Schatten-Entwicklungen in nur einem der beiden Flügel zu konzentrieren. Den einhergehenden Beschränkungen will mit Öffnungen in den Seitenflächen begegnet werden.

Der Anlagenvorschlag in perspektivischer Ansicht. Im Vordergrund der Spitzkehrenbahnhof Rauenstein mit seinem Stationsgebäude und dem Ladestraßenbereich. Die herausführenden Gleise müssen, bedingt durch die knappen Zimmermaße, kräftig herumgebogen werden.

Über ein schwenkbares Verbindungsbrett erreichen sie den gegenüberliegenden Anlagenteil. Dort entschwinden die Strecken zu auf gestaffelten Ebenen angelegten Schattenzielen.

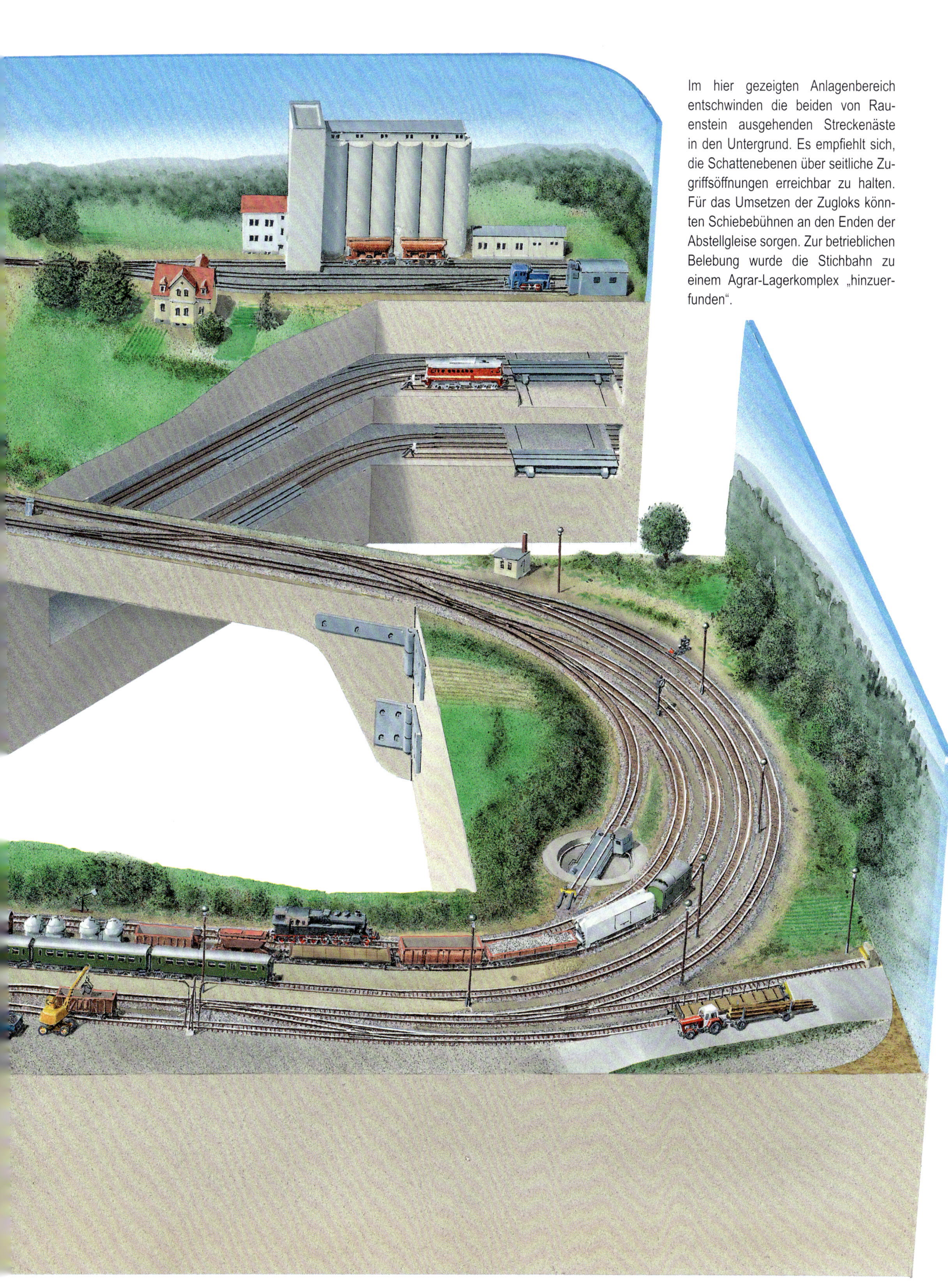

Im hier gezeigten Anlagenbereich entschwinden die beiden von Rauenstein ausgehenden Streckenäste in den Untergrund. Es empfiehlt sich, die Schattenebenen über seitliche Zugriffsöffnungen erreichbar zu halten. Für das Umsetzen der Zugloks könnten Schiebebühnen an den Enden der Abstellgleise sorgen. Zur betrieblichen Belebung wurde die Stichbahn zu einem Agrar-Lagerkomplex „hinzuerfunden“.

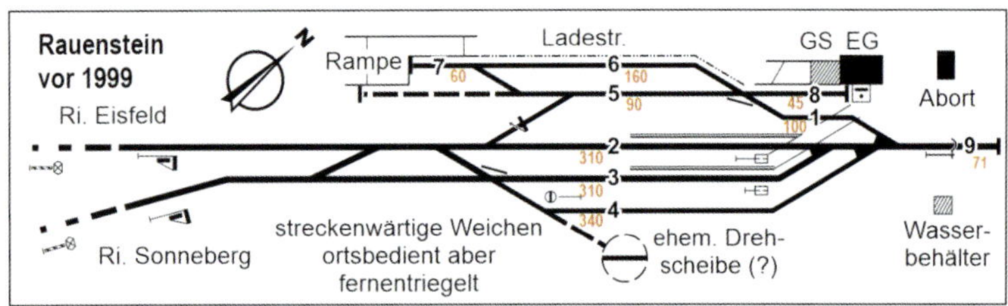


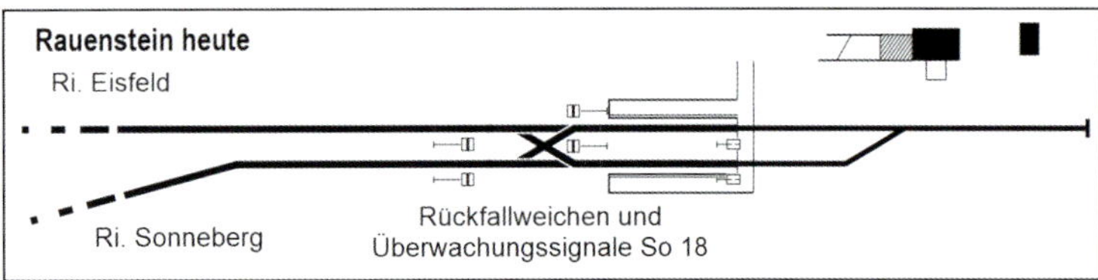


Gleisschema des Spitzkehrenbahnhofs Rauenstein (Thüringen) vor und nach dem Umbau. Gestrichelte Linien kennzeichnen bereits vorher in Fortfall gekommene Gleisanlagen. Rote Zahlen geben die Gleisnutzlänge beim Vorbild in Metern an.
Das Bahnhofsgebäude dient heute keinen betrieblichen Zwecken mehr. Der Verkehr wird im Zugleitverfahren abgewickelt. Die Sondersignale (im Aufbau ähnlich Gleissperr-Lichtsignalen) zeigen mit zwei Lichtpunkten das korrekte Anliegen der Zungen bei den Rückfallweichen an.

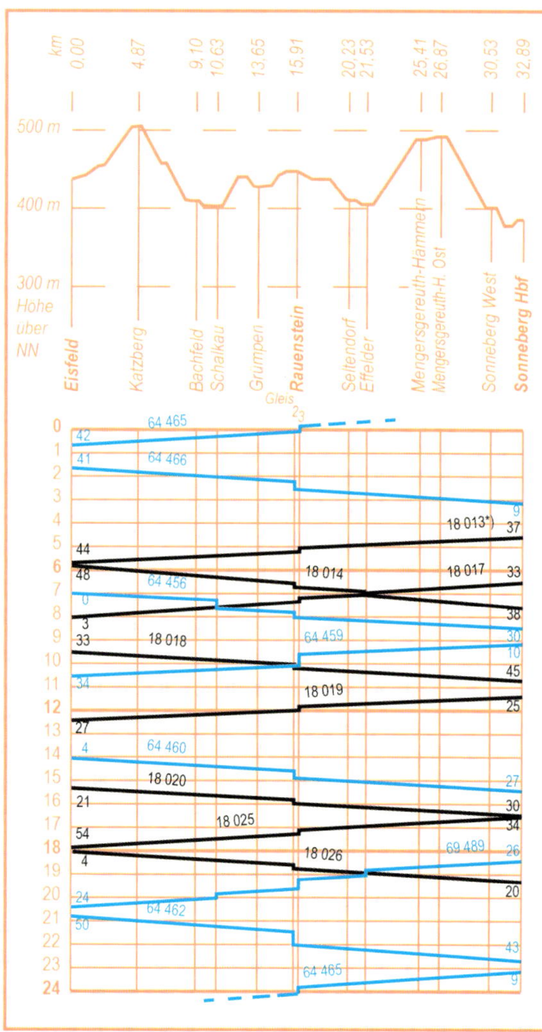


Für die Modellumsetzung stellt sich insbesondere die von der Reichsbahn in DDR-Regie geprägte Nachkriegsperiode als besonders charaktervoll dar. Auf der ausgesprochenen Gebirgsstrecke waren beachtliche Transportleistungen zu erbringen. Dazu wurden schließlich über lange Zeit noch die kräftigen Tenderloks der Baureihe 95, bereits entstanden als preußische T 20, herangezogen.

Rechts: Bildfahrplan der werktäglichen Zugbewegungen im Jahr 1976. Die Zugnummern-Gruppe 18 bezeichnet Personenzüge, 64 steht für Durchgangs-Güterzüge, Zug 69 489 war ein GmP. 18 013*) fuhr mit Vorspann. In alle diese Leistungen teilten sich drei Loks der Baureihe 95 der Einsatzstelle Sonneberg.

## Das Stationsgebäude in Rauenstein (Thüringen)

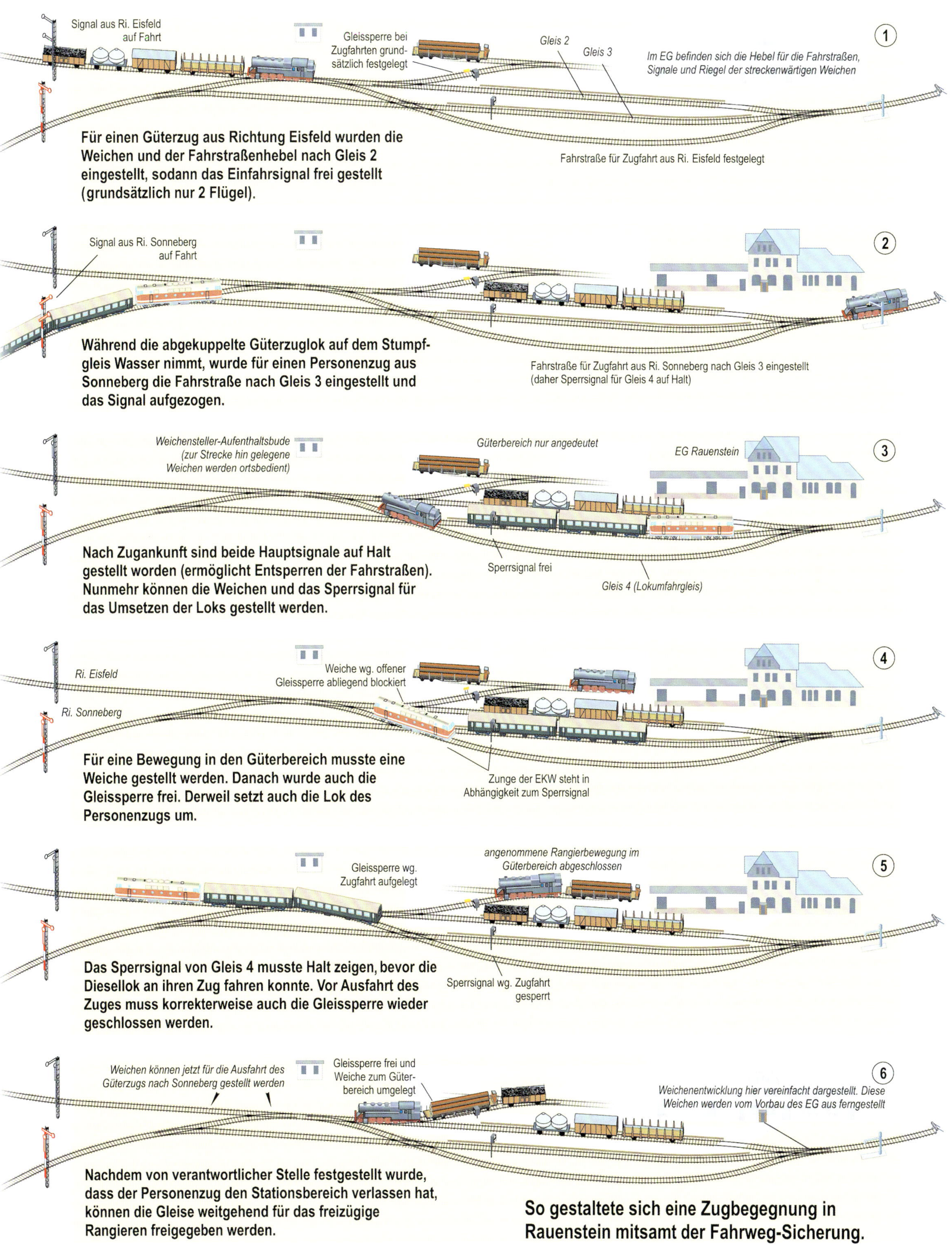
Signal aus Ri. Eisfeld auf Fahrt
Gleissperre bei Zugfahrten grundsätzlich festgelegt
Gleis 2
Gleis 3
Im EG befinden sich die Hebel für die Fahrstraßen, Signale und Riegel der streckenwärtigen Weichen
1
Für einen Güterzug aus Richtung Eisfeld wurden die Weichen und der Fahrstraßenhebel nach Gleis 2 eingestellt, sodann das Einfahrsignal frei gestellt (grundsätzlich nur 2 Flügel).
Fahrstraße für Zugfahrt aus Ri. Eisfeld festgelegt
Signal aus Ri. Sonneberg auf Fahrt
2
Während die abgekuppelte Güterzuglok auf dem Stumpfgleis Wasser nimmt, wurde für einen Personenzug aus Sonneberg die Fahrstraße nach Gleis 3 eingestellt und das Signal aufgezogen.
Fahrstraße für Zugfahrt aus Ri. Sonneberg nach Gleis 3 eingestellt (daher Sperrsignal für Gleis 4 auf Halt)
Weichensteller-Aufenthaltsbude (zur Strecke hin gelegene Weichen werden ortsbedient)
Güterbereich nur angedeutet
EG Rauenstein
3
Nach Zugankunft sind beide Hauptsignale auf Halt gestellt worden (ermöglicht Entsperren der Fahrstraßen). Nunmehr können die Weichen und das Sperrsignal für das Umsetzen der Loks gestellt werden.
Sperrsignal frei
Gleis 4 (Lokumfahrgleis)
Ri. Eisfeld
Weiche wg. offener Gleissperre abliegend blockiert
4
Ri. Sonneberg
Für eine Bewegung in den Güterbereich musste eine Weiche gestellt werden. Danach wurde auch die Gleissperre frei. Derweil setzt auch die Lok des Personenzugs um.
Zunge der EKW steht in Abhängigkeit zum Sperrsignal
Gleissperre wg. Zugfahrt aufgelegt
angenommene Rangierbewegung im Güterbereich abgeschlossen
5
Das Sperrsignal von Gleis 4 musste Halt zeigen, bevor die Diesellok an ihren Zug fahren konnte. Vor Ausfahrt des Zuges muss korrekterweise auch die Gleissperre wieder geschlossen werden.
Sperrsignal wg. Zugfahrt gesperrt
Weichen können jetzt für die Ausfahrt des Güterzugs nach Sonneberg gestellt werden
Gleissperre frei und Weiche zum Güterbereich umgelegt
6
Weichenentwicklung hier vereinfacht dargestellt. Diese Weichen werden vom Vorbau des EG aus ferngestellt
Nachdem von verantwortlicher Stelle festgestellt wurde, dass der Personenzug den Stationsbereich verlassen hat, können die Gleise weitgehend für das freizügige Rangieren freigegeben werden.
So gestaltete sich eine Zugbegegnung in Rauenstein mitsamt der Fahrweg-Sicherung.

# Impressum

Verantwortlich: Andreas Ritz
Coverentwurf: GM
Satz: Azurmedia, Augsburg
Korrektorat: Ralf J. Klumb | The Wordworms

Repro: LUDWIG:media
Herstellung: Julia Hegele
Printed in Turkey by Elma Basim

Sind Sie mit diesem Titel zufrieden? Dann würden wir uns über Ihre Weiterempfehlung freuen. Erzählen Sie es im Freundeskreis, berichten Sie Ihrem Buchhändler oder bewerten Sie bei Ihrem nächsten Onlinekauf. Und wenn Sie Kritik, Korrekturen oder Aktualisierungen haben, freuen wir uns über Ihre Nachricht an GeraMond Media, Postfach 40 02 09, D-80702 München oder per E-Mail an lektorat@verlagshaus.de.

Unser komplettes Programm finden Sie unter 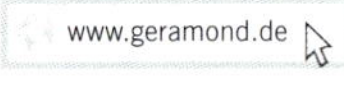


Bildnachweis: Alle Abbildungen stammen vom Autor

Alle Angaben dieses Werkes wurden vom Autor sorgfältig recherchiert und auf den neuesten Stand gebracht sowie vom Verlag geprüft. Für die Richtigkeit der Angaben kann jedoch keine Haftung übernommen werden, weshalb die Nutzung auf eigene Gefahr erfolgt.

In diesem Buch wird aus Gründen der besseren Lesbarkeit das generische Maskulinum verwendet. Weibliche und anderweitige Geschlechteridentitäten werden dabei ausdrücklich mitgemeint, soweit es für die Aussage erforderlich ist.

Die Deutsche Nationalbibliothek verzeichnet diese Publikation in der Deutschen Nationalbibliografie; detaillierte bibliografische Daten sind im Internet über http://dnb.d-nb.de abrufbar.



ISBN 978-3-98702-000-1